电子信息科学与工程类专业系列教材

嵌入式微控制器原理及设计
——基于 STM32 及 Proteus 仿真开发

毕 盛 赖晓铮 汪秀敏 冼 进 编著

电子工业出版社

Publishing House of Electronics Industry

北京·BEIJING

内 容 简 介

本书基于STM32芯片及Proteus仿真开发来讲述嵌入式微控制器原理与设计，主要内容包括：嵌入式系统开发的相关背景；嵌入式ARM芯片体系结构及汇编语言；嵌入式系统开发环境、工具、编程语言及库函数；嵌入式芯片基本组成、最小系统、下载方式和低功耗模式；嵌入式芯片接口和嵌入式操作系统。本书分别对微控制器常见的GPIO、中断、异步串行通信、同步串行通信、高级定时器、通用定时器、滴答时钟、ADC、DMA、总线及USB接口进行了讲解；同时对嵌入式物联网操作系统进行了介绍，基于μC/OS-II展开并说明嵌入式操作系统的核心内容和功能；最后通过一个小车的实例说明嵌入式系统综合实例的实现过程。本书在讲解各个知识点的同时设计了Proteus仿真开发实例，从而有助于读者对各个知识点的理解。

本书可作为高等院校电子工程、自动化、计算机科学及技术和电气工程等专业教材和参考书，也可供相关工程技术人员参考。

图书在版编目（CIP）数据

嵌入式微控制器原理及设计：基于STM32及Proteus仿真开发/毕盛等编著. —北京：电子工业出版社，2022.1
ISBN 978-7-121-42503-5

Ⅰ. ①嵌… Ⅱ. ①毕… Ⅲ. ①微处理器－系统设计－高等学校－教材 Ⅳ. ①TP332.021

中国版本图书馆CIP数据核字（2021）第261356号

责任编辑：凌 毅
印　　刷：三河市鑫金马印装有限公司
装　　订：三河市鑫金马印装有限公司
出版发行：电子工业出版社
　　　　　北京市海淀区万寿路173信箱　邮编：100036
开　　本：787×1 092　1/16　印张：14.25　字数：385千字
版　　次：2022年1月第1版
印　　次：2024年1月第6次印刷
定　　价：49.00元

前　言

近年来随着 ARM 芯片在微控制器领域的应用，越来越多的嵌入式开发是基于 ARM Cortex-M3 内核的 STM32 系列微控制器开展的，因此越来越多的开发爱好者开始对此芯片进行学习，同时最近新版的 Proteus 仿真软件开始支持 STM32F103R6 芯片等。因此本书以 STM32F103R6 芯片为主并配合 Proteus 仿真软件对嵌入式各种接口以及嵌入式操作系统进行了讲解。

本书主要从三个层面说明嵌入式微控制器系统，具体如下：

（1）在嵌入式体系结构层面，对基于 ARM 的嵌入式体系结构和汇编进行了讲解。

（2）在嵌入式接口层面，对微控制器常见的 GPIO（通用输入/输出口）、中断、异步串行通信、同步串行通信、高级定时器、通用定时器、滴答时钟、ADC（模数转换）、DMA（直接内存存取）、总线及 USB 接口进行了讲解。

（3）在嵌入式操作系统层面，对嵌入式物联网操作系统进行了介绍并基于 μC/OS-II 展开说明。

最后，以一个小车为综合实例，详细讲解了一个完整的嵌入式系统开发流程。

为便于读者更好地理解理论知识，本书在介绍嵌入式系统知识点的同时，提供了一系列基于 Proteus 的仿真实例，如下表所示。

章节	实例名称
第 5 章	例 5.1　GPIO 寄存器实例
	例 5.2　GPIO 标准库实例
	例 5.3　GPIO HAL 库实例
	例 5.4　GPIO LL 库实例
	例 5.5　LED 数码管显示实例
	例 5.6　行列式键盘实例
第 6 章	例 6.1　外部中断实例
第 7 章	例 7.1　串口查询实例
	例 7.2　串口中断实例
	例 7.3　与 PC 串口通信实例
	例 7.4　printf 串口中断实例
	例 7.5　RS-485 通信实例
	例 7.6　SPI 接口实例
第 8 章	例 8.1　定时器实例
	例 8.2　计数器实例
	例 8.3　捕获实例
	例 8.4　PWM 输出实例
第 9 章	例 9.1　ADC 查询方式实例
	例 9.2　ADC 中断方式实例

章节	实例名称
第 10 章	例 10.1　DMA ADC 采集实例
	例 10.2　DMA 串口发送实例
第 11 章	例 11.1　I^2C 实例
第 12 章	例 12.1　互斥信号量实例
	例 12.2　信号量同步实例
	例 12.3　信号量共享资源互斥实例
	例 12.4　信号量外部中断实例
	例 12.5　邮箱通信实例
	例 12.6　队列通信实例
	例 12.7　动态内存实例
第 13 章	小车系统综合实例

本书主要内容由毕盛负责撰写，赖晓铮、汪秀敏和冼进参与了部分内容的撰写、编排和校订以及和 Proteus 中国代理商风标公司的沟通工作。在此过程中，感谢风标公司匡载华、王荣华和梁树先经理对本书编写的支持以及彭东明工程师对 Proteus 仿真实验的技术支持，同时感谢研究生郭传鈜、陈章韶、曹瑞东、江煊璐、方政霖、钟浩钊、罗超和林华伟同学在编写此书过程中给予的帮助。

本书提供电子课件和所有实例源代码，读者可在 www.hxedu.com.cn 免费下载。

由于编者学术水平有限，书中难免存在表达欠妥之处，希望广大读者和专家学者能够拨冗提出宝贵的修改建议。修改建议可直接反馈至编者的电子邮箱：picy@scut.edu.cn。

编　者

2021 年 12 月于广州

目　录

第1章　嵌入式系统与微控制器

1.1　嵌入式系统相关概念

1.1.1　什么是嵌入式系统

　　嵌入式系统是以应用为中心、计算机技术为基础，软硬件可裁剪，为适应应用系统对功能、可靠性、成本、体积、功耗的严格要求的专用计算机系统。广而言之，所有带有微处理器的专用软硬件系统都可以称为嵌入式系统。嵌入式系统是一个计算机硬件和软件的集合体，可能还包括其他一些机械部件，是为完成某种特定的功能而设计的。

1.1.2　嵌入式系统的特点

　　嵌入式系统有如下特点：功耗低，体积小，专用性强。嵌入式系统工作在为特定用户群设计的系统中，与具体应用有机地结合在一起。嵌入式系统能够把 PC 中许多板卡完成的任务集成到芯片内部，这有利于嵌入式系统设计的小型化。大多数嵌入式系统本身不具备自开发能力，开发需要专门的开发工具和开发环境。

1.1.3　嵌入式系统主要组成

　　常见的嵌入式系统硬件主要由以下部分组成。

1. 基本电路：电源电路、重启电路和时钟电路

　　一个嵌入式系统电路正常工作至少需要电源电路、重启电路和时钟电路 3 部分。

　　电源电路为嵌入式系统提供工作电源，目前嵌入式系统芯片常用的电源为 5V 和 3.3V 两种电压，一般使用稳压芯片（如 78XX 或 LM1113-XX 等系列稳压芯片）产生供电电压。

　　重启电路主要包括上电重启电路和按钮重启电路。其中，上电重启电路是整个系统工作所必需的，其主要完成芯片状态的初始化工作。目前常采用专用的重启芯片实现上电重启功能，同时在嵌入式微控制器方面还经常采用电容瞬间上电导通及常态断开的特性，把电容和电阻串联起来，利用电容随着供电时间的变化，从而在上电瞬间产生重启信号，随后恢复到正常工作状态。

　　由于嵌入式芯片都是时序型电路，需要一个标准的时钟源，因此需要一个专门的时钟电路提供基本时钟。目前常用外部有源时钟源或无源晶振电路连接嵌入式芯片的时钟输入接口，从而提供工作时钟。根据芯片的特点，时钟源一般从几 KB 到几百 MB。随着芯片技术的发展，为了避免外接高速时钟源对电路电磁兼容性带来影响，现在大多数芯片经常外接的时钟源为 8～12MB，通过芯片内部升频电路（锁相环电路 PLL）使其达到上百 MHz 的主频率。目前也有很多芯片内部集成了电阻电容振荡模式的时钟电路，这样就不需要外接时钟。但内部时钟电路的晶振频率十分不准确，常用在对时钟精度要求不高的场合。

2. 存储电路：RAM 和 ROM

　　嵌入式芯片需要存储程序和数据才能实现正常工作，所以存储电路也是必不可少的。存储芯片主要分为随机存储器（RAM）和只读存储器（ROM）两大类别，其中 RAM 主要用于存放数据，ROM 主要用于存放程序。

嵌入式系统中常用的存储器类型如图1.1所示。

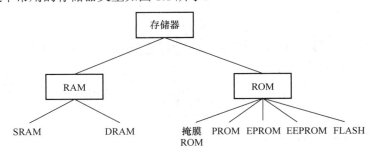

图1.1 存储器分类图

（1）RAM

RAM的任意存储单元都可以以任意次序进行读写操作，主要有静态RAM（SRAM）和动态RAM（DRAM）两种类型。其中，SRAM采用标准并行总线模式，有地址总线和数据总线，其中地址总线决定存储容量，数据总线决定位宽。目前嵌入式微控制器内部集成的存储器主要是SRAM，但集成度相对较低，功耗也较大。DRAM的集成度高，成本较低，另外耗电也少，但它需要一个额外的刷新电路。DRAM的地址总线一般分为行地址线和列地址线，并分时传送行地址和列地址，可满足容量大的寻址空间，例如，常见的同步动态内存（SDRAM）就是根据工作时钟分时送行地址和列地址的，所以相对于SRAM来说，DRAM需要相应的信号序列才能工作起来。

（2）ROM

ROM主要有如下几种类型。

① 掩膜ROM。掩膜ROM中的信息是厂家根据用户给定的程序或数据对芯片进行掩膜（一种半导体工艺）而制造出来的。根据制造技术，掩膜ROM又可分为MOS型和双极型两种，其主要优点是大批量生产时产品的成本较低。

② PROM。PROM属于一次性编程的只读存储器。它出厂时处于未被编程的状态，里面的内容全是1。在嵌入式系统中广泛使用的PROM称为OTP（Once Time Program）。

③ EPROM。EPROM与PROM的编程方式几乎完全一样。但是，EPROM是可以被擦除并且反复被编程的。EPROM的擦除需要使用紫外线，把EPROM暴露在强紫外线光源下，可把整个芯片重置为初始状态，即未编程状态。

④ EEPROM。EEPROM是电可擦除可编程的。EEPROM允许按字节进行擦除和编程，具有较强的灵活，通常用于系统的配置数据和参数的存储与备份。EEPROM通常有4种工作方式，即读方式、写方式、字节擦除方式和整体擦除方式。除并行EEPROM外，广泛使用的还有串行EEPROM。

⑤ Flash（快闪）存储器。Flash存储器技术是存储器技术的最新发展，使用标准电压擦写和编程。与传统存储器相比，Flash存储器的主要优势是非易失性和易更新性。Flash存储器主要有两类：NAND Flash和NOR Flash。

NAND Flash主要有两种用途：一是用作存储卡；二是用作嵌入式系统的程序存储器。NAND Flash使用复杂的I/O口来串行地存取数据，各个产品或厂商的方法可能各不相同。一般嵌入式微处理器运行Linux系统，较大的文件系统需要较大的存储空间，因此需要外接NAND Flash。在操作NAND Flash时，需要有相应的驱动程序产生读写信号序列，这个驱动程序写在嵌入式微处理器Bootloader程序中，即在刚启动时实现对NAND Flash驱动的装载，从而实现对NAND Flash的读写。

NOR Flash有两种形式，一种是嵌入式微处理器上集成了Flash，另一种是片外扩展Flash，操作包括写入和读出。NOR Flash 带有 SRAM 接口，有足够的地址引脚来寻址，可以很容易地存取其内部的每一个字节。嵌入式微控制器内部集成 NOR Flash，用于存储程序。

当选择存储解决方案时，设计人员必须权衡以下各项因素：NOR Flash 的读速度比 NAND Flash 稍快一些；NAND Flash 的写入速度比 NOR Flash 快很多；NAND Flash 的擦除速度远比 NOR Flash 快；NAND Flash 的擦除单元更小，相应的擦除电路更加简单；NAND Flash 的实际应用方式要比 NOR Flash 复杂得多；NOR Flash 可以直接使用，并在上面直接运行代码，而 NAND Flash 需要 I/O 口，因此使用时需要驱动。

3．模拟电路：模数（A/D）转换和数模（D/A）转换

由于嵌入式芯片经常需要获取到传感器数据，而传感器数据一般是模拟信号，因此采集这些信号需要进行模数转换。目前大部分嵌入式芯片内部都集成了模数转换模块（ADC），所以可以直接引入模拟电压。在连接模拟信号时，需要考虑模拟信号电压值在参考电压 V_{ref+} 和 V_{ref-} 之间，V_{ref+} 和 V_{ref-} 可连接外部基准电压，也可以利用芯片内部电压作为基准。

D/A 转换器将数字量转换为模拟量，例如嵌入式芯片输出声音的硬件接口就是典型的 D/A 转换接口，把芯片的数字信号转换为驱动扬声器的模拟信号。

4．其他常用接口电路

通用输入/输出接口（GPIO）：GPIO 是 I/O 的最基本形式，它是一组输入引脚或输出引脚。

按键接口：按键输入时使用。

显示接口：8 段数码管 LED 显示和 LCD 显示。

串口：串行通信是指使数据一位一位地进行传输而实现的通信。与并行通信相比，串行通信具有传输线少、成本低等优点，特别适合远距离传输；缺点是速度慢。目前常见的串行通信模式有 UART（异步串行通信）和 SPI（同步串行通信）。

总线接口：I^{2}C 总线（双向二线制半双工同步串行总线）、CAN 总线（控制器局域网总线）、RS-485 总线（半双工工作方式，支持多点异步串行通信）等。

1.1.4 嵌入式芯片类型

嵌入式芯片可以分成 4 类：嵌入式微控制器（Microcontroller Unit，MCU）、嵌入式微处理器（Microprocessor Unit，MPU）、嵌入式数字信号处理器（Digital Signal Processing，DSP）和嵌入式片上系统（System On Chip，SOC）。这 4 种类型的嵌入式芯片有各自的优缺点。

（1）嵌入式微控制器（MCU）

嵌入式 MCU 有很好的集成性，把 RAM、Flash 和各种外设都集成在一个芯片中，因此芯片能在最大程度上实现单片化，集成度高；但缺点是由于集成了所有的工作模块到一个芯片中，因此各个模块的功能不够强大。例如，嵌入式 MCU 内部集成的 RAM 和 Flash 模块容量最大的也就几百 KB，基本没有集成超过 1MB 存储器的芯片，所以嵌入式 MCU 芯片比较适合专用领域对系统要求不高的应用，如专门用于控制电机、温度检测等功能单一的应用场景。而对功能比较复杂的，如智能手机功能，需要内存 RAM 容量几百 MB、Flash 容量几 GB 时，嵌入式 MCU 芯片显然就不适合了，这时可采用嵌入式微处理器的方案。

（2）嵌入式微处理器（MPU）

嵌入式 MPU 采用外部的 DDR SDRAM 存储数据，外部的 NAND Flash 存储器存储程序，并且嵌入式 MPU 芯片内部集成了内存管理单元（MMU），所以嵌入式 MPU 芯片可以运行 Linux 系统、Android 系统、iSO 系统等大型嵌入式操作系统。相对于传统的微处理器芯片，嵌入式 MPU 芯片内部又集成了各种接口模块，所以外部接口电路相对简单；同时在设计上又充分考虑低功耗

的要求，所以便于应用在性能要求高且需要低功耗、便携性的场合，例如目前智能手机就主要采用嵌入式 MPU 作为主芯片。

（3）嵌入式数字信号处理器（DSP）

嵌入式 DSP 芯片内部集成了硬件乘法器、浮点运算单元及卷积运算器等硬件运算模块，因此采用一个指令就可以实现浮点乘法运算，这大大提高了运算效率。一个几百 MHz 主频的嵌入式 DSP 芯片在运算处理方面甚至快过几 GHz 主频的微处理器芯片，例如主频为 2GHz 左右的 PC 在做视频解压缩时，常常还需要几百 MHz 主频的嵌入式 DSP 处理卡来进行加速。需要注意的是，采用嵌入式 DSP 芯片做加速处理，在调用运算单元如进行乘法运算时，如果直接写乘法表达式，由于编译器常常并不能针对此运算直接调用硬件乘法器，因此常用两种思路：一是直接写硬件乘法汇编指令来实现，二是直接调用厂家提供的专用库函数来实现。

（4）嵌入式片上系统（SOC）

具体芯片如 FPGA 芯片，可以通过硬件逻辑语言（VHDL 或 Verilog）直接实现硬件功能，因此可编程逻辑芯片在开发过程中有很大的灵活性，用户可以开发自己专有的内核，即 IP 核。随着并行技术的发展，可编程逻辑芯片程序可以由任意多个进程控制模块组成，因此十分适合开发并行计算。但实际开发过程中，由于涉及硬件底层的时序问题，容易受到具体硬件的干扰（如竞争冒险现象），同时由于程序是多并行的，需要解决同步问题，因此利用 VHDL 或 Verilog 语言设计 IP 核的难度很大。为了解决开发难度大的问题，FPGA 生产厂家 Xilinx 公司推出了 System Generator 模块，用户可以通过 Matlab 软件下的 Simulink 模块生成设计框图，然后生成相应的 VHDL 或 Verilog 程序。近年来，Xilinx 公司推出的 Vivado 开发环境支持 HSL-C 并行 C 语言开发程序，通过一些并行关键字可以把用 C 语言编写出的程序编译成具有并行模式的 VHDL 或 Verilog 程序模型。Altera 公司也在 Open CL 开源并行工具包中提供相应的并行库函数，利用在 Open CL 框架中开发的代码可以编译成在 Altera FPGA 器件上运行的代码。但这些针对 FPGA 芯片开发的工具，目前还不能像固定硬件架构的那些芯片方便开发，所以也影响了 FPGA 在广大嵌入式系统工程师中的普及。

1.2 微 控 制 器

最早嵌入式芯片的起源来自微控制器芯片。

1.2.1 微控制器特点

微控制器的最大特点是单片化，其体积大大减小，从而使功耗和成本下降、可靠性提高，因此也称为单片机。从 20 世纪 70 年代末单片机出现到今天，已经过了多年的发展，目前在嵌入式设备中仍然有着极其广泛的应用。微控制器芯片内部集成了 ROM/EPROM、RAM、总线、总线逻辑、定时/计数器、看门狗、串口、脉宽调制输出、ADC、DAC、Flash 存储器等各种必要功能部件。微控制器的片上外设资源一般比较丰富，适合于控制，因此称为微控制器，是目前嵌入式系统的主流。

1.2.2 微控制器芯片型号及发展历史

由于微控制器低廉的价格和优良的功能，因此拥有的品种和数量很多。

1. 20 世纪 80 年代进入中国市场且具有很大影响力的 8051 系列芯片

从 20 世纪 80 年代开始，8051 系列单片机作为最早的一种微控制器芯片进入中国市场，至今在中国仍具有广大的开发生态圈。很多嵌入式系统开发者都是从 8051 系列单片机开始入门的。8051 系列单片机（80C31、80C51、87C51，80C32、80C52、87C52）最早是由 Intel 公司提出的，后来衍生出多家公司生产的 8051 系列单片机产品。如：宏晶科技的 STC51 系列（国产），目前出货量很大；Atmel 公司的 89C51、89C52、89C2051 等；恩智浦（NXP）、华邦、Dallas 和 Siemens（Infineon）等公司的许多产品。

2. 20 世纪 90 年代发展起来的门类众多的微控制器芯片

传统的 8051 系列单片机在外设资源及功耗方面都有一定的局限性，例如，由于芯片内部没有集成 ADC 模块，因此要获得外部传感器模拟信号，需要外接专用的 ADC 芯片如 ADC0809；传统的 8051 系列单片机没有专门的低功耗模块。因此针对 8051 系列单片机的不足，很多公司推出了外设资源更加丰富及具有一定功耗管理功能的芯片，主要有如下产品。

（1）AVR 系列单片机

1997 年，Atmel 公司利用 Flash 新技术，研发出具有精简指令集（RISC）的高速 8 位单片机，简称 AVR。相对于出现较早也较为成熟的 8051 系列单片机，AVR 系列单片机的片内资源更为丰富，接口也更为强大，同时由于其价格低等优势，在很多场合可以替代 8051 系列单片机。很多机器人控制板及 Arduino 平台都采用 AVR 8 位单片机，如 ATmega8/16/32/64/128 芯片等。近年来，Atmel 公司又推出了 AVR 32 位 UC3 微控制器，简称 AVR32。目前 Atmel 公司已被美国 Microchip 公司收购。

（2）PIC 系列单片机

美国 Microchip 公司设计生产的 PIC 单片机主要包括 8 位、16 位和 32 位，其中 8 位单片机包括 PIC10、PIC12、PIC16 和 PIC18 等系列芯片，其指令十分精简，只有 35 个，简单易学，故执行速度比 8051 快；16 位单片机包括 PIC24 系列、dsPIC 微控制器等；32 位单片机包括 PIC32 系列芯片，采用 MIPS 的 M4K 内核。

（3）飞思卡尔（Freescale）系列 8 位和 16 位单片机

美国飞思卡尔公司（原 Motorola 公司）生产的 8 位和 16 位单片机主要包括 RS08 类、HCS08 类、HC08 类等系列芯片，其中 MC9S12G 是一款专注于低功耗、高性能、低引脚数量的高效汽车级 16 位微控制器产品。2015 年，飞思卡尔公司被恩智浦公司收购。

（4）恩智浦（NXP）系列单片机

恩智浦（NXP）是 2006 年末从飞利浦公司独立出来的半导体公司，主要提供各种半导体产品与软件，为移动通信、消费类电子、安全应用、非接触式付费与连线，以及车内娱乐与网络等产品带来更优质的感知体验。NXP 系列单片机芯片内核主要采用 8051 单片机内核（如 P89LPC 系列）和 ARM 内核（如 LPC1100、LPC1200、LPC1300 等系列）。

（5）MSP430 系列单片机

MSP430 系列单片机是美国德州仪器（TI）公司生产的 16 位单片机，能在 25MHz 晶振的驱动下实现 40ns 的指令周期。16 位的数据宽度、40ns 的指令周期及多功能的硬件乘法器（能实现乘加运算）相配合，能实现数字信号处理的某些算法（如 FFT 等），同时具有超低的功耗。MSP430 系列单片机之所以有超低的功耗，是因为其在降低芯片的电源电压和灵活而可控的运行时钟方面都有独到之处。

（6）ST 公司 STM8 系列单片机

STM8 系列单片机是意法半导体（ST）公司生产的 8 位单片机，分为 STM8A、STM8S、STM8L 三个系列。STM8A，为汽车级应用；STM8S，为标准系列；STM8L，为超低功耗系列。

3. 21 世纪初 ARM 微控制器 Cortex-M 系列内核的推出

ARM 公司是一家以专门设计芯片内核为主的公司，最初主要设计嵌入式微处理器芯片的内核。在看到微控制器芯片具有广大应用市场后，开发出了 Cortex-M 系列内核，这是近年来随着电子设备智能化和网络化程度不断提高而出现的新兴产物。

ARM Cortex-M 系列内核针对的是成本和功耗敏感的微控制器和终端应用（如智能测量、人机接口设备、汽车和工业控制系统、大型家用电器、消费性产品和医疗器械等）。目前 Cortex-M 系列处理器主要包括 Cortex-M0、M3、M4 和 M7 等系列芯片（见图 1.2）。并且大部分单片机公司都有采用 ARM 内核的单片机。

图 1.2　Cortex-M 系列芯片

由于 ARM 公司推出了专门用于微控制器的 Cortex-M 内核，很多微控制器芯片开发厂家就不需要专门开发自己的内核及配套的指令集、交叉编译器等开发工具，直接采用 ARM 提供的内核和开发工具链，并配合芯片厂商自己定制的各种外设，就可以实现一个嵌入式微控制器芯片的设计，从而降低了芯片厂商在嵌入式芯片设计方面的难度，推动了嵌入式芯片的发展。针对 Cortex-M 内核开发的芯片厂商，有国外的 ST、NXP 和 TI 等公司，同时国内也有兆易创新、洪芯、灵动、极海、雅特力、航顺等公司。

4．近年来快速发展的开源芯片内核 RISC-V

RISC-V 是一种简单、开放、免费的全新指令集架构。RISC-V 最大的特点是"开放"，其开放性允许它可以自由地被用于任何目的，允许任何人设计、制造和销售基于 RISC-V 的芯片或软件，这种开放性在处理器领域是彻底的第一次。RISC-V 基金会于 2015 年由硅谷的相关公司发起并成立，至今已有 150 多个企业或单位加入，包括谷歌、华为、英伟达、高通、麻省理工学院、普林斯顿大学、印度理工大学、中科院计算所等。目前 RISC-V 由基金会统一维护。

国内芯来科技设计的基于 RISC-V 处理器 IP，已衍生出多个系列芯片型号，并联合兆易创新等公司推出了基于 RISC-V 的量产通用微控制器——GD32VF103 系列，最高主频下的工作性能可达 153DMIPS。GD32VF103 系列采用的 RISC-V 内核支持标准 JTAG 接口及 RISC-V 调试标准，支持 RISC-V 标准的编译工具链，以及 Linux/Windows 图形化集成开发环境。

阿里的平头哥推出的玄铁 910 处理器也是 RISC-V 开源处理器，可用于设计制造高性能芯片，应用于 5G、人工智能及自动驾驶等领域。

虽然目前比较适合使用 RISC-V 的领域是对于生态依赖比较小的深嵌入式或新兴的 IoT、边缘计算、人工智能领域，但 RISC-V 得到了产业界和社区的广泛支持，有很好的发展前景。

1.2.3　ARM 微控制器介绍

Cortex-M 系列处理器面向提供对成本和功耗敏感的微控制器解决方案。Cortex-M 系列处理器主要是针对微控制器领域开发的，在该领域中，既需进行快速且具有高确定性的中断管理，又需将门数和功耗控制在最低。

Cortex-M0 处理器是市场上现有的门数最少、能耗最低的 ARM 处理器。Cortex-M0 处理器基于 ARMv6M 架构，代码占用空间小，使得开发人员能够以 8 位处理器的价位获得 32 位处理器的性能。超低门数还使其能够用于模拟信号设备和混合信号设备等应用中，可明显节约系统成本。现在已有多家公司获得 Cortex-M0 处理器授权，比如 ST 公司的 STM32F0 系列和 NXP 公司的 LPC11xx、LPC12xx 系列等。

Cortex-M3 处理器具有较高的性能和较低的动态功耗，因而能够提供领先的能效。Cortex-M3 基于 ARMv7M 架构，将集成的睡眠模式与可选的状态保留功能相结合。该处理器执行包括硬件除法、单周期乘法和位字段操作在内的 Thumb-2 指令集，以获取最佳性能和最佳代码大小。Cortex-M3 NVIC 在设计时是高度可配置的，最多可提供 240 个具有单独优先级、动态重设优先级功能和集成系统时钟的系统中断。

Cortex-M4 处理器是由 ARM 专门开发的最新嵌入式处理器，用以满足需要有效且易于使用的控制和信号处理功能混合的数字信号市场需求，针对 Cortex-M3 处理器添加了快速数字信号处理模块。它采用扩展的单周期乘法累加（MAC）指令、优化的 SIMD 运算指令、饱和运算指令和一个可选的单精度浮点单元（FPU），具备最佳的数字信号控制操作所需的全部功能，还结合了深受市场认可的 Cortex-M 系列处理器的低功耗特点。常见的 Cortex-M4 处理器有 Atmel 公司推出的 SAM4 处理器、ST 公司的 STM32F4 系列、飞思卡尔公司的 Kinetis 系列和 NXP 公司的 LPC4300 系列。

1.2.4　STM32 ARM Cortex-M 微控制器

STM32 系列微控制器是专为要求高性能、低成本、低功耗的嵌入式应用设计的 ARM Cortex-M0/M0+/M3/M4/M7 内核。按内核架构不同可分为不同产品：主流产品（STM32F0、STM32G0、STM32F1、STM32F3 和 STM32G4），超低功耗产品（STM32L0、STM32L1、STM32L4、STM32L4+和 STM32L5），高性能产品（STM32F2、STM32F4、STM32F7 和 STM32H7（含 ARM Cortex-M7 和 Cortex-M4 双核产品），无线系列产品（STM32 WB（Cortex-M0+无线协处理器））。

STM32 系列产品分布图如图 1.3 所示，图中 STM32 MP1 是集成双 ARM Cortex-A7 和 Cortex-M4 的内核。

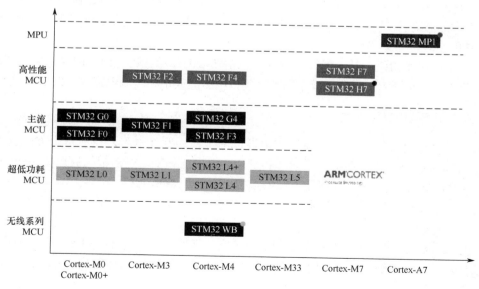

图 1.3　STM32 系列产品分布图

本书以 STM32F1 系列的 STM32F103R6 芯片为主来说明嵌入式系统的开发与应用。

1.3　嵌入式系统开发

嵌入式系统的开发主要包括：①方案设计及芯片选型；②嵌入式系统硬件开发；③嵌入式系统软件开发；④嵌入式代码编译；⑤嵌入式代码下载及测试。

1.3.1　方案设计及芯片选型

在嵌入式系统的方案设计过程中，很难将软件和硬件完全分开。通常的处理办法是先考虑系统的软件架构，然后考虑其硬件实现。系统结构的描述必须符合功能和非功能的需求，不仅所要求的功能要体现，而且成本、速度、功耗等非功能约束也要满足。

方案设计可采用瀑布模型，由 5 个主要阶段构成：需求分析阶段，确定目标系统的基本特点；系统结构设计阶段，将系统的功能分解为主要的架构；编码阶段，主要进行程序的编写和调试；测试阶段，检测错误；最后是维护阶段，主要负责修改代码以适应环境的变化，并改正错误、升级。各个阶段的工作和信息总是由高级的抽象到较详细的设计步骤单向流动的，是一个理想的自顶向下的设计模型。

同时嵌入式系统在设计过程中，需要考虑选择使用何种处理器，而且需要考虑可以选择的存储器的数量、所使用的外设等，因为设计不仅要满足性能需求，还要受到制造费用的约束。硬件的选择十分重要，硬件太少将达不到功能和性能的要求，硬件过多又会使产品过于昂贵。芯片选型时主要考虑：①功能，主要取决于处理器所集成的存储器的数量和外设接口的种类及数量；②字长，指参与运算的数据的基本位数，它决定了寄存器、运算器和数据总线的位数，因而将直接影响硬件的复杂程度；③处理速度，指在单位时间内各类指令的平均执行条数；④工作温度；⑤功耗；⑥寻址能力，取决于处理器中地址线的数目；⑦平均故障间隔时间，指在相当长的运行时间内，机器工作时间除以运行期间内的故障次数；⑧性能价格比；⑨工艺，包括半导体工艺和设计工艺；⑩电磁兼容性指标，取决于器件的选择、电路的设计、工艺、设备的外壳等；⑪芯片封装类型，取决于嵌入式产品的大小，如便于携带的手环电路常采用小封装的芯片，如 BGA 或 QFN 封装等。

一般选择处理器的原则是：①够用原则，包括低端的简单应用、中端的复杂应用和涉及数字信号处理与数学计算的应用；②成本原则，包括电路的成本和印制电路板（PCB）的成本。

1.3.2　嵌入式系统硬件开发

嵌入式系统硬件设计主要是指根据需求设计出合适的硬件电路，目前常用 Protel DXP、OrCAD 或 Cadence 等电路设计软件，首先设计出电路的原理图，然后根据原理图的网络连接关系图进行 PCB 布线，最后找电路板生产厂家加工出具体的 PCB 板。

嵌入式系统硬件设计中需要关注以下几个方面。

（1）确定电源

① 电压：嵌入式系统需要各种量级的电源，比如常见的 5V、3.3V、1.8V 等，为尽量减小电源的纹波，嵌入式系统中尽量使用低压差线性稳压器件（LDO）。如果采用 DC-DC 器件，不仅体积大，其纹波也是一个很让人头疼的问题。

② 电流：嵌入式系统的正常运行不仅需要稳定足够的电源，还要有足够的电流，因此在选择电源器件时，需要考虑其负载，建议设计时一般留有 30%的余量。

如果是多层板，电源部分在布线时需进行电源分割，这时需要注意分割路径，尽量将一定数量的电源放置在一起。如果是双面板，则需要注意走线宽度，在板子允许的情况下尽量加宽走线宽度。合适的退耦电容应尽量靠近电源引脚。

（2）确定晶振

常见的晶振有无源晶振和有源晶振，首先要确定其振荡频率，其次要确定晶振类型。使用无源晶振时，应选择合适的匹配电容和电阻，这一般依据参考手册选择。有源晶振具有更好的、更准确的时钟信号，但是相比之下，比无源晶振价格高，因此这也是在硬件电路设计中需要关注的成本。在做电路板设计时需要注意，晶振走线应尽量靠近芯片，关键信号应远离时钟走线，在条件允许的情况下增加接地保护环。

（3）预留测试 I/O 口

在嵌入式系统调试阶段，在引脚资源丰富的情况下，通常预留一个 I/O 口用于连接指示灯和按钮，为下一步软件的编写做好铺垫。在嵌入式系统运行过程中适当控制该 I/O 口，从而判断系统是否正常运行。

（4）外扩存储设备

一个嵌入式系统如果有电源、晶振和嵌入式芯片，那么这就是我们熟悉的最小系统。如果该嵌入式系统需要运行大一些的操作系统，那么不但需要嵌入式芯片具有内存管理单元（MMU），同时还需要外接 SDRAM 和 NAND Flash。需要注意地址线的使用，这在布线时是一个重点，究其原因就是要使相关信号线等长以确保信号的延时相等。时钟及内存和内存控制器之间的信号同步用差分线走线。在布线时，需要综合使用各种布线技巧，例如与 CPU 对称分布、菊花链布线、T 形布线，这都需要依据内存的数量来进行选择，一般来说，数量越多，布线越复杂，但是知道其关键点后，一切都会迎刃而解。

（5）功能接口

一个嵌入式系统最重要的就是通过各种接口来控制外围设备模块，达到设计者预设的目的。常用的接口有串口（可用来连接串口蓝牙、WiFi 和 5G 等模块）、USB 接口、网络接口、JTAG 接口、音视频接口、HDMI 接口等。由于这些接口与外围设备模块连接，做好电磁兼容设计是一项重要的工作。除此之外，在布线时注意差分线的使用。

（6）屏幕

这个功能之所以单独列出来，是由于其可有可无。如果一个嵌入式系统只是作为一个连接器连接外围设备模块，通过相关接口连接到计算机或者直接挂在网络上，就不需要屏幕。但是如果做出来的是一个消费类产品，与用户交互频繁，这就需要显示的屏幕。电容屏幕是嵌入式系统屏幕的首选，在电路设计中需要注意触屏连接线和显示屏连接线的布局。在走线过程中，尽量靠近主控 CPU，同时注意配对信号走差分线、RGB 控制信号走等长。各种信号走线间距遵循 3W 规则（线中心间距不少于 3 倍线宽时，则可保持大部分电场不互相干扰，这就是 3W 规则），避免相互干扰。在屏幕的设计中，一定要确保功率并防止干扰，以防闪屏和花屏现象的出现。

1.3.3　嵌入式系统软件开发

嵌入式系统软件就是给专门的嵌入式系统设计的软件，和一般的 PC 软件差别不是很大，主要的区别是，嵌入式系统对功耗和内存大小有严格的限制，所以嵌入式系统软件一定要精简、高效。嵌入式系统软件主要有无操作系统的嵌入式裸机软件和嵌入式操作系统软件两种类型。

1．嵌入式系统裸机软件

早期的嵌入式系统硬件配置比较低，主要应用在控制领域，基本不需要系统软件的支持，所以早期嵌入式系统软件的设计以应用为核心，应用软件直接建立在硬件上，规模也很小，没有专门的操作系统，基本上属于硬件的附属品。无操作系统嵌入式软件的具体实现方式主要有两种：循环轮换和前后台系统。

① 循环轮换：把系统的功能分解为若干个不同的任务，然后把它们包含在一个永不结束的循环语句中，按照顺序逐一执行。当执行完一轮循环后，又回到循环体的开头重新执行。

② 前后台系统：前后台系统就是在循环轮换方式的基础上，增加了中断处理功能。中断服务程序构成前台程序，负责处理异步事件，称为事件处理级程序。后台程序一般是一个无限的循环，负责整个嵌入式系统软硬件资源的分配、管理及任务调度，是一个系统管理调度程序，称为任务级程序。

2．嵌入式操作系统软件

利用操作系统，应用程序的开发不是直接面对嵌入式硬件设备的，而是在操作系统的基础上编写的，易于实现功能复杂、系统庞大的应用。嵌入式系统硬件之上依次为设备驱动层、操作系统层、中间件层和应用软件层。设备驱动层负责与硬件直接打交道，为上层软件提供所需的驱动支持。操作系统层包括基本部分和扩展部分，基本部分负责整个系统的任务调度、存储管理、时钟管理和中断管理等；扩展部分为用户提供一些扩展功能，包括网络、文件系统、图形用户界面（GUI）、数据库等，扩展部分可根据需要进行裁减。中间件层为应用软件层提供一些对操作系统的便捷服务和广泛使用的库函数，如常用的数据运算函数、数据格式的变换函数及数据表格图线的绘制函数等。应用软件层则是实现具体应用功能的用户程序，例如，根据不同的测量任务，应用程序以合适的形式表示出测量的结果。

3．嵌入式系统软件设计模型

嵌入式系统软件设计模型主要有状态机模型、数据流模型和并发进程模型。

（1）状态机模型

有限状态机（Finite-State Machine，FSM）是一个基本的状态机模型，可以用一组可能的状态来描述系统的行为，系统在任何时刻只能处于其中一个状态，也可以描述由输入确定的状态转移，最后可以描述在某个状态下或状态转移期间可能发生的操作。状态机模型特别适合描述以控制为主的系统。

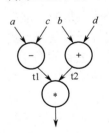

图 1.4　数据流模型

（2）数据流模型

数据流模型是并发多任务模型派生出的一种模型，该模型将系统的行为描述为一组节点和边，其中节点表示变换，边表示从一个节点到另一个节点的数据流向。每个节点使用来自其输入边的数据，执行变换并在其输出边上产生数据，数据流模型可以很好地描述数据处理和转换问题。例如，图 1.4 所示是计算 $z=(a-c)\times(b+d)$ 的数据流模型。

（3）并发进程模型

并发进程模型是由一组进程构成的，每个进程是一个顺序执行的过程，各进程间可以并发执行。并发进程模型提供创建、终止、暂停、恢复和连接进程的操作。进程在执行中可以相互通信，交换数据。进程间通信可以采用两种方式：共享变量和消息传递。信号量、临界区、管程和路径表达式等用来对并发进程的操作进行同步。其中，嵌入式系统的多进程可以通过中断或 DMA 服务来实现。

1.3.4 嵌入式代码编译

嵌入式软件的生成主要是在宿主机上进行的，利用各种工具完成对应用程序的编辑、交叉编译和链接工作，生成可供调试或固化的目标程序。嵌入式软件开发主要包括 3 个过程（见图 1.5）：源程序的编写，编译成各个目标模块，链接成可供下载调试或固化的目标程序。

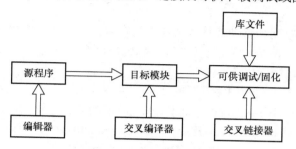

图 1.5　嵌入式软件开发

嵌入式系统软件开发环境主要包括编辑器、交叉编译器、交叉连接器和汇编器，最终产生二进制下载文件。目前常见的嵌入式开发平台有 MDK、IAR 等。

1.3.5 嵌入式代码下载及调试

相对于软件调试而言，使用硬件调试器可以获得更强大的调试功能和更优秀的调试性能。硬件调试器的基本原理是通过仿真硬件的执行过程，让开发者在调试时可以随时了解系统的当前执行情况。嵌入式系统开发中常用到的硬件调试器有 ROM Monitor、ROM Emulator、In-Circuit Emulator（ICE）和 On Chip Debugging（OCD）。

其中目前针对 ARM 系列芯片，如基于 ARM Cortex-M3 内核的 STM32F103 系列芯片主要采用 OCD 方式。OCD 调试结构如图 1.6 所示。

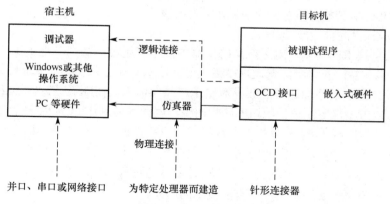

图 1.6　OCD 调试结构

OCD 调试方式的优点是：不占用目标机的资源；调试环境和最终的程序运行环境基本一致；支持软硬断点、追踪（Trace）功能；精确计量程序的执行时间；提供时序分析功能。缺点是：调试的实时性不如 ICE，不支持非干扰调试查询，芯片必须具有 OCD 功能。OCD 的实现方式主要有 BDM（Background Debugging Mode）、JTAG（Joint Test Access Group）、ONCE（On Chip Emulation）等。Motorola 公司提供的开发板上使用的是 BDM 调试端口，而 ARM 公司提供的开发板上使用的则是 JTAG 调试端口，使用合适的软件工具与这些调试端口进行连接，可以获得与 ICE 类似的调试效果。本书所讲解的 STM32 系列芯片是基于 ARM Cortex-M3 内核实现的，因此调试和下载方式采用 JTAG 方式。

1.4 微控制器芯片的发展趋势

随着人工智能、物联网和移动计算等新技术的发展，嵌入式系统也拓展了新的应用领域，根据这些新的应用领域，嵌入式系统芯片的功能和结构也不断改变。

（1）微控制器芯片的网络化

未来的嵌入式设备为了适应网络互联的要求，必然要求硬件上提供各种网络通信接口。传统的单片机对于网络支持不足，而新一代的嵌入式微控制器已经开始内嵌网络接口，除了支持 TCP/IP 协议，有的还支持 IEEE1394、USB、CAN、Bluetooth、RFID 或 IrDA 通信接口中的一种或者几种，同时提供了相应的通信组网协议软件和物理层驱动软件。

（2）微控制器芯片高集成化

信息技术和智能技术的发展，使得以往具有单一功能的设备（如电话、手机、冰箱、微波炉等）的功能不再单一，结构更加复杂，这就要求芯片设计厂商在芯片上集成更多的功能。为了满足应用功能的升级，设计人员一方面采用更强大的微控制器芯片，有的工作频率可达 500MHz；同时增加功能接口（如 USB），扩展总线类型（如 CAN 总线），加强对多媒体、图形等的处理，逐步实施片上系统的概念；另一方面，在软件上采用实时多任务编程技术和交叉开发工具技术来控制功能复杂性，简化应用程序设计，保障软件质量和缩短开发周期。

（3）微控制器芯片的多核化

嵌入式并行计算越来越多地出现在计算处理过程中用来提高芯片处理速度，因此在微控制器芯片设计中，也常常采用多核方式。例如，ST 公司的 STM32MP1 芯片就由 Cortex-A7 和 Cortex-M4 双核构成；NXP 公司的 VEGA 织女星开发板采用 RV32M1 异构 4 核微控制器芯片，片上集成两个 RISC-V 架构内核和两个 ARM 架构内核。

（4）微控制器芯片内核开发集成化

随着现代信息技术的发展，电子产品的生命周期越来越短，特别是电子工业技术的不断发展，基于深亚微米和超深亚微米的超大规模集成电路技术的片上系统芯片需求日益扩大，传统的板级电子系统设计方法已不能适应产业界对电子产品的需求。而随着芯片制造工艺的成熟和推广，未来人们可以方便地定制适合应用的芯片内核，就像当前制作 PCB 板那样方便。

因此，基于知识产权（IP）核复用的芯片级电子系统设计方法有望成为嵌入式系统设计的主流方式，针对各种不同的算法开发相应的 IP 核集成到芯片中，可以大大提高开发的灵活性及芯片的集成度。例如，ST 公司和 NXP 公司在其微控制器芯片内部集成了用于人工智能算法的专用硬件加速模块，从而可以实现简单人工智能技术的产品。

（5）微控制器芯片智能化

随着人工智能技术越来越普及，微控制器内核设计方面也越来越多考虑对人工智能算法的支持。例如，从 ARM Cortex-M3 到 Cortex-M4 内核，增加了 DSP 指令集，有助于信号处理领域的加速计算；ARM 公司近年推出的 Cortex-M55 内核，集成了可用于深度学习加速的 Helium 模块，从而使微控制器可用于深度学习的应用中。针对微控制器，也有一系列 Tiny Machine Learning（TinyML）方面的算法，这有助于深度学习在微控制器上的部署。

习　题　1

1. 简述嵌入式系统的概念。
2. 嵌入式芯片类型主要有哪些种类？
3. 嵌入式微控制器的特点是什么？
4. 简述嵌入式微控制器的发展历史。
5. 简述嵌入式系统的开发过程。
6. 简述微控制器芯片的发展趋势。

第2章　微控制器体系结构及汇编语言

嵌入式微控制器系统的集成度远远高于计算机系统，CPU、存储器、总线及外部输入/输出接口等模块都可集成在一个微控制器芯片里，所以微控制器也俗称单片机。而针对计算机体系，这些部件集成在一个主板上，即计算机的主板。嵌入式微控制器的体系结构如图2.1所示。

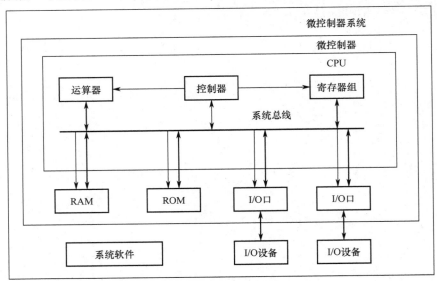

图2.1　嵌入式微控制器的体系结构

当前ARM芯片有较为齐全的芯片种类，同时体系结构也较为先进，本书以ARM芯片为模板说明嵌入式芯片的体系结构。

ARM公司在32位RISC（Reduced Instruction Set Computer）处理器领域不断取得突破，其结构已经从V3发展到V8。ARM公司总部在英国，自成立以来一直以IP（Intelligence Property）提供者的身份向各大半导体制造商出售知识产权，而ARM公司从不介入芯片的生产和销售，加上其设计的芯片内核具有功耗低、成本低等显著优点，因此获得众多的半导体厂商和整机厂商的大力支持。

主流的ARM芯片十几年前进入中国，从最初的ARM7、ARM9、ARM11等系列芯片发展到目前的ARM Cortex系列芯片。ARM Cortex系列芯片包括Cortex-A、Cortex-R和Cortex-M这3个系列芯片。其中，Cortex-A和Cortex-R系列芯片保持嵌入式微处理器的功能，通过扩展存储器可以运行Linux、Android和iOS等多种操作系统上。而针对Cortex-M系列芯片，ARM公司为了占据微控制器市场，把此类芯片用于一种32位单片机，所以，此类芯片具有丰富的外设接口，但并没有用于运行如Linux、Android和iOS等操作系统的内存管理单元。

本书以嵌入式微控制器为主，主要介绍ARM Cortex-M3内核，它是当前市面上常用的芯片内核，如ST公司的STM32F1系列产品等。Cortex-M3处理器是基于ARMv7M架构的处理器，支持丰富的指令集，包括许多32位指令，这些指令可以高效地使用高位寄存器。

2.1 Cortex-M3 内核体系架构

2.1.1 Cortex-M3 总体架构

Cortex-M3 是一个 32 位处理器内核。其内部的数据路径是 32 位，寄存器是 32 位的，存储器接口也是 32 位。

Cortex-M3 采用哈佛结构，拥有独立的指令总线和数据总线，可以让取指与数据访问并行进行。这样一来，数据访问不再占用指令总线，从而提升了性能。但是，指令总线和数据总线共享同一个存储器空间（一个统一的存储器系统）。

Cortex-M3 选择了适合于微控制器应用的三级流水线，但增加了分支预测功能，可以预取分支目标地址的指令，使分支延时减少到一个时钟周期。

Cortex-M3 比较复杂的应用需要更多的存储器系统功能：提供一个可选的内存保护单元（MPU），而且在需要的情况下也可以使用外部的缓存；在 Cortex-M3 中，小端模式和大端模式都是支持的。

Cortex-M3 内部集成了调试组件，硬件层支持调试操作，如指令断点、数据观察点等。另外，为支持更高级的调试，还有其他可选组件，包括指令跟踪和多种类型的调试接口。

Cortex-M3 内核体系架构如图 2.2 所示。

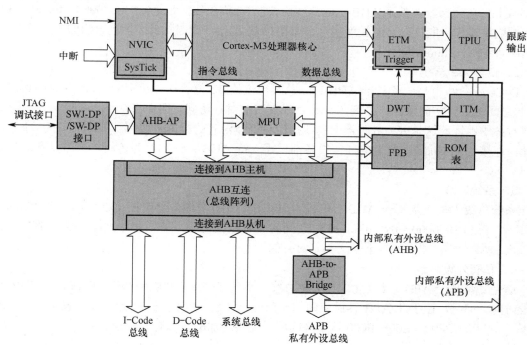

图 2.2　Cortex-M3 内核体系架构

由图 2.2 可以看出，Cortex-M3 内核体系架构主要包括 Cortex-M3 处理器核心、可嵌套中断向量控制器（NVIC）、总线阵列、存储保护单元（MPU）、闪存地址重载及断点单元（FPB）、数据监测点与跟踪（DWT）、仪表跟踪宏单元（ITM）、嵌入跟踪宏单元（ETM）、跟踪端口接口单元（TPIU）、AHB 访问端口、串口线和 JTAG 调试接口等。

AMBA 总线规范是 ARM 公司提出的总线规范，被大多数 SOC 设计所采用，它规定了 AHB（Advanced High-performance Bus）、ASB（Advanced System Bus）和 APB（Advanced Peripheral Bus）。其中，AHB 用于高性能、高时钟频率的系统结构，典型的应用如 ARM 内核与系统内部的高速 RAM、NAND Flash、DMA、Bridge（桥）的连接。APB 用于连接外部设备，对性能要求不高但需要考虑低功耗问题。ASB 是 AHB 的一种替代方案。

图 2.3 是一个典型的系统总线示意图。

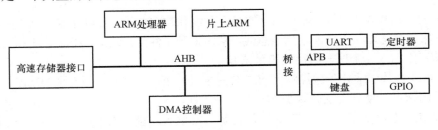

图 2.3　典型的系统总线示意图

2.1.2　Cortex-M3 总线

Cortex-M3 主要有 4 种总线。

1. I-Code 总线

I-Code 总线是一条基于 AHB-Lite 总线协议的 32 位总线，负责 0x0000_0000～0x1FFF_FFFF 之间的取指操作。取指以字的长度执行，即使对 16 位指令也是如此。因此，CPU 内核可以一次取出两条 16 位 Thumb 指令。

2. D-Code 总线

D-Code 总线也是一条基于 AHB-Lite 总线协议的 32 位总线，负责 0x0000_0000～0x1FFF_FFFF 之间的数据访问操作。尽管 Cortex-M3 支持非对齐访问，但用户绝不会在该总线上看到任何非对齐的地址，这是因为处理器的总线接口会把非对齐的数据传送都转换成对齐的数据传送。因此，连接到 D-Code 总线上的任何设备都只需支持 AHB-Lite 的对齐访问，不需要支持非对齐访问。

3. 系统总线

系统总线也是一条基于 AHB-Lite 总线协议的 32 位总线，负责在 0x2000_0000～0xDFFF_FFFF 和 0xE010_0000～0xFFFF_FFFF 之间的所有数据传送，取指和数据访问操作都可以。和 D-Code 总线一样，所有的数据传送都是对齐的。

4. 私有外设总线

这是一条基于 APB 总线协议的 32 位总线，负责 0xE004_0000～0xE00F_FFFF 之间的私有外设访问。但是，由于此 APB 存储空间的一部分已经被 TPIU、ETM 及 ROM 表用掉了，就只留下了 0xE004_2000～E00F_F000 这个区间用于配接附加的（私有）外设。

2.1.3　Cortex-M3 寄存器

Cortex-M3 拥有如下寄存器。

1. 通用寄存器 R0～R12

R0～R12 都是 32 位通用寄存器，用于数据操作。但是注意：绝大多数 16 位 Thumb 指令只能访问 R0～R7，而 32 位 Thumb-2 指令可以访问所有寄存器。

2．堆栈指针寄存器 R13

Cortex-M3 拥有两个堆栈指针，支持两种堆栈（分别是进程堆栈和主堆栈），这两种堆栈都指向 R13，任一时刻进程堆栈或主堆栈中只有一个是可见的。当引用 R13 时，引用的是当前正在使用的那一个堆栈，另一个堆栈必须用特殊的指令来访问（MRS 或 MSR 指令）。两个堆栈指针的基本特点如下：

① 主堆栈指针（MSP），或者写作 SP_main。这是默认的堆栈指针，它由操作系统内核、异常服务例程，以及所有需要特权访问的应用程序代码来使用。

② 进程堆栈指针（PSP），或者写作 SP_process。它由不处于异常服务例程中的常规应用程序代码来使用。

在处理者模式和线程模式下，都可以使用 MSP，但只有线程模式可以使用 PSP。使用两个堆栈指针的目的是防止用户堆栈的溢出影响系统核心代码（如操作系统内核）的运行。

3．链接器 R14

R14 是链接寄存器（LR）。在一个汇编程序中，可以把它写作 LR 或 R14。LR 用于在调用子程序时存储返回地址，也用于异常返回。

4．程序计数器 R15

R15 是程序计数器，在汇编代码中将其称为 PC（Program Counter）。因为 Cortex-M3 内部使用了指令流水线，读 PC 时返回的值是当前指令的地址+4。例如：

```
0x3000: MOV      R1, PC ;       R1=0x3004
```

5．特殊功能寄存器

Cortex-M3 还搭载了若干特殊功能寄存器，包括程序状态寄存器组（XPSR）、中断屏蔽寄存器组（PRIMASK、FAULTMASK、BASEPRI）和控制寄存器（CONTROL）。

① 程序状态寄存器组（XPSR）：所有处理器操作模式下都可访问当前程序状态寄存器（CPSR），CPSR 中包含条件码标志位、中断禁止位、当前处理器操作模式位及其他状态和控制信息；在每种异常模式下都有一个对应的程序状态寄存器（SPSR）；当异常出现时，SPSR 用于保存 CPSR 的状态，以便异常返回后恢复异常发生时的工作状态。如图 2.4 所示。

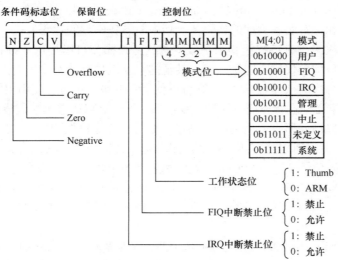

图 2.4　程序状态寄存器说明

N、Z、C、V，最高 4 位称为条件码标志位。ARM 的大多数指令可以按条件执行，即通过检测这些条件码标志位来决定指令如何执行。各个条件码标志位的含义如下。

N：在结果是有符号二进制补码情况下，如果结果为负数，则 N=1；如果结果为非负数，则 N=0。

Z：如果结果为 0，则 Z=1；如果结果为非零，则 Z=0。

C：其设置分以下几种情况：

对于加法指令（包含比较指令 CMN），如果产生进位，则 C=1；否则 C=0。

对于减法指令（包括比较指令 CMP），如果产生借位，则 C=0；否则 C=1。

对于有移位操作的非法指令，C 为移位操作中最后移出位的值。

对于其他指令，C 通常不变。

V：对于加减法指令，在操作数和结果是有符号整数时，如果发生溢出，则 V=1；如果无溢出发生，则 V=0。对于其他指令，V 通常不发生变化。

② 中断屏蔽寄存器组由 PRIMASK、FAULTMASK 和 BASEPRI 寄存器组成，用于控制异常和中断的屏蔽。

PRIMASK 寄存器为单一比特位寄存器，即只占 1 位的寄存器，置位后（设置为 1 时），除 NMI（Non-Maskable Interrupt，不可屏蔽中断）与硬件错误外，其他中断都不响应，屏蔽了所有可以屏蔽的异常和中断，相当于中断总开关。

FAULTMASK 寄存器也为单一比特位寄存器，置位后，除 NMI 外，其他中断都不响应。默认值为 0，表示异常没有关闭。

BASEPRI 寄存器共有 9 位，用于定义被屏蔽优先级的阈值，凡是优先级的值大于或等于该寄存器设置阈值的中断都不响应（优先级的值越大，优先级越小）。但若阈值设置为 0，则不关闭任何中断。

③ 控制寄存器（CONTROL）不仅用于定义特权状态，而且用于决定当前使用哪个堆栈指针。

2.1.4 Cortex-M3 操作模式

Cortex-M3 处理器支持两种处理器操作模式，还支持两级特权操作。两种处理器操作模式分别为处理者模式（handler mode）和线程模式（thread mode）。引入两种模式的本意是用于区别普通应用程序的代码和异常服务例程的代码（包括中断服务例程的代码）。

Cortex-M3 特权级别有特权级和用户级。两次特权操作可以提供一种存储器访问的保护机制，使得普通的用户程序代码不能意外地、甚至是恶意地执行涉及要害的操作。

在运行主应用程序时（线程模式），既可以使用特权级，也可以使用用户级；但是异常服务例程（处理者模式）必须在特权级下执行。复位后，处理器默认进入线程模式，特权级访问。在特权级下，程序可以访问所有范围内的存储器（如果有存储器保护单元（MPU），还要在 MPU 规定的禁地之外），并且可以执行所有指令。用户可以方便地从特权级切换到用户级，但一旦进入用户级，就不能简单地试图改写 CONTROL 寄存器回到特权级，必须先"申诉"：执行一条系统调用指令（SVC），这会触发 SVC 异常，然后由异常服务例程（通常是操作系统的一部分）接管，如果批准了进入，则异常服务例程修改 CONTROL 寄存器，才能在用户级的线程模式下重新进入特权级。

通过引入特权级和用户级，能够在硬件水平上限制某些不受信任的或者还没有调试好的程序，不让它们随便地配置涉及要害的寄存器，因而系统的可靠性得到了提高。进一步地，如果有存储器保护单元（MPU），它还可以作为特权机制的补充——保护关键的存储区域不被破坏，这些区域通常是存放操作系统的区域。

2.1.5 Cortex-M3 存储器映射

总体来说，Cortex-M3 支持 4GB 存储空间，并被划分成若干区域。如图 2.5 所示。

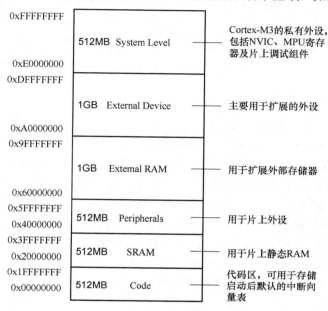

图 2.5 存储器映射图

内存中有两种格式存储字数据，分别称为大端格式和小端格式。

大端格式：字数据的高字节存储在低位地址中，而字数据的低字节则存放在高位地址中。

小端格式：与大端格式相反，低位地址中存放的是字数据的低字节，高位地址中存放的是字数据的高字节。如图 2.6 所示为 0x12345678 字数据的大、小端存储格式。

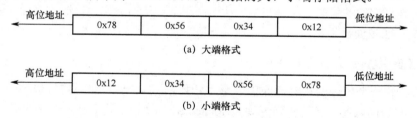

图 2.6 大端格式和小端格式

Cortex-M3 处理器支持的数据类型有 32 位字、16 位半字和 8 位字节。Cortex-M3 处理器支持非对齐的传送，数据存储器的访问无须对齐。

2.1.6 流水线

Cortex-M3 处理器使用一个 3 级流水线，分别是取指（Fetch）、解码（Decode）和执行（Execute），如图 2.7 所示。

当运行的指令大多数都是 16 位指令时，处理器会每隔一个周期做一次取指操作，这是因为 Cortex-M3 有时可以一次取出两条指令（一次取 32 位），因此在取出第 1 条 16 位指令时，也会把第 2 条 16 位指令取出。当遇到分支指令时，解码阶段也包含取指预测，这提高了执行的速度。

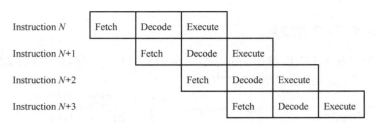

Instruction N	Fetch	Decode	Execute		
Instruction $N+1$		Fetch	Decode	Execute	
Instruction $N+2$			Fetch	Decode	Execute
Instruction $N+3$				Fetch	Decode	Execute

图 2.7   Cortex-M3 处理器的 3 级流水线

2.1.7   异常和中断

异常是指在正常的程序执行流程中发生暂时的停止并转向相应的处理,包括 ARM 内核产生复位,取指或存储器访问失败,遇到未定义指令,执行软件中断指令,或者出现外部中断等。大多数异常都对应一个软件的异常处理程序,也就是在异常发生时执行的软件程序。在处理异常前,当前处理器的状态必须保留,这样当异常处理完成后,当前程序继续执行。处理器允许多个异常同时发生,它们将会按固定的优先级进行处理。

"异常"与"中断"都是强调它们对主程序所体现出来的"中断"性质,即指接收到来自外围硬件的异步信号或来自软件的同步信号,而进行相应的硬件/软件处理。中断与异常的区别在于,中断对 Cortex-M3 来说来自内核的外面,来自各种片上外设或扩展的外设;而异常则是因为内核的活动产生的,即在执行指令或访问存储器时产生。

Cortex-M3 有 15 个类型编号为 1~15 的异常,有 240 个中断源。其中,中断源与芯片厂商有关,可以修改有关 Cortex-M3 中断源的硬件描述代码,所以具体芯片的中断源数目常常不到 240 个,并且优先级的位数也是由芯片厂商最终决定的。针对具体的中断源描述,要针对具体的芯片介绍,本书会在后面 STM32 芯片的中断部分进行介绍。

在 Cortex-M3 中,优先级的数值越小,则优先级越高。Cortex-M3 支持中断嵌套,使得高优先级异常抢占低优先级异常。Cortex-M3 有 3 个系统异常,即复位、NMI 和硬件失效,它们有固定的优先级,并且它们的优先级号是负数,从而高于其他所有异常。其他所有异常的优先级都是可编程的,但不能被编程为负数。

2.1.8   存储器保护单元(MPU)

Cortex-M3 有一个可选的存储器保护单元。配上它之后,就可以对特权级访问和用户级访问分别施加不同的访问限制。当检测到犯规(violated)时,MPU 就会产生一个失效(fault)异常,可以由失效异常的服务例程来分析该错误,并且在可能时改正它。最常见的是由操作系统使用MPU,以使特权级代码的数据包括操作系统本身的数据不被其他用户程序弄坏。Cortex-M3 支持多达 8 个不同区域的保护,并且每个区域又可分为 8 个大小相同的子区域,MPU 通过将关键数据、操作系统内核及向量表等重要区域的属性设置为只读,防止用户应用程序被破坏,从而保证系统的安全性。

2.2   汇编指令寻址方式

ARM 处理器是基于精简指令集计算机(RISC)原理设计的,指令集和相关译码机制较为简单。通过指令的学习,读者可以更深入地了解 ARM 硬件结构的特点;修改启动代码(为了满足大部分系统的顺利运行,通常将系统硬件配置在最低性能,通过调整启动代码中的参数使其更适合自己的硬件系统）；调试程序（通过观察反汇编代码了解程序执行情况，比如某个变量的操作是否被编译器优化掉了）；阅读已有的汇编代码。

ARM 具有 32 位 ARM 指令集和 16 位 Thumb 指令集。ARM 指令集效率高，但是代码密度低；而 Thumb 指令集具有较高的代码密度，却仍然保持 ARM 指令集大多数性能上的优势，是 ARM 指令集的子集。所有的 ARM 指令都是可以条件执行的，而 Thumb 指令仅有一条指令具备条件执行功能。ARM 程序和 Thumb 程序可相互调用，相互之间的状态切换开销几乎为零。

寻址方式是指根据指令中给出的地址码字段来实现寻找真实操作数地址的方式。ARM 处理器具有 9 种基本寻址方式。

1. 寄存器寻址

操作数的值在寄存器中，指令中的地址码字段指出的是寄存器编号，指令执行时直接取出寄存器值来操作。寄存器寻址指令举例如下：

```
MOV   R1,R2              ;将 R2 的值存入 R1
SUB   R0,R1,R2           ;将 R1 的值减去 R2 的值，结果保存到 R0 中
```

2. 立即寻址

立即寻址指令中的操作码字段后面的地址码部分即是操作数本身，也就是说，数据就包含在指令中，取出指令也就取出了可以立即使用的操作数（这样的数称为立即数）。立即寻址指令举例如下：

```
SUBS  R0,R0,#1           ;R0 减 1，结果放入 R0，并且影响标志位
MOV   R0,#0xFF000        ;将立即数 0xFF000 装入 R0
```

3. 寄存器移位寻址

寄存器移位寻址是 ARM 指令集特有的寻址方式。当第 2 个操作数是寄存器移位方式时，第 2 个寄存器操作数在与第 1 个操作数结合之前，选择进行移位操作。寄存器移位寻址指令举例如下：

```
MOV   R0,R2,LSL #3       ;R2 的值左移 3 位，结果放入 R0，即 R0=R2×8
ANDS  R1,R1,R2,LSL R3    ;R2 的值左移 R3 位，然后和 R1 相"与"，结果放入 R1
```

4. 寄存器间接寻址

寄存器间接寻址指令中的地址码字段给出的是一个通用寄存器的编号，所需的操作数保存在寄存器指定地址的存储单元中，即寄存器为操作数的地址指针。寄存器间接寻址指令举例如下：

```
LDR   R1,[R2]            ;将 R2 指向的存储单元的数据读出并保存在 R1 中
SWP   R1,R1,[R2]         ;将 R1 的值和 R2 指定的存储器中的值互换
```

5. 基址寻址

基址寻址就是将基址寄存器的内容与指令中给出的偏移量相加，形成操作数的有效地址。基址寻址用于访问基址附近的存储单元，常用于查表、数组操作、功能部件寄存器访问等。基址寻址指令举例如下：

```
LDR   R2,[R3,#0x0C]      ;读取 R3+0x0C 地址上的存储单元的内容，放入 R2
STR   R1,[R0,#-4]!       ;先 R0=R0-4，然后把 R1 的值保存到 R0 指定的存储单元中
```

6. 多寄存器寻址

多寄存器寻址一次可传送几个寄存器值，允许一条指令传送 16 个寄存器的任何子集或所有寄存器。多寄存器寻址指令举例如下：

```
LDMIA  R1!,{R2-R7,R12}   ;将 R1 指向的存储单元中的数据读出到 R2～R7、R12（R1 自动加 1）中
STMIA  R0!,{R2-R7,R12}   ;将 R2～R7、R12 的值保存到 R0 指向的存储单元（R0 自动加 1）中
```

7. 堆栈寻址

堆栈是一个按特定顺序进行存取的存储区，操作顺序为"后进先出"。堆栈寻址是隐含的，

它使用一个专门的寄存器（堆栈指针）指向一块存储区域（堆栈），指针所指向的存储单元即为堆栈的栈顶。存储器堆栈可分为两种。

向上生长：向高位地址方向生长，称为递增堆栈，指令如 LDMFA、STMFA 等。

向下生长：向低位地址方向生长，称为递减堆栈，指令如 LDMFD、STMFD 等。

8. 相对寻址

相对寻址是基址寻址的一种变通。由程序计数器（PC）提供基准地址，指令中的地址码字段作为偏移量，两者相加后得到的地址即为操作数的有效地址。相对寻址指令举例如下：

```
        BL   SUBR1                      ;调用 SUBR1 子程序
        BEQ  LOOP                       ;条件跳转到 LOOP 标号处
        ...
LOOP: MOV   R6,#1
        ...
SUBR1:...                               ;单元的内容交换
```

2.3 ARM 指令集

2.3.1 指令基本形式

ARM 指令的基本格式如下：

<opcode> {<cond>} {S} <Rd> ,<Rn>{,<operand2>}

其中，<>号内的项是必须的，{}号内的项是可选的。各项的说明如下：opcode，指令助记符；cond，执行条件；S，是否影响 CPSR 寄存器的值；Rd，目标寄存器；Rn，第 1 个操作数的寄存器；operand2，第 2 个操作数。灵活使用第 2 个操作数"operand2"，能够提高代码效率。它有如下形式：#immed_8r；Rm；Rm,shift。

（1）#immed_8r——常数表达式

该常数必须对应 8 位位图，即必须是一个 8 位的常数通过循环右移偶数位得到的数。

循环右移 10 位示例如图 2.8 所示。

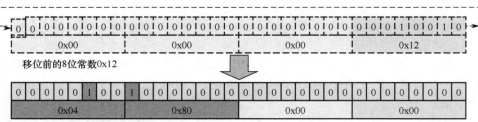

图 2.8 循环右移 10 位示例

例如：

```
MOV  R1,#0xC000                 ;0xC000 可由 0x03 循环右移 16 位得到
```

但是：

```
MOV  R1,#0x0103C000             ;由于不是循环右移偶数位可以得到的数，指令错误
```

（2）Rm——寄存器方式

在寄存器方式下，操作数即为寄存器的数值。例如：

```
SUB    R1,R1,R3
MOV    PC,R0
```

（3）Rm, shift——寄存器移位方式

将寄存器的移位结果作为操作数，但 Rm 值保持不变，移位操作方法见表 2.1。

表 2.1 移位操作方法

操作码	说明	操作码	说明
ASR #n	算术右移 n 位	ROR #n	循环右移 n 位
LSL #n	逻辑左移 n 位	RRX	带扩展的循环右移 1 位
LSR #n	逻辑右移 n 位	Type Rs	Type 为移位的一种类型，Rs 为偏移量寄存器，低 8 位有效

例如：

```
ADD    R1,R1,R1,LSL #3          ;R1=R1+R1*8=9R1
SUB    R1,R1,R2,LSR R3          ;R1=R1−(R2/2R3)
```

2.3.2 ARM 指令集条件码

使用条件码"cond"可以实现高效的逻辑操作，提高代码效率。绝大部分的 ARM 指令都可以按条件执行，而 Thumb 指令只有 B（跳转）指令具有条件执行功能。如果指令不标明条件代码，将默认为无条件（AL）执行。

指令条件码见表 2.2。

表 2.2 指令条件码

操作码	条件助记符	标志	含义
0000	EQ	Z=1	相等
0001	NE	Z=0	不相等
0010	CS/HS	C=1	无符号数大于或等于
0011	CC/L0	C=0	无符号数小于
0100	MI	N=1	负数
0101	PL	N=0	正数或零
0110	VS	V=1	溢出
0111	VC	V=0	没有溢出
1000	HI	C=1, Z=0	无符号数大于
1001	LS	C=0, Z=1	无符号数小于或等于
1010	GE	N=V	有符号数大于或等于
1011	LT	N!=V	有符号数小于
1100	GT	Z=0, N=V	有符号数大于
1101	LE	Z=1, N!=V	有符号数小于或等于
1110	AL	任何	无条件执行（指令默认条件）
1111	NV	任何	从不执行（不要使用）

2.3.3 ARM 指令种类

1．存储器访问指令

（1）单寄存器存取指令

单寄存器存取主要实现存储器和寄存器之间的数据传输，其中加载/存储（LDR/STR）指令

用于对内存变量的访问、内存缓冲区数据的访问、查表、外围部件的控制操作等。若使用 LDR 指令加载数据到 PC 寄存器中，则实现程序跳转功能，这样也就实现了程序散转。所有单寄存器加载/存储指令可分为"字和无符号字节加载/存储指令"和"半字和有符号字节加载/存储指令"。LDR/STR 指令通过搭配不同的后缀实现不同方式的单寄存器存取操作：字/半字/字节数据控制；是/否用户模式控制；无/有符号控制。

LDR/STR 指令的具体形式如下。

装载指令：LDR 目标寄存器,源地址

存储指令：STR 源寄存器,目标地址

其中，源地址和目标地址有多种表示形式。

① 立即数。立即数可以是一个无符号的数值。这个数值可以加到基址寄存器中，也可以从基址寄存器中减去这个数值。如：

LDR R1,[R0,#0x12]

② 寄存器。寄存器中的数值可以加到基址寄存器中，也可以从基址寄存器中减去这个数值。如：

LDR R1,[R0,R2]

③ 寄存器及移位常数。寄存器移位后的值可以加到基址寄存器中，也可以从基址寄存器中减去这个数值。如：

LDR R1,[R0,R2,LSL #2]

④ 零偏移。如：

LDR Rd,[Rn]

⑤ 前索引偏移。如：

LDR Rd,[Rn,#0x04]!

⑥ 程序相对偏移。如：

LDR Rd,labe1

⑦ 后索引偏移。如：

LDR Rd,[Rn],#0x04

注意：大多数情况下，必须保证字数据操作的地址是 32 位对齐的。

（2）多寄存器存取指令

装载指令：LDMx 源地址,目标寄存器列表

存储指令：STMx 目标地址,源寄存器列表

LDMx/STMx 指令搭配不同的后缀可实现不同方式的地址增长。

数据块传送：IA，每次传送后地址加 4；IB，每次传送前地址加 4；DA，每次传送后地址减 4；DB，每次传送前地址减 4。

堆栈操作：FD，满递减堆栈；ED，空递减堆栈；FA，满递增堆栈；EA，空递增堆栈。

应用示例：将 R1 指向的内存数据读取到 R2～R4 和 R6 寄存器中，如图 2.9 所示。

LDMIA R1!,{R2-R4,R6}

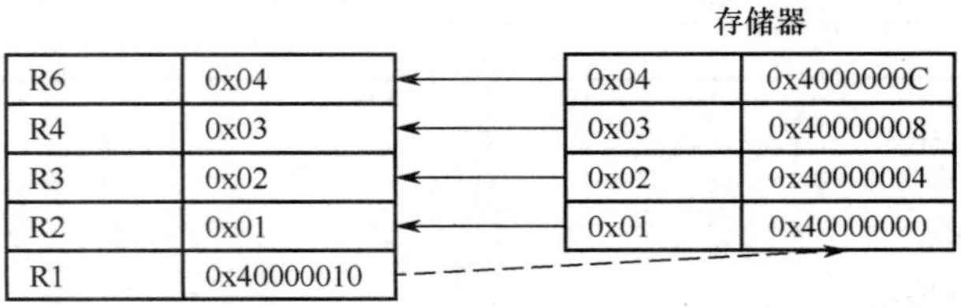

图 2.9 LDMIA R1!,{R2-R4,R6}操作图

（3）交换指令 SWP

SWP 指令用于将一个存储单元（该单元地址放在寄存器 Rn 中）的内容读取到一个寄存器 Rd 中，同时将另一个寄存器 Rm 的内容写入该存储单元中。

SWP 指令：SWP　读入寄存器,输出寄存器,目标地址

应用示例：

SWP　R2,R1,[R0]

将 R1 的内容与 R0 指向的存储单元的内容进行交换，如图 2.10 所示。

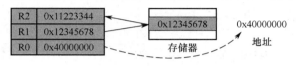

图 2.10　存储单元交换示例

2．ARM 数据处理指令

数据处理指令大致可分为 3 类：数据传送指令、算术逻辑运算指令和比较指令。

数据处理指令只能对寄存器的内容进行操作，而不能对内存中的数据进行操作。所有 ARM 数据处理指令均可选择使用 S 后缀，并影响状态标志位。

（1）数据传送指令

数据传送指令包括 MOV 和 MVN 两种指令，其中，MOV 指令将 8 位立即数或寄存器传送给目标寄存器；MVN 指令实现数据的非传递，即把操作数取反后送给目标寄存器。

（2）算术逻辑运算指令

算术逻辑运算指令主要包括：ADD，加法运算；ADC，带进位加法运算；SUB，减法运算；RSB，逆向减法运算；SBC，带进位减法运算；RSC，带进位逆向减法运算；AND，逻辑"与"运算；ORR，逻辑"或"运算；EOR，逻辑"异或"运算；BIC，位清除运算。

具体操作形式：opcode　结果寄存器,运算寄存器,第二操作数。运算操作图如图 2.11 所示。

图 2.11　运算操作图

例如：

ADD　R3,R1, #0x08	;表示 R3=R1+8
AND　R3,R1, #0xFF	;表示 R3=R1 & 0x000000FF
ORR　R3,R1,R2	;表示 R3=R1|R2

（3）比较指令

比较指令将两个数值进行特定运算，运算结果将会影响 CPSR 寄存器的相关标志位，用于后面程序的条件执行，但是运算结果不予保存。其中包括：CMP，数值比较；CMN，负数比较；TST，位测试；TEQ，相等测试。例如：

CMP　R3,R1	;表示 R3 减 R1 并影响标志位
TST　R3,#0x02	;表示测试 R3 的第 2 位并影响标志位
TEQ　R3,R2	;表示 R3 与 R2 是否相等并影响标志位

3．乘法指令

具有 3 种乘法指令。32×32 位乘法指令：MUL　Rd,Rm,Rs

32×32 位乘加指令：MLA　Rd,Rm,Rs,Rn

32×32 位结果为 64 位的乘/乘加指令，包括：

无符号乘法：UMULL　RdLo,RdHi,Rm,Rs

无符号乘加：UMLAL　RdLo,RdHi,Rm,Rs

有符号乘法：SMULL　RdLo,RdHi,Rm,Rs

有符号乘加：SMLAL　RdLo,RdHi,Rm,Rs

例如：

```
MUL   R3,R2,R1        ;表示 R3=R2×R1
```

4．分支指令

分支指令主要包括：①B，分支指令，跳转目标地址基于 PC 的偏移量，为 24 位常数，因为用来表示目标地址的位数有限，所以 B 指令无法实现 4GB（32 位）范围内的任意跳转。②BL，带链接的分支指令，BL 指令除了具有跳转功能，还能在跳转之前将下一条指令的地址复制到 R14（LR）链接寄存器中。它适用于子程序调用，跳转范围限制在当前指令的±32MB 地址内。③ BX，带状态切换的分支指令，BX 指令除了具有跳转功能，还能在跳转的同时切换处理器状态。其跳转范围不受限制，其中当跳转地址最低位为 1 时，切换到 Thumb 状态；为 0 时，切换到 ARM 状态。

5．中断指令

可通过 SWI 指令产生软中断，示例如下：

```
MOV   R0,#34              ;设置子功能号为 34
SWI   12                  ;调用 12 号软中断
```

6．程序状态寄存器指令

实现对程序状态寄存器的读写功能。

程序状态寄存器读指令：MRS，例如：

```
MRS   R1,CPSR            ;读取 CPSR 状态寄存器到 R1
```

程序状态寄存器写指令：MSR，例如：

```
MSR   CPSR_c,R0          ;将 R0 的内容写入 CPSR 寄存器的控制位域
```

7．ARM 伪指令

ARM 伪指令不属于 ARM 指令集中的指令，是为了编程方便而定义的。伪指令可以像其他 ARM 指令一样使用，但在编译时这些指令将被等效的 ARM 指令代替。ARM 伪指令有 4 条：ADR，小范围地址读取指令；ADRL，中等范围地址读取指令；LDR，大范围地址读取指令；NOP，空操作指令。

查表应用示例：

```
    ADR   R0,DISP_TAB         ;加载转换表地址
    LDRB  R1,[R0,R2]          ;使用 R2 作为参数，进行查表
    …
DISP_TAB
    DCB   0xC0,0xF9,0xA4,0xB0,0x99, 0x92,0x82,0xF8
```

8．协处理器指令

ARM 内核支持协处理器操作，协处理器的控制要通过协处理器命令实现。协处理器指令主要包括 5 条：CDP，协处理器数据操作指令；LDC，协处理器数据加载指令；STC，协处理器数

据存储指令；MCR，ARM 处理器寄存器到协处理器寄存器的数据传送指令；MRC，协处理器寄存器到 ARM 处理器寄存器的数据传送指令。

9．地址的前缀和后缀

汇编语言中，表达地址的标识符可以有前缀或后缀。例如：

```
LDR    R2,[R1,#0x10]
```

这条语句是地址前缀，这个前缀的含义是把 R1+0x10 地址处的数据加载给 R2。注意，要先把 R1 加 0x10。

```
LDR    R1,[R3],#0x20
```

这条语句是地址后缀，这个后缀的含义是把 R3 地址处的数据加载给 R3，然后计算 R3=R3+0x20。注意，最后把 R3 加 0x20。

10．指令可选后缀

（1）S 后缀

S 后缀的含义是：使用 S 后缀时，指令执行后程序状态寄存器的条件标志位将刷新；不使用 S 后缀，指令执行后程序状态寄存器的条件标志位将不发生变化。举例如下：

```
ADD    R1,R2,R3    ;R1←R2+R3，没有使用 S 后缀，条件标志位不刷新
ADDS   R1,R2,R3    ;R1←R2+R3，使用 S 后缀，条件标志位刷新
```

有些指令不需要加 S 后缀，在执行时同样刷新条件标志位，例如，比较指令 CMP、CMU、测试指令 TST 等。S 后缀的使用目的：在需要对条件进行测试时，例如，是否有溢出、是否有进位等，在指令执行过程中进行判断，例如，是否大于、是否等于等。

（2）!后缀

!后缀的含义是：在指令的地址表达式中含有!后缀时，指令执行后，基址寄存器中的地址将发生变化，变化的结果如下：

基址寄存器中的地址值（指令执行后）=指令执行前的值+地址偏移量

如果指令不含!后缀，则地址值不会发生变化。举例如下：

```
LDR    R2,[R1,#02]     ;没有!后缀，结果是把 R1 加 2 作为地址指针存储的数据赋给 R2，R1 值不变
LDR    R2,[R1,#02]!    ;有!后缀，结果是把 R1 加 2 作为地址指针存储的数据赋给 R2，R1 加 2 的结果
                        送到 R1 中
```

!后缀的位置和范围：!后缀必须紧跟在地址表达式的后面；!后缀不能使用在 R15 后面。

```
LDR    R3, [R4]!

ADD    R6,R5,#4!

LDMIA   R6,{R3-R7}!
```

以上 3 条指令都是错误的。第 1 条指令没有偏移量；第 2 条指令 R5 是操作寄存器，不是地址寄存器；第 3 条指令中 R3-R7 是一组寄存器排列，不是一个地址，也没有偏移量。

```
LDMFD   R13!,{R2,R4}

LDR    R5,[R6,#0x24]!

STR    R12,[R1,#1]!
```

以上 3 条指令是正确的，R13 是地址基址。

（3）B 后缀和 H 后缀

B 后缀的含义是：指令所涉及的数据是一个字节（8 位），不是一个字或半字。

H 后缀的含义是：指令所涉及的数据是一个半字（16 位），不是一个字或字节。

举例如下：

```
LDR    R3,[R1,#30]              ;R3←[R1+0x30]传送一个 32 位字
```

```
LDRB   R3,[R1,#30]            ;R3←[R1+0x30]传送一个字节
LDRH   R3,[R1,#30]            ;R3←[R1+0x30]传送一个半字
```

【例2.1】ARM 汇编实例：

```
AREA   MYDATA, DATA
AREA   MYCODE, CODE
    ENTRY
    EXPORT __main
__main
    MOV   R0, #10
    MOV   R1, #11
    BL   func
func
    MOV   R5, #05
    BX   LR
    END
```

2.4　Thumb 指令集

Thumb 指令集是 ARM 指令集的一个子集，是针对代码密度问题而提出的，它具有 16 位的代码宽度。一般情况下，Thumb 指令与 ARM 指令的时间效率和空间效率关系为：Thumb 代码所需的存储空间约为 ARM 代码的 60%～70%；Thumb 代码使用的指令数比 ARM 代码多约 30%～40%；若使用 32 位的存储器，ARM 代码比 Thumb 代码快约 40%；若使用 16 位的存储器，Thumb 代码比 ARM 代码快约 40%～50%；使用 Thumb 代码，与 ARM 代码相比较，存储器的功耗会降低约 30%。

Thumb-2 指令集在 Thumb 指令集和 ARM 指令集针对各自的特点取了一个平衡，兼有二者的优势，当一次操作可以使用一条 32 位指令完成时就使用 32 位的指令，以加快运行速度，而当一次操作只需要一条 16 位指令完成时就使用 16 位的指令，以节约存储空间。

有关 ARM 指令集、Thumb 指令集和 Thumb-2 指令集之间的比较见表 2.3。

表 2.3　ARM 指令集、Thumb 指令集和 Thumb-2 指令集比较

	指令特点		指令特点
ARM 指令集	全部指令都是 32 位的	Thumb-2 指令集	16/32 位指令混合组成
Thumb 指令集	全部指令都是 16 位的		

本书主要学习 Cortex-M3 芯片，采用 Thumb-2 指令集，其在指令形式上类似于 ARM 指令集，也包括存储器访问指令、数据传送指令、算术逻辑运算指令和比较指令等，但也有区别，具体体现如下：Thumb 指令集没有协处理器指令、访问 CPSR 或 SPSR 的指令，也没有乘加指令及 64 位乘法指令等，且指令的第二操作数受到限制；除跳转指令 B 有条件执行功能外，其他指令均为无条件执行；大多数 Thumb 数据处理指令采用 2 地址格式。

Thumb 指令集与 ARM 指令集的区别一般有如下几点。

（1）比较指令

程序相对转移，特别是条件跳转与 ARM 代码下的跳转相比，在范围上有更多的限制，转向子程序是无条件的转移。

（2）数据处理指令

数据处理指令是对通用寄存器进行操作的，在大多数情况下，操作的结果须放入其中一个操作数寄存器中，而不是第 3 个寄存器中。数据处理操作比 ARM 状态的更少，访问寄存器 R8～R15 会受到一定限制。除 MOV 和 ADD 指令访问 R8～R15 外，其他数据处理指令总是更新 CPSR 中的 ALU 状态标志。

（3）单寄存器指令

在 Thumb 状态下，单寄存器加载/存储指令只能访问寄存器 R0～R7。

（4）多寄存器指令

LDMx/STMx 指令可以对任何范围为 R0～R7 的寄存器子集进行加载或存储。

PUSH 和 POP 指令使用堆栈指令 R13 作为基址实现满递减堆栈。除 R0～R7 外，PUSH 指令还可以存储链接寄存器 R14，并且 POP 指令可以加载 PC 指令。

【例 2.2】Thumb 汇编实例：在编写 Thumb 指令时，先使用伪指令 CODE16 进行声明，而且在 ARM 指令中要使用 BX 指令跳转到 Thumb 状态，以切换处理器状态。

```
        AREA   EXAMPLE, CODE, READONLY
        ENTRY
MAIN
        ADR   R0, THUMBPROG+1      ;当操作数寄存器的状态位（位[0]）为 1 时，执行 BX 指令进入
                                   ; Thumb 状态
        BX   R0                    ;跳转到 THUMBPROG，并且程序切换到 Thumb 状态
CODE16                             ;指示下面为 Thumb 指令
THUMBPROG
        MOV   R1,#3
        MOV   R2,#5
        ADD   R1,R1,R2
……
```

习　题　2

1. 简述 ARM Cortex-M3 处理器的主要构成。

2. 简述 ARM Cortex-M3 总线结构。

3. 简述 ARM Cortex-M3 寄存器。

4. 简述 ARM Cortex-M3 操作模式。

5. 简述 ARM Cortex-M3 存储器映射。

6. 简述 ARM Cortex-M3 存储器保护单元（MPU）。

7. 运行以下程序后，写出结果。

```
MOV   r0, #10
MOV   r1, #3
ADD   r0, r0, r1
MOV   r2,#10h
ADD   r2, r2, r1
ADD   r3, r1, #2
AND   r4, r1, r0
```

```
SUB   r5, r0, r1
CMP   r0,r1
MRS   r6,CPSR
CMP   r1,r0
MRS   r7,CPSR
MUL   r8, r0, r1
MVN   r9,#0x88000000
MOV   r10,#0x12800000
```

r0=   r1=   r2=   r3=

r4=   r5=   r6=   r7=

r8=   r9=   r10=

8．运行以下程序后，写出结果。

```
MOV   R0,#0x100
MOV   R1,#0x100
LDR   R2, #0x66122345
STR   R2,[R0]
LDRB  R3,[R0,#2]
LDRB  R4,[R0]
LDRB  R5,[R1,#2]!
LDRB  R6,[R1]
LDRB  R7,[R0],#2
LDRB  R8,[R0]
LDRH  R9,0x100
```

小端格式：

r0=   r1=   r2=   r3=

r4=   r5=   r6=   r7=

r8=   r9=

大端格式：

r0=   r1=   r2=   r3=

r4=   r5=   r6=   r7=

r8=   r9=

第 3 章 微控制器硬件系统

3.1 微控制器概述

本书结合意法半导体（ST）公司基于 Cortex-M3 内核的 STM32F103 系列芯片展开对嵌入式微控制器主要结构的说明。

3.1.1 STM32F103 内部结构

1. STM32F103 总线

STM32F103 内部的总线结构如图 3.1 所示，其中 STM32F103 的 Cortex-M3 内核通过指令总线与 Flash 控制器连接；数据总线、系统总线和先进高速总线（Advanced High Speed Buses，AHB）相连。STM32F103 的内部 SRAM 和 DMA 单元直接与 AHB 总线矩阵相连，外设使用两条先进设备总线（Advanced Peripheral Buses，APB）连接，而每一条 APB 总线又都与 AHB 总线矩阵相连。AHB 总线的工作频率与内核一致，但 AHB 总线上挂着许多独立的分频器，通过分频器，输出时钟频率可以降低，从而降低功耗。其中，APB2 总线可以最大 72MHz 频率运行，而 APB1 总线只能以最大 36MHz 频率运行。内核和 DMA 单元都可以成为总线上的主机，它们在同时申请连接 SRAM、APB1 或 APB2 时会发生仲裁事件，如图 3.1 所示。

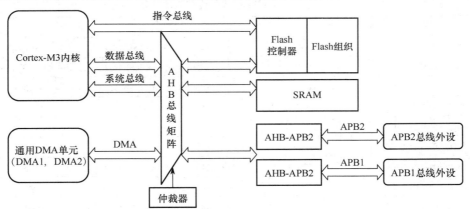

图 3.1 STM32F103 内部的总线结构

2. STM32F103 存储区

STM32F103 存储区域是一个大小为 4GB 的线性地址空间，并符合 Cortex-M3 内核的存储映射方案。

① 代码区（0x0000 0000～0x1FFF FFFF）：该区用来存放程序。

② SRAM 区（0x2000 0000～0x3FFF FFFF）：该区用于片内 SRAM。

③ 片上外设区（0x4000 0000～0x5FFF FFFF）：该区用于片上外设。STM32F103 分配给各个外设的地址空间按总线分为 3 类，其中 APB1 总线外设存储地址见表 3.1，APB2 总线外设存储地址见表 3.2，AHB 总线外设存储地址见表 3.3。

表 3.1　APB1 总线外设存储地址表

地址范围	外设	地址范围	外设
0x4000 0000～0x4000 03FF	TIM2 定时器	0x4000 4000～0x4000 43FF	保留
0x4000 0400～0x4000 07FF	TIM3 定时器	0x4000 4400～0x4000 47FF	USART2
0x4000 0800～0x4000 0BFF	TIM4 定时器	0x4000 4800～0x4000 4BFF	USART3
0x4000 0C00～0x4000 0FFF	TIM5 定时器	0x4000 4C00～0x4000 4FFF	USART4
0x4000 1000～0x4000 13FF	TIM6 定时器	0x4000 5000～0x4000 53FF	USART5
0x4000 1400～0x4000 17FF	TIM7 定时器	0x4000 5400～0x4000 57FF	I2C1
0x4000 1800～0x4000 1BFF	TIM12 定时器	0x4000 5800～0x4000 5BFF	I2C2
0x4000 1C00～0x4000 1FFF	TIM13 定时器	0x4000 5C00～0x4000 5FFF	USB 设备 FS 寄存器
0x4000 2000～0x4000 23FF	TIM14 定时器	0x4000 6000～0x4000 63FF	USB/CAN 共享 SRAM 512B
0x4000 2400～0x4000 27FF	保留	0x4000 6400～0x4000 67FF	BxCAN1
0x4000 2800～0x4000 2BFF	RTG	0x4000 6800～0x4000 6BFF	BxCAN2
0x4000 2C00～0x4000 2FFF	WWDG	0x4000 6C00～0x4000 6FFF	BKP
0x4000 3000～0x4000 33FF	TWDG	0x4000 7000～0x4000 73FF	PWR
0x4000 3400～0x4000 37FF	保留	0x4000 7400～0x4000 77FF	DAC
0x4000 3800～0x4000 3BFF	SPI2/I2S	0x4000 7800～0x4000 7FFF	保留
0x4000 3C00～0x4000 3FFF	SPI3/I2S		

表 3.2　APB2 总线外设存储地址表

地址范围	外设	地址范围	外设
0x4001 0000～0x4001 03FF	AFIO	0x4001 2000～0x4001 2FFF	TIM1 定时器
0x4001 0400～0x4001 07FF	EXIT	0x4001 3000～0x4001 33FF	SPH
0x4001 0800～0x4001 0BFF	GPIO A	0x4001 3400～0x4001 37FF	TIM8 定时器
0x4001 0C00～0x4001 0FFF	GPIO B	0x4001 3800～0x4001 3BFF	USART1
0x4001 1000～0x4001 13FF	GPIO C	0x4001 3C00～0x4001 3FFF	ADC3
0x4001 1400～0x4001 17FF	GPIO D	0x4001 4000～0x4001 4BFF	保留
0x4001 1800～0x4001 1BFF	GPIO E	0x4001 4C00～0x4001 4FFF	TIM9 定时器
0x4001 1C00～0x4001 1FFF	GPIO F	0x4001 5000～0x4001 53FF	TIM10 定时器
0x4001 2000～0x4001 23FF	GPIO G	0x4001 5400～0x4001 57FF	TIM11 定时器
0x4001 2400～0x4001 27FF	ADC1	0x4001 5800～0x4001 7FFF	保留
0x4001 2800～0x4001 28FF	ADC2		

表 3.3　AHB 总线外设存储地址表

地址范围	外设	地址范围	外设
0x4001 8000～0x4001 83FF	SDIO	0x4002 1000～0x4002 13FF	RCC
0x4001 8400～0x4001 FFFF	保留	0x4002 1400～0x4002 1FFF	保留
0x4002 0000～0x4002 03FF	DMA1	0x4002 2000～0x4002 23FF	Flash 存储器接口
0x4002 0400～0x4002 07FF	DMA2	0x4002 3000～0x4002 33FF	CRC
0x4002 0800～0x4002 0FFF	保留	0x4002 3400～0x4002 7FFF	保留

地址范围	外设	地址范围	外设
0x4002 8000～0x4002 9FFF	Ethernet	0x5000 0000～0x5003 FFFF	USB OTC FS
0x4003 0000～0x4FFF FFFF	保留		

④ 静态存储器控制器（FSMC）区（0x6000 0000～0x9FFF FFFF），使用 FSMC 后，可以把 FSMC 提供的 FSMC_A[25:0]作为地址总线，而把 FSMC 提供的 FSMC_D[15:0]作为数据总线，使用 FSMC 为外部存储器和设备提供地址、数据和控制总线。本书主要学习的 STM32F103 芯片，由于没有 FSMC 模块，所以此区为保留区。

⑤ 0xA000 0000～xDFFF FFFF 的 1GB 地址存储空间，用于片外外设扩展。

⑥ 0xE000 0000～0xFFFF FFFF 的 512MB 地址存储空间，用于 NVIC、MPU 及调试组件等，是私有外设和供应商指定功能区。

代码区起始地址从 0x0000 0000 开始，片上 SRAM 从 0x2000 0000 开始，用户设备的存储映射从 0x4000 0000 开始；Cortex-M3 内核寄存器地址从 0xE000 0000 处开始。

Flash 存储区由 3 部分组成，如图 3.2 所示，首先用户 Flash 区从 0x0800 0000 开始；其次系统存储区是一个 4KB 的 Flash 存储空间，存储出厂启动引导（Bootloader）；最后一部分从 0x1FFF F800 开始，含有一组可配置字节，允许用户对 STM32F103 进行系统配置。Bootloader 的主要作用是允许用户通过 USART1 将代码下载到 STM32F103 的 RAM 中，随后将这些代码写进内部用户 Flash 区。

3.1.2 STM32F103 常用接口

STM32F103 微控制器作为一款功能通用的芯片，包括基本所有常见的接口，如图 3.3 所示。
STM32F103 芯片的主要接口如下：

① 内存 SRAM，是存放数据的存储空间。

② Flash，是存放程序的存储空间。

③ GPIO 接口，用于输入/输出。

④ USART 接口，是同步/异步串行通信的接口，在嵌入式系统开发过程中常用异步串行通信（UART）接口。

⑤ 定时器，用于对内部时钟信号进行计数，从而实现定时功能；对外部的时钟信号进行计数，从而实现计数功能。一般定时器有相应的扩展功能，如通过定时器对外部脉冲宽度进行计数，从而实现捕获功能；通过对脉冲宽度（PWM）进行调整，从而输出不同大小的电压。

⑥ SPI 接口，是同步串行通信的接口。

⑦ ADC 接口，是模拟量转为数字量的接口。

⑧ CAN 接口，是 CAN 总线通信接口。

⑨ USB 接口。

⑩ I^2C 接口，是 I^2C 总线通信接口。

⑪ 实时时钟 RTC，实现时间定时功能。

⑫ 看门狗 WDG，实现看门狗功能。

⑬ SysTick，实现滴答定时器的功能，由 Cortex-M3 内核提供。

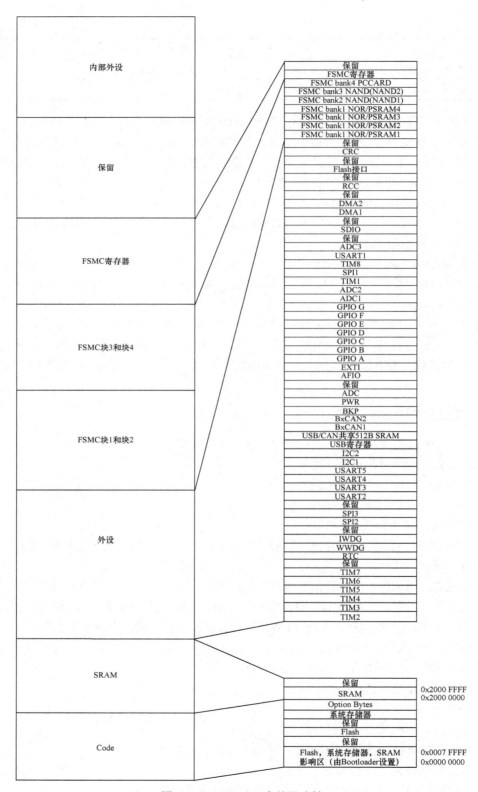

图 3.2　STM32F103 存储器映射

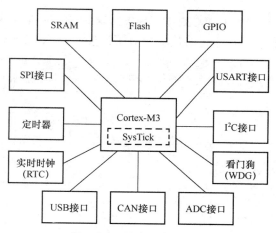

图 3.3 微控制器常用接口

3.1.3 STM32F103 系列微控制器简介

STM32F103 系列芯片属于中低端的 32 位 ARM Cortex-M3 微控制器,最高 72MHz 工作频率,在存储器的等待周期访问时可达 1.25DMips/MHz,可实现单周期乘法和硬件除法。

STM32F103 系列芯片的内存包括 32KB～1MB Flash 和 20～64KB 嵌入式 SRAM,采用了 QFN、QFP 和 FBGA 三种封装。下面以 STM32F103R6T6 为例介绍 STM32 系列芯片的命名规则,见表 3.4。

表 3.4 STM32 系列芯片命名规则

STM32	STM32 代表 ARM Cortex-M 内核的 32 位微控制器
F	F 代表芯片子系列
103	103 代表增强型系列
R	该项代表引脚数,其中 T 代表 36 引脚,C 代表 48 引脚,R 代表 64 引脚,V 代表 100 引脚,Z 代表 144 引脚,I 代表 176 引脚
6	该项代表 Flash 容量,其中 6 代表 32KB,8 代表 64KB,B 代表 128KB,C 代表 256KB,D 代表 384KB,E 代表 512KB,G 代表 1MB
T	该项代表封装,其中 H 代表 BGA 封装,T 代表 LQFP 封装,U 代表 VFQFPN 封装
6	该项代表工作温度范围,其中 6 代表-40～85℃,7 代表-40～105℃

本书以 STM32F103R6 为主,此芯片的 Flash 容量为 32KB;工作频率为 72MHz;有 3 个 16 位定时器,12 个输入捕捉接口(IC),12 个输出比较接口(OC),14 个脉冲宽度调制输出接口(PWM),1 个 SPI 接口,1 个 I^2C 接口,2 个 USART 接口,1 个 USB 接口,1 个 CAN 接口;电压范围为 2～3.6V。

STM32 F103R6 的引脚图如图 3.4 所示。其中,PAx、PBx、PCx 是通用输入/输出接口(GPIO),也可以复用为专用功能接口,例如 PA2 既可以作为通用输入/输出接口,又可以复用为串口 2 的发送口(USART2_TX);V_{DD_x} 是数字电源,STM32F103 系列芯片采用 3.3V 电压,从抗干扰及功率均衡方面考虑,常常有多路电源接口,V_{SS_x} 是数字地;V_{DDA} 和 V_{SSA} 是模拟电源和模拟地,也采用 3.3V 电压,为了避免数字信号对模拟部分的干扰,模拟电源单独提供;当 V_{DD} 断电时,使用外部电池或其他电源连接到 V_{BAT} 引脚上,可以保存备份寄存器的内容并维持 RTC 的功能。如果应用中没有使用外部电池,V_{BAT} 引脚应接到 V_{DD} 引脚上;PD0-OSC_IN 和 PD1-OSC_OUT

是高频时钟输入/输出接口；PC14-OSC32_IN 和 PC15-OSC32_OUT 是低频时钟输入/输出接口；PA0-WKUP 是芯片唤醒接口，用于把芯片从低功耗状态唤醒；PC13-TAMPER-RTC 引脚用于侵入事件检测，当该引脚上的信号从 0 变成 1 或者从 1 变成 0（取决于备份寄存器 BKP_CR 的 TPAL位），会产生一个侵入检测事件，侵入检测事件将清除所有数据备份寄存器中的内容。

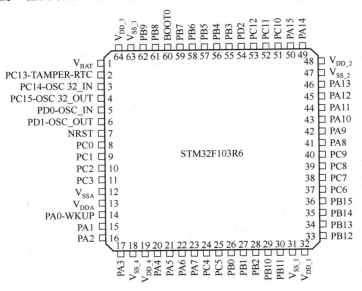

图 3.4　STM32F103R6 的引脚图

3.2　微控制器基本电路

一个微控制器开始工作需要有基本的电路支持。

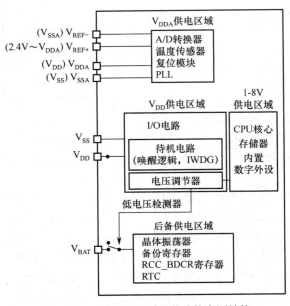

图 3.5　STM32F103 系列芯片的电源结构

3.2.1　电源电路

电源电路为微控制器提供工作电源，对电路能否正常工作起着十分重要的作用。当前大多数微控制器芯片主要采用 5V 和 3.3V 两种电压，例如 8051 微控制器采用 5V 电压，STM32F103 系列芯片采用 3.3V 电压。除电压大小因素外，还需要考虑电流，即需要有足够的功率满足微控制器芯片的工作。可以通过分析电路中各个模块工作电流的大小，累加出整个电路工作时所需要电流的大小，从而选择出合适的电源电路。

STM32F103 系列芯片的电源结构如图 3.5所示。

芯片电源主要分为以下几类。

1. 主电源 V_{DD} 和 V_{SS}

主电源范围是 2.0～3.6V，一般选用 3.3V，这个电源还应满足系统最大的功率要求，这与芯片及外设芯片需要的工作电流有关，例如电路工作需要 300mA 电流，那就需要至少 3.3V/300mA 的电源。

目前 STM32F103 经常使用的 3.3V 电源稳压电路如图 3.6 所示。

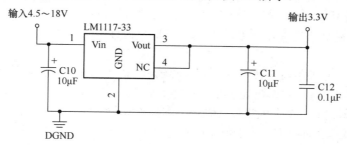

图 3.6　3.3V 电源稳压电路

图 3.6 中使用 LM1117-33 电源稳压芯片，此芯片输入电压在 4.5～18V 范围内，输出 3.3V 电压、800mA 额定电流。图中的电容主要是对电源进行滤波。

2．备用电源 V_{BAT}

备用电源在主电源失效后起作用，为实时时钟（RTC）、备份寄存器和晶体振荡器提供不间断电源，在备份电源的支持下保持数据不丢失。如果 STM32F103 最小系统不使用备用电源，则 V_{BAT} 引脚必须和 V_{DD} 引脚相连接。

3．模拟电压 V_{DDA}

为了提高转换精度，ADC 使用一个独立的电源供电，过滤和屏蔽来自印制电路板的毛刺干扰。V_{DDA} 接 2.0～3.6V，为 ADC、复位模块、内部 RC 振荡器和 PLL 的模拟部分供电。针对引脚数小于 100 的 STM32F103 芯片，ADC 参考电压（V_{REF}）由内部电压源提供；而在引脚数大于（或等于）100 的 STM32F103 芯片中，ADC 有额外的参考电压引脚 V_{REF+} 和 V_{REF-}，则 V_{REF-} 可连接 V_{SSA}，V_{REF+} 连接 2.4V～V_{DDA}。

为了减少电路对模拟部分的干扰，模拟电源与数字电源常常被隔离开，具体连接关系如图 3.7 所示。

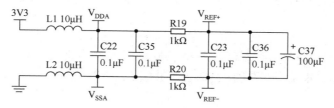

图 3.7　模拟电源与数字电源的连接

3.2.2　复位电路

STM32F103 支持 3 种复位形式，即系统复位、电源复位和备份区域复位。

1．系统复位

系统复位将复位除时钟控制器 CSR 中的复位标志和备用寄存器外的所有寄存器，下列事件有一个发生都会产生系统复位：

① 芯片重启引脚（NRST）上出现低电平（如外部按钮复位）。其复位效果与需要的时间、微控制器供电电压、复位阈值等相关。为了使其充分复位，在工作电压 3.3V 时，复位时间为 200ms。复位入口地址为 0x00000004。

② 窗口看门狗计数终止（WWDG 复位）。

③ 独立看门狗计数终止（IWDG 复位）。

④ 软件复位（SW 复位），通过设置相应的控制寄存器位来实现。

⑤ 低功耗管理复位，进入待机模式或停止模式时引起的复位。

可通过查看控制/状态寄存器（RCC_CSR）中的复位标志来识别复位源。

2．电源复位

电源复位能复位除备份寄存器外的所有寄存器。利用上电瞬时电容短路的特点及常态断路的特点产生一个脉冲信号，并连接到 NRST 引脚上从而产生复位，如图 3.8 所示。

STM32F103 集成了一个上电复位（POR）和掉电复位（PDR）电路，当供电电压达到 2V 时，系统就能正常工作。只要 V_{DD} 低于特定的阈值 POR/PDR，不需要外部复位电路，STM32F103 就一直处于复位模式。上电复位和掉电复位的波形图如图 3.9 所示。

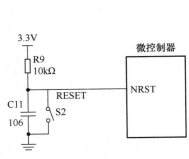

图 3.8　复位电路

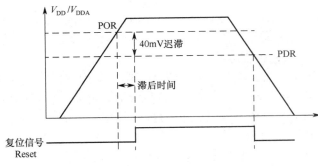

图 3.9　上电复位和掉电复位的波形图

3．备份区域复位

当以下事件之一发生时，产生备份区域复位：

① 软件复位后，备份区域复位可由设置备份区域控制寄存器 RCC_BDCR 中的 BDRST 位产生。

② 在 V_{DD} 和 V_{BAT} 两者掉电的前提下，V_{DD} 或 V_{BAT} 上电将引发备份区域复位。

3.2.3　时钟源

STM32F103 既可以外接晶体振荡器作为时钟源，内部也自带 RC 振荡器，但是内部 RC 振荡器比外部晶体振荡器来说不够准确，同时也不够稳定，所以在条件允许的情况下，应尽量使用外部时钟源。

1．高速外部时钟（HSE）

晶体/陶瓷谐振器可以选择 4～16MHz 的外部振荡器，为系统提供更为精确的主时钟。外部时钟源主要作为 STM32F103 处理器和外设的驱动时钟，一般称为高速外部振荡器（HSE_OSC）。用户提供的外部时钟，频率最高可达 25MHz，连接到芯片的 OSC_IN 引脚，波形可以是 50%左右占空比的方波、正弦波或三角波。如图 3.10 所示。

2．低速外部时钟（LSE）

STM32F103 还可以使用第 2 个外部振荡器，称为低速外部振荡器（LSE_OSC）。它一般用于驱动实时时钟（RTC）及窗口看门狗（WWDG）。像高速外部振荡器那样，LSE 也可以使用外部晶体振荡器或者用户自行供给，时钟波形也可以是方波、三角波和正弦波，要求具有 50%左右的占空比。LSE 的典型频率值为 32.768kHz，因为这样可以给实时时钟提供准确的时钟频率。

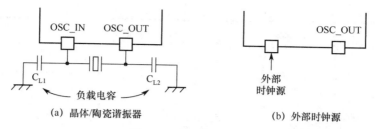

图 3.10　高速外部时钟

3．高速内部时钟（HSI）

HSI 时钟信号由内部 8MHz 的 RC 振荡器产生，可直接作为系统时钟或在 2 分频后作为 PLL 输入。HSI 的 RC 振荡器能够在不需要任何外部器件的条件下提供系统时钟，它的启动时间比 HSE 晶体振荡器短。然而，即使在校准后，它的时钟频率精度仍较差。

4．低速内部时钟（LSI）

LSI 是一个低功耗时钟源，它可以在停机模式或待机模式下保持运行，为独立看门狗（IWDG）和自动唤醒单元提供时钟。LSI 时钟频率约为 40kHz。

5．锁相环倍频输出（PLL）

PLL 为锁相环倍频输出，其时钟输入源可选择为 HSI/2、HSE 或 HSE/2。倍频可选择为 2～16 倍，但是其输出频率最大不得超过 72MHz。

3.2.4　时钟管理单元

STM32F103 有完善的时钟管理模块，根据输入的内部和外部时钟源可以对芯片各种外设的时间单元进行降频与升频。整体的时钟管理单元如图 3.11 所示。

其中，40kHz 的 LSI 供独立看门狗（IWDG）使用，还可以被选择为实时时钟（RTC）的时钟源。另外，实时时钟（RTC）的时钟源还可以选择 LSE，或者 HSE 的 128 分频。

STM32F103 有一个全速功能的 USB 模块，其串口引擎需要一个频率为 48MHz 的时钟源。该时钟源只能从 PLL 端获取，可以选择为 1.5 分频或者 1 分频，也就是说，当需要使用 USB 模块时，PLL 必须使能，并且时钟配置为 48MHz 或 72MHz。

另外，STM32F103 还可以选择一个时钟信号输出到 MCO 引脚（PA.8）上，并选择为 PLL 输出的 2 分频、HSI、HSE 或者系统时钟。

系统时钟 SYSCLK 是提供 STM32F103 中绝大部分部件工作的时钟源。系统时钟可以选择为 PLL 输出、HSI、HSE。系统时钟最大频率为 72MHz，它通过 AHB 分频器分频后送给各个模块使用。AHB 分频器可以选择 1、2、4、8、16、64、128、256、512 分频，AHB 分频器输出的时钟送给 5 大模块使用：

① 送给 AHB 总线、内核、内存和 DMA 使用的 HCLK 时钟；

② 8 分频后送给 Cortex-M3 的系统定时器时钟 STCLK；

③ 直接送给 Cortex-M3 的空闲运行时钟 FCLK；

④ 送给 APB1 分频器。APB1 分频器可以选择 1、2、4、8、16 分频，其输出一路供 APB1 外设使用（PCLK1，最大频率 36MHz），另一路送给定时器（Timer）2、3、4 倍频器使用。该倍频器根据 PCLK1 的分频值自动选择 1 或者 2 倍频，时钟输出供定时器 2、3、4 使用。

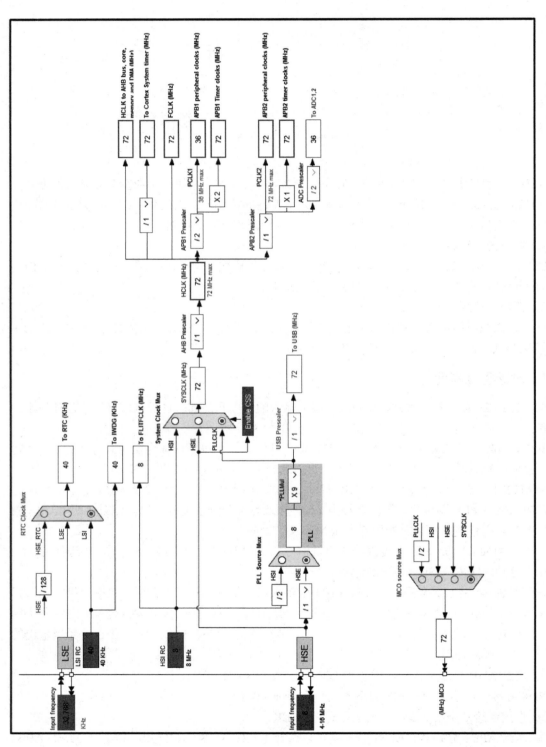

图 3.11 时钟管理单元

⑤ 送给 APB2 分频器。APB2 分频器可以选择 1、2、4、8、16 分频，其输出一路供 APB2 外设使用（PCLK2，最大频率 72MHz），另外一路送给定时器（Timer）1、2 倍频器使用。该倍频器根据 PCLK2 的分频值自动选择 1 或 2 倍频，时钟输出供定时器 1 使用。另外，APB2 分频器还有一路输出供 ADC 分频器使用，分频后送给 ADC 使用。ADC 分频器可选择为 2、4、6、8 分频。

需要注意的是，当 APB 的分频为 1 时定时器倍频器的倍频值为 1，否则它的倍频值就为 2。

连接在 APB1（低速外设）上的设备有电源接口、备份寄存器接口、CAN、USB、I2C1、I2C2、UART2、UART3、SPI2、窗口看门狗、Timer2、Timer3、Timer4。注意，USB 模块虽然需要一个单独的 48MHz 的时钟信号，但是它应不是供 USB 模块工作的时钟，而只是提供给串口引擎（SIE）使用的时钟。USB 模块的工作时钟应是由 APB1 提供的。

连接在 APB2（高速外设）上的设备有 UART1、SPI1、Timer1、ADC1、ADC2、GPIOx、第二功能 I/O 口。

3.2.5 下载电路

微控制器软件开发需要下载程序，如果这一步都有问题，那么后面的开发便无从谈起，所以微控制器需要提供下载代码的接口。

STM32F103 的下载调试系统支持两种接口标准：5 针的 JTAG 接口和 2 针的 SWD 串口，这两种接口需要牺牲通用 I/O 口来供给调试器、仿真器使用。STM32F103 复位后，CPU 会自动将这些引脚置于第 2 功能状态，此时调试接口可以使用。但如果用户希望使用这些引脚作为通用 I/O 口，则需要在程序中将这些引脚设置为普通 I/O 口。

JTAG 于 1990 年被批准为 IEEE149.1—1990 测试访问接口和边界扫描结构标准，用于芯片的内部仿真与调试，还常用于实现在线编程（ISP），目前绝大多数芯片均支持 JTAG 协议。

SWD 调试方式主要有 SWDCLK、SWDIO 两根信号线，SWDCLK 为主机到 STM32F103 目标板的时钟信号，SWDIO 为双向数据信号。

STM32F103 将 5 引脚的 JTAG 接口和 2 引脚的 SWD 接口结合在一起，见表 3.5。

表 3.5　JTAG 引脚连接说明

SWJ-DP 引脚名称	JTAG 接口		SWJ 接口		引脚分配
	类型	描述	类型	调试分配	
JTMS/SWDIO	输入	JTAG 测试模式选择	I/O	I/O	PA13
JTCK/SWDCLK	输入	JTAG 测试时钟	输入	串行线时钟	PA14
JTDI	输入	JTAG 测试数据输入			PA15
JTDO/TRACESWO	输出	JTAG 测试数据输出		异步跟踪	PB3
JNTRST	输入	JTAG 测试复位			PB4

JTAG IEEE 标准建议在 JTDI、JTMS 和 JNTRST 引脚上添加上拉电阻，但是对 JTCK 没有特别建议。针对 STM32F103，JTCK 一般接下拉电阻。JTAG 和 SWD 接口电路图如图 3.12 所示，其中 NRST 连接复位电路。

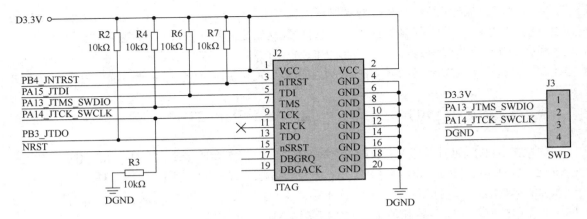

图 3.12   JTAG 和 SWD 接口电路图

同时，也可以从系统存储器启动，利用 ST 公司提供的 Bootloader 程序采用串口实现对程序的下载。

3.2.6   启动配置电路

微控制器为了能分别实现烧写初始代码、启动 Bootloader 程序及在线调试的功能，存储器启动能从不同的存储空间开始。

STM32F103 自带的启动方式有 3 种，启动配置电路如图 3.13 所示。

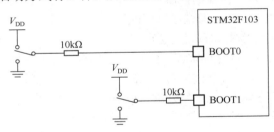

图 3.13   启动配置电路

在系统复位后，系统时钟第 4 个上升沿到来时，BOOT 引脚被锁存，用户可以通过设置 BOOT0 和 BOOT1 引脚的状态，选择复位后的启动模式。有如下 3 种启动方式。

① 从 Flash 存储器启动，Flash 存储器被映射到启动空间（0x00000000），同时仍能在原有的地址（0x08000000）访问它，即从芯片内置的 Flash 启动。

② 从系统存储器启动，系统存储器被映射到启动空间（0x00000000），同时仍然能在原有的地址（0x1FFFF000）访问它。芯片内部有一块特定的区域，芯片出厂时在这个区域预置了一段 Bootloader 程序。这个区域的内容在芯片出厂后没有人能够修改或擦除，即它是一个 ROM 区。

STM32F103 的 Bootloader 程序：由于串口不能直接把程序下载到内置的 Flash 里面，所以需要使用到 ST 公司内嵌于系统存储区（Flash 的某一部分的地址被编为 0x1FFF F000～0x1FFF F7FF，这就是所谓的系统存储区）的 Bootloader 程序来引导把程序下载到 Flash 里面。程序下载完成后，还需要配置 BOOT[1:0] 引脚为 BOOT0=0，BOOT1=X（从 Flash 存储器启动），复位后启动程序（手动复位或者使用硬件自动复位电路）。

③ 从内置 SRAM 启动，只能在 0x20000000 开始的地址区访问 SRAM，即从芯片内置的 RAM 区启动，一般在调试时使用。注意，当从内置 SRAM 启动时，在应用程序的初始化代码中，必须使用 NVIC 的异常表和偏移寄存器，重新映射向量表到 SRAM 中。

因此，通过设置 BOOT1、BOOT0 引脚的高低电平即可选择，见表 3.6。

表 3.6　启动模式 BOOT0 和 BOOT1 引脚的配置表

启动模式选择引脚		启动模式	说明
BOOT1	BOOT0		
X	0	Flash 存储器	Flash 存储器启动是将程序下载到内置的 Flash 里进行启动（该 Flash 可运行程序），该程序可以掉电保存，下次开机可自动启动，这是正常的工作模式
0	1	系统存储器	系统存储器启动是将程序写入一块特定的区域，一般由厂家直接写入，不能被随意更改或擦除，这种模式启动的程序功能由厂家设置
1	1	内置 SRAM	内置 SRAM 被选为启动区域，由于 SRAM 掉电丢失，不能保存程序，这种模式可以用于调试

3.3　微控制器低功耗模式

在系统或电源复位后，微控制器处于运行状态。在运行状态时，电压调节器工作在正常状态；Cortex-M3 处理器正常运行，Cortex-M3 的内部外设（如 NVIC）正常运行；STM32F103 的 PLL、HSE、HIS 正常运行。

而当处理器不需要继续运行时（如等待某个外部事件），可以利用多种低功耗模式来节省功耗。STM32F103 支持 3 种低功耗模式，即睡眠模式（sleep mode）、停止模式（stop mode）和待机模式（standby mode）。

（1）睡眠模式

电压调节器工作正常，Cortex-M3 处理器停止运行，但 Cortex-M3 的内部外设仍然正常运行，PLL、HSE、HSI 也正常运行；所有的 SRAM 和寄存器的内容被保留；所有的 I/O 引脚都保持它们在运行模式时的状态；功耗相对于正常模式得到降低。

（2）停止模式

停止模式也称为深度睡眠模式。电压调节器工作在停止模式，选择性地为某些模块提供 1.8V 电源；Cortex-M3 处理器停止运行，Cortex-M3 的内部外设停止运行；STM32F103 的时钟 PLL、HSE 和 HIS 被关断；所有的 SRAM 和寄存器的内容被保留。

（3）待机模式

整个 1.8V 区域断电；Cortex-M3 处理器停止运行，Cortex-M3 的内部外设停止运行；STM32F103 的 PLL、HSE 和 HIS 被关断；SRAM 和寄存器内的内容丢失；备份寄存器内容保留；待机电路维持供电。

低功耗模式的比较见表 3.7。

表 3.7　低功耗模式的比较

模式	进入	唤醒	对 1.8V 区域时钟的影响	对 V_{DD} 区域时钟的影响	电压调节器
睡眠	WFI	任一中断	CPU 时钟关，对其他时钟和 ADC 时钟无影响	无	开
	WFE	唤醒事件			

模式	进入	唤醒	对 1.8V 区域时钟的影响	对 V_{DD} 区域时钟的影响	电压调节器
停止	PDDS 和 LPDS 位 +SLEEPDEEP 位+WFI 或 WFE	任一外部中断（在外部中断寄存器中设置）	选择性提供 1.8V	HSI 和 HSE 的振荡器关闭	开启或处于低功耗模式（由 PWR_CR 设定）
待机	PDDS 位+SLEEPDEEP 位+WFI 或 WFE	WKUP 引脚的上升沿，RTC 闹钟事件，NHST 引脚上的外部复位，IWDG 复位	关闭所有 1.8V 区域的时钟		关

STM32F103 从 3 种低功耗模式恢复后的处理如下：

当 STM32F103 处于睡眠状态时，只有处理器停止工作，SRAM、寄存器的值仍然保留，程序当前执行状态信息并未丢失，因此，STM32F103 从睡眠状态恢复后，回到进入睡眠状态指令的后一条指令开始执行。

当 STM32F103 处于停止状态时，SRAM、寄存器的值仍然保留，因此 STM32F103 从停止状态恢复后，回到进入停止状态指令的后一条指令开始执行。但不同于睡眠状态，进入停止状态后，STM32F103 时钟关断，因此从停止状态恢复后，STM32F103 将使用内部高速振荡器作为系统时钟（HIS，频率为不稳定的 8MHz）。

当 STM32F103 处于待机状态时，所有 SRAM 和寄存器的值都丢失（恢复默认值），因此从待机状态恢复后，程序重新从复位初始位置开始执行，这相当于一次软件复位效果。

习　题　3

1. 简述 STM32F103 微控制器的存储结构。
2. 简述 STM32F103 微控制器的常用接口。
3. 简述 STM32F103R6 芯片结构。
4. 简述微控制器的基本电路有哪些。
5. 简述 STM32F103 芯片的时钟源。
6. 简述 STM32F103 下载电路模式。
7. 简述 STM32F103 启动配置电路功能。
8. 简述 STM32F103 低功耗模式。

第4章 微控制器软件开发

4.1 微控制器开发语言

4.1.1 开发语言介绍

早期微控制器芯片的开发语言主要是汇编语言，但是由于汇编语言不方便开发，难于从汇编语言代码上理解程序设计意图，可维护性差，因此随着 C 语言在 51 单片机上的应用，越来越多的芯片厂家开发了针对各自芯片的 C 编译器，C 语言越来越多地应用到微控制器开发中。但是，芯片最开始的初始化程序常常还是用汇编语言来实现的，只是这部分代码往往由开发环境自动生成，用户从 main()函数开始编写代码就好。典型执行过程为：从 CPU 复位时的指定地址开始执行→跳转至汇编代码开始处执行如下内容：初始化堆栈指针 SP、初始化程序计数器指针 PC、设置堆栈的大小、设置异常向量表的入口地址、配置外部 SRAM 作为数据存储器、设置 C 库的分支入口__main（最终用来调用 main 函数）→跳转至用户主程序 main 执行，用户的应用程序主要在此实现。

随着嵌入式系统项目的代码量越来越大，用户尽量不要把所有的代码都写在 main 函数中，否则程序的可读性很差，并需要对整个程序根据功能进行划分。C 语言是一种结构化的设计语言，可根据功能将程序划分为多个模块。

① 每个模块是一个.c 文件和一个.h 文件的结合，头文件（.h）是对该模块接口的声明。

② 若某个模块被其他模块调用，其函数及数据需在.h 文件中冠以 extern 关键字声明。

③ 模块内的私有函数和全局变量需在.c 文件开头冠以 static 关键字声明。

用户主程序和各模块的处理函数都以 C 语言完成，用户主程序最后都进入了一个死循环，例如：

```c
#include "led.h"
int main(void){
    led_init();                //初始化 LED 函数
    while(1){
      {
        led_light();            //点亮 LED1
        delay_moment();
          led_dark();           //熄灭 LED1
        delay_moment();
}
return 0;
    }
```

在嵌入式程序中经常需要处理中断服务程序。中断是嵌入式系统中重要的组成部分，但是在标准 C 语言中不包含中断。许多编译开发商在标准 C 语言上增加了对中断的支持，提供新的关键字用于标示中断服务程序（ISR），类似于__interrupt、#program interrupt 等。当一个函数被定义为中断服务程序时,编译器会自动为该函数增加中断服务程序所需要的中断现场入栈和出栈代码。中断服务程序需要满足如下要求:①不能有返回值;②中断服务程序尽可能短小;③中断服务程序不能传递参数;④中断服务程序和主程序公用的全局变量,建议定义为 volatile 类型,从而避免编译器优化过程中去除此变量;⑤printf(char * lpFormatString,…)函数会带来重入和性能问题,不能在中断服务程序中采用。

4.1.2 嵌入式 C 语言

编写优质可靠的嵌入式 C 程序并非易事,不仅需要熟知硬件特性,还需要对编译原理和 C 语言知识有一定的了解。

1. 数据类型

C 语言支持常用的字符型、整型、浮点型变量,常见的数据类型有 char、short、int、long、unsigned、float 和 double 等,有些编译器如 Keil 还扩展支持 bit(位)和 sfr(寄存器)等数据类型来满足特殊的地址操作。

不同芯片平台上相同类型的数据可能占用不同长度的存储空间。例如在嵌入式 C 编程过程中,char 常占据 8 位存储空间,int 常占据 16 位存储空间。如何确定当前平台的数据类型如 int 的宽度,需要 C 语言提供的接口 sizeof,实现如下:

```
printf("int size:%d, char size:%d\n", sizeof(int), sizeof(char))
```

2. 运算符

算术运算符有=(赋值)、+(加法)、−(减法)、*(乘法)、/(除法)和%(求余),结果对应数学的运算结果。

逻辑运算符有&&(逻辑与)、||(逻辑或)和!(逻辑非),其中"逻辑与"相当于生活中的"并且",就是两个条件都同时成立的情况下"逻辑与"的运算结果才为"真";"逻辑或"相当于生活中的"或者",当两个条件中有任一个条件满足,"逻辑或"的运算结果就为"真";"逻辑非"就是指本来值的反。逻辑运算符输出为真(True)或假(False)。

比较运算符有==(是否等于)、>(是否大于)、>=(是否大于或等于)、<(是否小于)和<=(是否小于或等于),比较运算符的输出为真(True)或假(False)。

3. 位操作符

位操作符有<<(左移)、>>(右移)、&(位与)、|(位或)和~(位取反)。位操作在嵌入式 C 语言代码中经常出现,尤其在对寄存器进行直接操作时。

(1)在不改变其他位的值的情况下对某几个位设定

先对需要置值的位用"&"操作符清零,然后用"|"操作符设置值,比如要改变 GPIO A 语言 A 的状态,可以先对寄存器内的值进行清零操作:

```
GPIOA->CRL &= 0XFFFFFF3F        //将 6~7 位清零
```

然后将其与需要设置的值进行"|"运算:

```
GPIOA->CRL |= 0X000000C0;       //将 6~7 位置
```

(2)移位操作提高代码可读性

嵌入式开发经常用到的移位操作可以用下面这行代码:

```
GPIOx->BSRR = (((uint32_t)0x01) << pinpos);
```

这个操作就是将 BSRR 寄存器的第 pinpos 位置 1,当然也可以通过直接置值的方式,例如:

```
GPIOx->BSRR = 0X0030;
```

上面介绍的两种写法所实现的功能是完全一样的,但是第一种写法更好,这是因为可以直接知道这个操作置的是 BSRR 寄存器的哪个功能位，这样通过查看微控制器的寄存器手册就可以知道这个操作所实现的功能。而第二种写法还需要一个转换的过程。

（3）取反操作

定时器 TIMx 的 SR 寄存器的每一位都表示一个外设的状态，如果某个时刻要置某一位为 0，同时保留其他位为 1，则简单的方式是给寄存器直接置值：

```
TIMx->SR = 0XFFFE;
```

这行代码的功能是将 SR 寄存器的第 0 位设置为 0，但是这种写法的可读性比较差，一种更好的写法是：

```
TIMx->SR = (uint16_t) ~TIM_FLAG_Update;
```

而 TIM_FLAG 是通过宏定义得到的：

```
#define TIM_FLAG_Update        ((uint16_t) 0X0001)
```

这样通过取反的方式就可以看出操作的目的就是将第 0 位设置为 0。

4．数据存储关键字

数据存储常用的关键字有 auto、static、extern、volatile、const 和 register 等。

（1）关键字 auto

使用 auto 修饰的变量，是具有自动存储器的局部变量，例如：

```
int a=15;
auto b=a;
```

（2）关键字 static

static 在文件作用域和代码块作用域的意义是不同的：在文件作用域，用于限定函数和变量的外部链接性（能否被其他文件访问）；在代码块作用域，则用于将变量分配到静态存储区。

针对文件作用域，当一个函数的全局变量被声明为 static 后，称为静态全局变量，它只在定义它的源文件内有效，其他源文件无法访问它。

例如，在 b.c 程序中定义了：

```
static int i;
```

则只有 b.c 中的函数可以访问 i，其他程序无法直接访问这个变量，但可以通过 b.c 中所定义的函数间接访问，例如：

```
int get_i()
{
    return i;
}
```

这在 C 环境下是一种较好地模拟 C++风格的实现方法。

（3）关键字 extern

extern 可以声明其他文件内定义的变量，它可以声明多次，但类型必须完全一样，定义只有一次。将变量或函数声明成外部链接，即该变量或函数名在其他函数中可见。被其修饰的变量（外部变量）是静态分配空间的，即程序开始时分配，结束时释放。

例如，main.c 文件：

```
unsigned char i;
void main()
{
    i=1;
    printf("%d",i);         //i=1
```

```
    changei();
    printf("%d",i);          //i=2
}
```

changei(void)函数在 test.c 中，并且使用了变量 i，此时需要声明明变量 i 是外部定义的，test.c 的代码：

```
extern unsigned char i;      //声明变量 i 是在外部定义的，声明可以在很多个文件中进行
void changei(void){
i=2;
}
```

由于在 test.c 中声明变量 i 为外部定义的，所以可以使用 main.c 中定义的变量 i。

（4）关键字 volatile

volatile 限定一个对象可被外部进程（操作系统、硬件或并发进程等）改变，volatile 与变量连用，可以让变量被不同的线程访问和修改。关键字 volatile 就是明确告诉编译器不准把这个变量优化到寄存器上，只能放在内存里。

声明时语法为：

```
int volatile v;
```

一般 volatile 用在如下方面：

① 中断服务程序中修改的供其他程序检测的变量需要加 volatile；

② 多任务环境下各任务间共享的标志应加 volatile；

③ 存储器映射的硬件寄存器通常也要加 volatile，因为每次对它的读写可能有不同意义。

（5）关键字 const

const 本意为变量只读，微控制器的编译器会把 const 修饰的全局变量存放 ROM 中，因此把常量数据声明为 const，作为只读的变量，不允许再次赋值。const 修饰的变量（全局或局部）的生命周期是程序的整个运行过程。

```
const int i = 50;
```

（6）关键字 register

register 定义快速访问的变量，放在寄存器内计算速度更快。

```
register int i;
```

编译器会尽量安排 CPU 的寄存器去寄存这个变量 i，如果寄存器不足，变量 i 还是会被放在存储器中。

5．内存管理和存储架构

嵌入式 C 语言按照在硬件的区域不同，内存分配常有 3 种方式。

① 静态存储区域分配。在程序编译时内存就已经分配好，这块内存在程序的整个运行期间都存在，例如全局变量、static 变量。

② 栈上创建。执行函数时，函数内局部变量的存储单元都可以在栈上创建，函数执行结束时这些存储单元自动被释放。栈内存分配运算内置于处理器的指令集中，效率很高，但是分配的内存容量有限。

③ 堆上创建，也称动态内存分配。程序在运行时，用 malloc 或 new 申请任意多的内存，但程序员需负责在何时用 free 或 delete 释放内存，动态内存的生存期由程序员决定，使用灵活，但若内存不及时释放会造成内存溢出。

描述实例如下：

```
    static int static_val;                      //静态全局变量，静态存储区
    int global_val;                             //全局变量，静态存储区
    int main(void)
    {
        int i=1;                                //局部变量，栈上申请
        static int local_static_val = 0;        //静态变量，静态存储区
        p = (int *)malloc(sizeof(int));         //从堆上申请空间
        if(p != NULL)
        {
            printf("*p value:%d", *p);
            free(p);
            p = NULL;
            //free 后需要将 p 置空，否则会导致后续 p 的校验失效，出现野指针
        }
    }
```

6. 数组和指针

数组是由相同类型元素构成的，当被声明时，编译器就根据内部元素的特性在内存中分配一段连续空间，另外 C 语言也提供多维数组。数组从 0 开始获取值，以 length−1 作为结束，通过半开半闭区间[0, length)访问。

指针和数组之间有联系，其实数组就是一个连续地址存放着的数据，例如 int arry[3]={1,2,3};那么 arry 就是该数组的首地址，*arry 就是该数组首地址存放的数据 1，*(arry+1)则为该数组的第二个位置存放的数据 2。

例如：

```
char strval[] = "hello";
int intval[] = {1, 2, 3, 4};
int arr_val[][2] = {{1, 2}, {3, 4}};
const char *pconst = "hello";
char *p;
int *pi;
int *pa;
int **par;
p = strval;
pi = intval;
pa = arr_val[0];
par = arr_val;
```

7. 结构类型

C 语言提供自定义数据类型来描述一类具有相同特征的数据，主要支持的有结构体、枚举和联合体。

（1）枚举

枚举通过别名限制数据的访问，可以让数据更直观、易读，实现如下：

```
typedef enum DAY
{
```

```
        MON=1, TUE, WED, THU, FRI, SAT, SUN
  } day:
  Day d1=TUE;
```

其中，enum 是关键字，是必需的。DAY 是枚举名，可有可无，这个名字是自己定义的；MON=1，TUE，WED，THU，FRI，SAT，SUN 是枚举成员，枚举成员的值是根据前一个成员的值递增 1 得到的。

例如，STM32F103 芯片 GPIO 枚举定义如下：

```
typedef enum
{
    GPIO_PIN_RESET = 0U,
    GPIO_PIN_SET
} GPIO_PinState;
```

（2）联合体

联合体是指能在同一个存储空间里存储不同类型数据的数据类型，对于联合体的占用空间，则以其中占用空间最大的变量为准，如下：

```
typedef union {
    char c;
    int i;
    } UNION_VAL;
    UNION_VAL val;
    val.i = 2;
```

联合体的用途：主要通过共享内存地址的方式，实现对数据内部段的访问，这在解析某些变量时提供了更为简便的方式。

（3）结构体

结构体是指将具有共同特征的变量组成的集合，通过自定义数据类型、函数指针，结构体仍然能够实现很多类似于类的操作，对于大部分嵌入式系统项目来说，结构化处理数据对于优化整体架构及后期维护大有便利，下面举例说明：

```
typedef int (*pf) (int, int);
typedef struct {
    int num1;
    int num2;
        pf get_sum;
    } STRUCT_VAL;
    int GetSum (int a, int b)
    {
        return a+b;
    }
int main(void) {
    STRUCT_VAL v;
    STRUCT_VAL *pv;
    v.get_sum = GetSum;
    v.num1 = 2;
    v.num2 = 3;
```

```
    printf("Sum:%d\n",  v.get_sum(v.num1, num2));            //变量访问
    v = &pv;
    printf("Sum:%d\n",  pv->get_sum(v.num1, num2));          //指针访问
    }
```

程序运行结果：

```
Sum:5
Sum:5
```

C 语言的结构体支持指针和变量的方式访问。将数据和函数指针打包并通过指针传递，是实现驱动层接口的重要方式，例如 STM32F103 芯片 GPIO 结构体定义如下：

```
typedef struct
{
    uint32_t Pin;
    uint32_t Mode;
    uint32_t Pull;
    uint32_t Speed;
} GPIO_InitTypeDef;
```

8．预处理机制

C 语言提供了丰富的预处理机制：#include，包含文件命令；#define，宏定义命令；#if...#elif...#else...#endif/#ifdef...#endif/#ifndef...#endif，条件选择判断命令，条件选择主要用于切换代码块；#undef，取消定义的参数，避免重定义问题；#error、#warning，用于用户自定义的告警信息，配合#if、#ifdef 使用，可以限制错误的预定义配置；#pragma，带参数的预定义处理，常见的#pragma pack(1)使用后，会导致后续的整个文件都以设置的字节对齐。

例如，在 STM32F103 芯片库文件.h 常用到预处理命令如下：

```
#ifndef __STM32F1XX_H
#define __STM32F1XX_H


#ifdef __cplusplus
  extern "C" {
#endif /* __cplusplus */
```

4.2 微控制器开发库函数

4.2.1 STM32 开发库函数介绍

传统的微控制器如 8051，其程序开发需要直接配置寄存器，然后查询寄存器表，看要用到哪些配置位，这些都是很琐碎和机械的工作。8051 的寄存器数量少且很简单，可以通过直接配置寄存器的方式来实现。但如今微控制器如 STM32 芯片，由于其功能强大，如有关 GPIO 的配置寄存器就有十几个，若采用查询寄存器手册就很不方便。因此，ST 公司针对 STM32 提供库函数接口，即 API（Application Program Interface），开发人员可通过调用这些库函数接口来配置STM32 的寄存器，使开发人员可以脱离最底层的寄存器操作。库函数具有开发快速、易于阅读和维护成本低等优点。库函数方式和直接配置寄存器方式对比如图 4.1 所示。

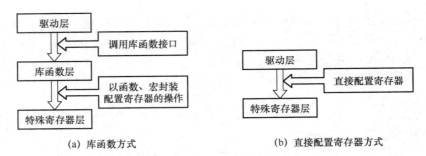

图 4.1　库函数方式和直接配置寄存器方式对比

STM32 采用的 Cortex-M3 内核是 ARM 公司提出的，不同芯片的区别主要是核外的片上外设的差异，这些差异会导致软件在同内核、不同外设的芯片上移植困难。为了解决不同芯片厂商生产的 Cortex 内核软件的兼容性问题，ARM 公司与芯片生产厂商建立了 CMSIS 标准。

CMSIS 标准实际就是新建一个软件抽象层，如图 4.2 所示。CMSIS 层位于硬件层与操作系统或用户层之间，提供了与芯片生产厂商无关的硬件抽象层，可以为外设、实时操作系统提供简单的处理器软件接口，屏蔽了硬件差异，这对软件移植有极大的好处，STM32 固件库就是按照 CMSIS 标准建立的。

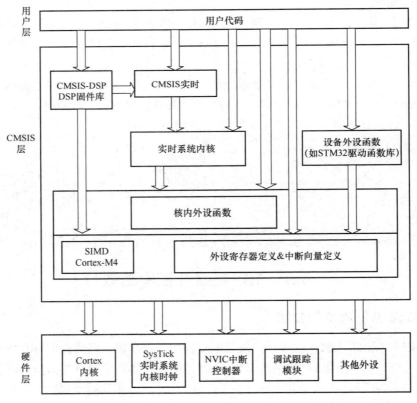

图 4.2　CMSIS 架构

CMSIS 标准中最主要的是 CMSIS 核心层，包括：①内核函数层，其中包含用于访问内核寄存器的名称、地址定义，主要由 ARM 公司提供；②设备外设访问层，提供了核外的片上外设的地址和中断定义，主要由芯片生产厂商提供。

本书针对 STM32 芯片的库函数应用展开说明，ST 公司推出了标准库（STD 库）、HAL 库和 LL 库 3 种不同版本的库函数，根据时间顺序 ST 公司最早推出的是标准库，因此现在很多延续早期 STM32 芯片代码版本的方案往往还是采用标准库的方式。近年来，ST 公司逐步淘汰标准库，生产出的新型号芯片已不支持标准库，转而主要支持 HAL 库和 LL 库，这两种库是 ST 公司同步推出的，并可以配合 STM32CubeMX 软件，让开发者进行"傻瓜式"开发，非常方便。LL 库和 HAL 库两者相互独立，只不过 LL 库更偏底层，部分 HAL 库会调用 LL 库（如 USB 驱动），同样 LL 库也会调用 HAL 库。表 4.1 是调用 HAL 库、STD 库、LL 库和直接写寄存器资源占用对比表。

表 4.1 调用 HAL 库、STD 库、LL 库和直接写寄存器资源占用对比表

		HAL 库	STD 库	LL 库	直接写寄存器
GPIO Toggle	ROM 代码占用量（B）	3204	1436	1228	980
	RAM 占用量[1]（B）	8	8	4	0
	执行效率[2]（Cycles）	时钟初始化：2606 GPIO 初始化：423 GPIO 翻转 1 次：16	时钟初始化：1892 GPIO 初始化：410 GPIO 翻转 1 次：18	时钟初始化：1948 GPIO 初始化：72 GPIO 翻转 1 次：7	时钟初始化：1835 GPIO 初始化：14 GPIO 翻转 1 次：4
ADC With DMA	ROM 代码占用量（B）	6620	2580	1436	1104
	RAM 占用量[1]（B）	152	104	0	0
	执行效率[2]（Cycles）	时钟初始化：3089 ADC 初始化[3]：1627 DMA 初始化[4]：122 采集 100 次：1862	时钟初始化：2295 ADC 初始化：1344 DMA 初始化：137 采集 100 次：1425	时钟初始化：2254 ADC 初始化：955 DMA 初始化：127 采集 100 次：1422	时钟初始化：2155 ADC 初始化：810 DMA 初始化：19 采集 100 次：1422
TIM PWM OutPut	ROM 代码占用量（B）	5254	1996	2100	1080
	RAM 占用量[1]（B）	68	20	32	0
	执行效率[2]（Cycles）	时钟初始化：3121 TIM1 初始化：795 变更 Duty：5	时钟初始化：2267 TIM1 初始化：747 变更 Duty：6	时钟初始化：2245 TIM1 初始化：202 变更 Duty：2	时钟初始化：2198 TIM1 初始化：35 变更 Duty：1
DMA M2M	ROM 代码占用量（B）	3730	1632	1080	1088
	RAM 占用量[1]（B）	68	0	0	0
	执行效率[2]（Cycles）	时钟初始化：2981 DMA 初始化[4]：110 传输 100 字节：1043	时钟初始化：2253 DMA 初始化：151 传输 100 字节：864	时钟初始化：2255 DMA 初始化：112 传输 100 字节：814	时钟初始化：2159 DMA 初始化：29 传输 100 字节：817

[1] RAM 占用量是减去 Stack 开销（1024B）后的结果。

[2] 执行效率为 CPU 内核执行周期数，IAR 提供在 Debug 状态下的 Core 周期数，做前后两次的差值即为函数的效率值。

[3] ADC 初始化时需要一个 10μs 的等待周期，所以周期数会比较长，此处的 10μs 等待使用了内部 SysTick 定时器完成。

[4] 在 HAL 的库函数中，DMA 的初始化部分只是做了 DMA 时钟开启和 DMA 中断配置，系统时钟均设置为 72MHz，HSE bypass mode。

4.2.2 STM32 STD 库

相对于 HAL 库，STD 库仍然接近于寄存器操作，主要就是将一些基本的寄存器操作封装成了 C 函数。开发者需要关注所使用的外设是在哪个总线之上、具体寄存器的配置等底层信息。

STD 库的文件基本架构并不复杂。图 4.3 显示了 STM32F10xx STD 库的文件基本架构。

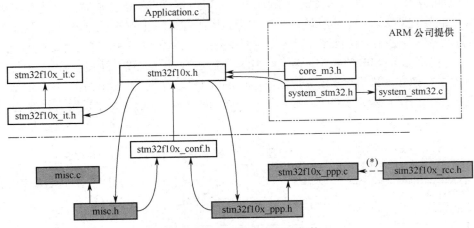

图 4.3　STD 库的文件基本架构

stm32f10x_ppp 程序是在项目中使用的各个外设代码，例如针对 GPIO 外设有 stm32f10x_gpio.c 和 stm32f10x_gpio.h。

4.2.3　STM32 HAL 库和 LL 库

ST 公司专门开发了配套的软件 STM32CubeMX，开发者可以直接使用该软件进行可视化配置，大大节省开发时间，这其中就包含 HAL 库和 LL 库。如图 4.4 所示。从图可以看出 LL 库和 HAL 库两者相互独立，只不过 LL 库更底层。

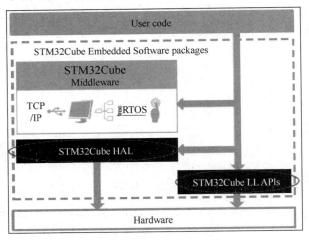

图 4.4　STM32CubeMX 结构图

1. HAL 库

HAL 的全称是 Hardware Abstraction Layer（硬件抽象层）。HAL 库是 ST 公司为 STM32 推出的抽象层嵌入式软件，可以更好地确保跨 STM32 产品的最大可移植性。该库提供了一整套一致的中间件组件，如 RTOS、USB、TCP/IP 和图形等。可以说，HAL 库就是用来取代 STD 库的。相比 STD 库，HAL 库表现出更高的抽象整合水平，如果说 STD 库把实现功能需要配置的寄存器集成了，那么 HAL 库的一些函数甚至可以做到某些特定功能的集成。也就是说，同样的功能，

STD 库可能要用几句话，HAL 库只需用一句话就够了。HAL 库的基本结构如图 4.5 所示。

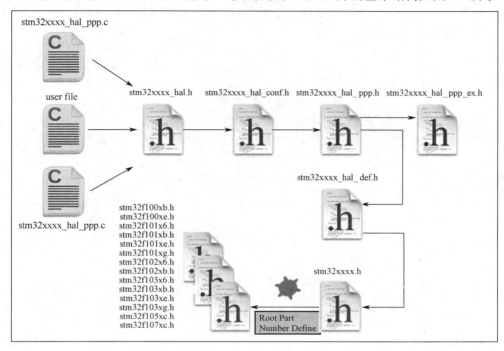

图 4.5　HAL 库的基本结构

stm32xxxx.h 主要包含 STM32 同系列芯片的不同具体型号的定义、是否使用 HAL 库等的定义，接着，它会根据定义的芯片信号包含具体芯片型号的头文件。

stm32xxxx_hal.h：主要实现 HAL 库的初始化、系统滴答定时器相关函数及 CPU 的调试模式配置。

stm32xxxx_hal_conf.h：该文件是一个用户级别的配置文件，用来实现对 HAL 库的裁剪，其位于用户文件目录，不要放在库目录中。

stm32xxxx_hal_ppp.c 和 stm32xxxx_hal_ppp.h 程序是在项目中使用的各个外设代码，例如针对 GPIO 外设有 stm32fl0x_gpio.c 和 stm32f10x_gpio.h。

HAL 库文件名均以 stm32f2xx_hal 开头，后面加上_外设或模块名，如：stm32xxxx_hal_adc.c。根据 HAL 库的命名规则，其 API 可以分为以下 4 类。

① 初始化/反初始化函数：HAL_PPP_Init(), HAL_PPP_DeInit()

② I/O 操作函数：HAL_PPP_Read(), HAL_PPP_Write(),HAL_PPP_Transmit(), HAL_PPP_Receive()

③ 控制函数：HAL_PPP_Set (), HAL_PPP_Get()

④ 状态和错误函数：HAL_PPP_GetState(), HAL_PPP_GetError()

2. LL 库

ST 公司在推行 HAL 库时，逐渐停止了对 STD 库的更新（新出的芯片已经不再提供 STD 库），但也意识到了 HAL 库效率较低的问题，因此同时推出了 LL（Low-Layer）库，主要针对一些低性能（M0）或者低功耗（L 系列）的芯片编程。相对于 HAL 库的低效率、寄存器操作的复杂、STD 库的逐渐淘汰问题，LL 库成为替代 HAL 库的一个比较好的选择。

LL 旨在提供快速的、轻量级面向专家的层，该层比 HAL 更接近硬件层。与 HAL 相反，对于优化访问权限不是关键功能的外设，或需要大量软件配置和/或复杂上层堆栈（如 FSMC、USB

或 SDMMC）的外设，则不提供 LL API。LL 库的一大特点就是巧妙运用 C 语言的静态、内联函数来直接操作寄存器，在 LL 库的.h 文件中发现大量类静态内联函数。也正是因此，在 LL 库中，只有少数函数接口是放在.c 文件中的。

LL 库的基本结构如图 4.6 所示。

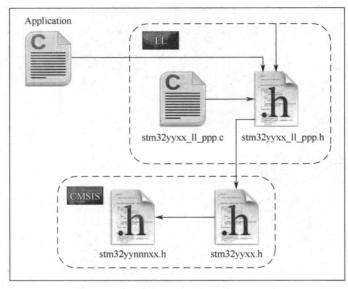

图 4.6 LL 库的基本结构

stm32yynnnxx.h 和 stm32yyxx.h 主要包含 STM32 同系列芯片的不同具体型号的定义，会根据定义的芯片信号包含具体芯片型号的头文件。stm32yyxx_ll_ppp.c 和 stm32yyxx_ll_ppp.h 程序是在项目中使用的各个外设代码，例如针对 GPIO 外设有 stm32f10x_gpio.c 和 stm32f10x_gpio.h。

LL 库更接近硬件层，对需要复杂上层协议栈的外设不适用。使用方法：①独立使用，该库完全独立实现，可以完全抛开 HAL 库，只用 LL 库编程完成；②混合使用，和 HAL 库结合使用。

4.3 微控制器开发环境

嵌入式系统本身不具备自举开发能力，即使设计完成以后，用户通常也不能对其中的程序功能进行修改，必须有一套开发工具和环境才能进行开发。因此，微控制器芯片的软件开发需要用于编译程序代码和下载的开发环境，目前针对 ARM Cortex-M 系列微控制器的开发环境有 ARM 公司的 MDK 开发环境、Embedded Workbench 公司的 IAR For ARM 开发环境和开发者自己采用 ARM GCC 编译器，并选择合适的编辑器搭建开发一个开发平台。

近年来，一些嵌入式芯片生产厂家为了便于开发者开发程序，开发出了图形化配置工具，通过"傻瓜式"的操作便能实现相关配置，最终生成 C 语言代码。如 ST 公司针对 STM32 系列芯片推出的 STM32CubeMX 软件、NXP 公司针对 Kinetis 和 LPC 微控制器芯片推出的 MCUXpresso 和 MicroChip 公司推出的 MPLAB 代码配置器（MCC）等。

4.3.1 MDK 开发环境

本书采用 ARM 公司的 MDK 开发环境，MDK 即 RealView MDK（Microcontroller Development

Kit），是 ARM 公司目前推出的针对各种嵌入式处理器的软件开发工具，如图 4.7 所示。MDK 集成了 Keil μVision IDE/调试器与 ARM 编译器、宏汇编器、调试器、实时内核等组件，支持 Cortex-M 核处理器，具有自动配置启动代码、集成 Flash 烧写模块、强大的 Simulation 设备模拟及性能分析等功能。MDK 可与 STM32CubeMX 连接，还提供各种专业的中间件组件。

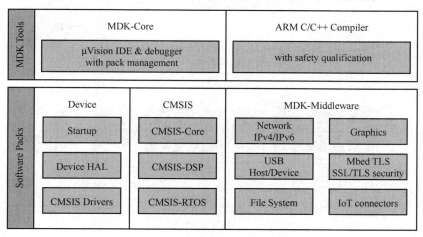

图 4.7　MDK 开发环境结构图

本书采用 MDK-ARM V5.29 版本，开发环境如图 4.8 所示。

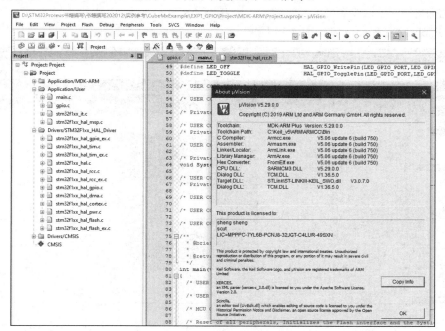

图 4.8　MDK 开发环境

4.3.2　STM32CubeMX 软件

STM32CubeMX 是一个图形化配置 STM32 代码的工具，也是配置和初始化 C 代码生成器，也就是自动生成开发初期关于芯片相关的一些初始化代码。STM32CubeMX 包含 STM32 所有系列的芯片，包含示例和样本（Examples and demos）、中间件组件（Middleware Components）和硬件抽象层（Hardware abstraction layer），如图 4.9 所示。

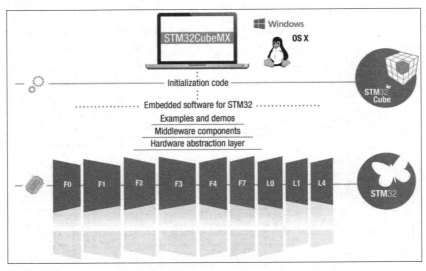

图 4.9　STM32CubeMX 结构图

STM32CubeMX 的特性如下：①直观地选择 STM32 微控制器；②自动处理引脚冲突，动态设置确定的时钟树，动态确定参数设置、功耗预测等图形化配置；③C 代码工程生成器覆盖了 STM32 微控制器初始化编译软件，如 IAR、Keil、GCC。

STM32CubeMX 开发环境如图 4.10 所示。

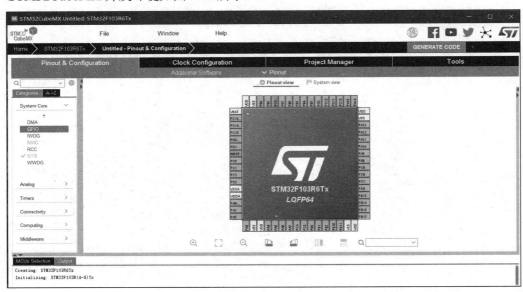

图 4.10　STM32CubeMX 开发环境

4.4　微控制器虚拟仿真环境

本书主要以 Proteus 软件来介绍微控制器的虚拟仿真环境。Proteus 是由英国 LabCenter Electronics 公司推出的电子设计自动化（EDA）软件，能仿真微控制器及其外围器件。此软件从原理图布图、代码调试到单片机与外围电路协同仿真，一键切换到 PCB 设计，实现了从概念到产品的完整设计。此软件将电路仿真软件、PCB 设计软件和虚拟模型仿真软件合而为一，其处理器模型支持 STM32F103、STM32F401、Cortex-M0、8051、HC11、PIC10/12/16/18/24/30/DSPIC33、AVR、ARM、8086、DSP TMS320F280 和 MSP430 等，并持续增加其他系列处理器模型。在编译方面，此软件也支持 MDK 和 IAR 等多种编译器。Proteus 虚拟仿真环境如图 4.11 所示。

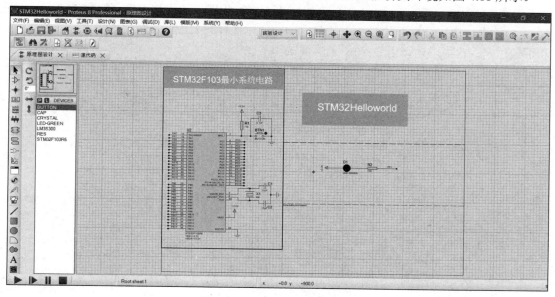

图 4.11　Proteus 虚拟仿真环境

首先新建 Proteus 项目，并从 Proteus 软件的元件库中选择所用的芯片并添加到绘图区，进行合理连线完成原理图的设计；接着可利用 MDK-ARM 开发环境结合 STM32CubeMX 工具开发微控制器代码，并进行编译产生可进行下载的目标文件.HEX 或.ELF；最后双击仿真环境下的微控制器芯片，进入如图 4.12 所示界面，在 Program File 中引入要下载的目标文件，单击"确定"按钮后回到主界面，单击仿真按钮 ▶，可以对开发结果进行仿真。

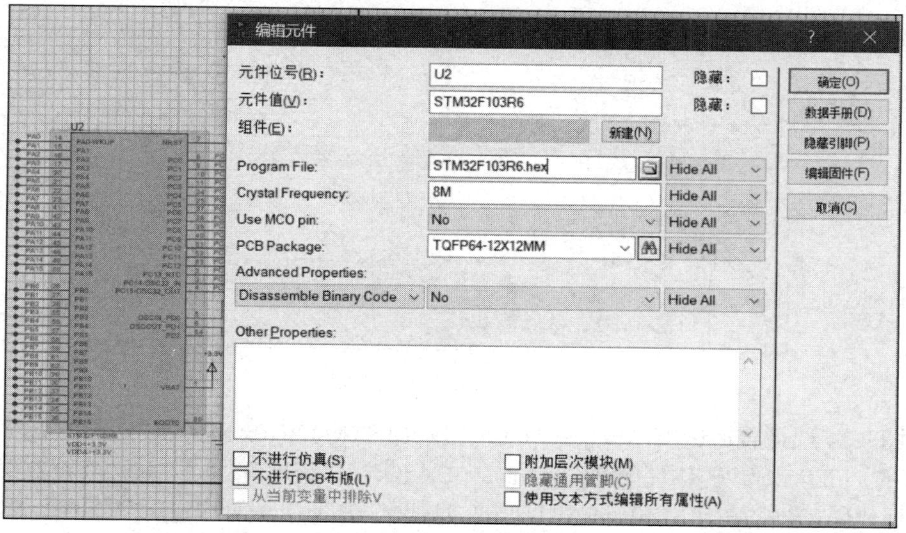

图 4.12　Proteus 下载目标文件

4.5 微控制器程序调试和下载

有关程序的调试和下载可以通过 J-Link 和 U-Link 工具来实现，同时 ST 公司提供的 Bootloader 串口下载工具也可以实现程序的下载。

J-Link 和 U-Link 可以直接在 MDK 开发环境下进行配置、调试和下载，如图 4.13 所示。在 Options for Target 'Target' 界面的 Debug 选项卡中，可以选择下载方式，图中选择了 J-Link 工具调试和下载代码，也可以选择用 U-Link 工具调试和下载。

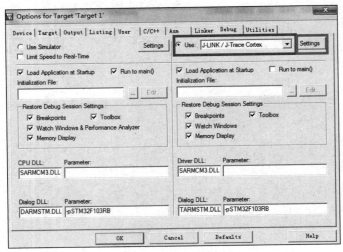

图 4.13　调试和下载配置界面

注意：STM32 系列针对大、中和小容量 Flash 的芯片采用的 Flash 配置文件不同，本书介绍的 STM32F103R6 芯片的 Flash 容量属于中容量，需要单击图 4.13 中的 Setting 按钮来配置 Flash，配置界面如图 4.14 所示。

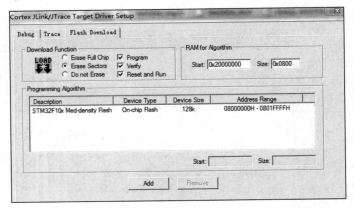

图 4.14　Flash 配置界面

按照图 4.14 选择合适选项，并单击 Add 按钮添加 STM32F10x Med-density Flash 文件。最后，在图 4.13 的 Utilities 选项卡中也选择 J-Link 或 U-Link，系统配置完成，可以实现在线调试程序及下载目标代码。注意，在使用 J-Link 和 U-Link 时，两个 BOOT 引脚应进行 BOOT0=1、BOOT1=0 设置。

STM32 内部自带 Bootloader，可以利用串口下载程序。利用串口下载方式简捷、廉价，通过芯片上的串口就可以完成下载过程。在能正常工作的 STM32 电路板上将串口电路调通，保证可用，然后将编译好的.HEX 文件载入即可。

在 ST 公司官方网站下载 Flash_Loader_Demonstrator_V2.1.0_Setup 串口下载的上位机软件，并安装。如图 4.15 所示。

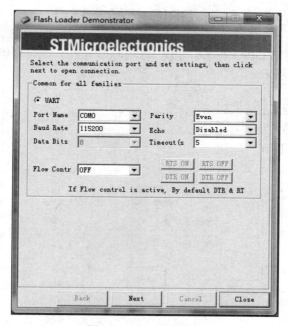

图 4.15 串口下载软件

注意：在使用串口下载方式时，两个 BOOT 引脚应进行 BOOT0=1、BOOT1=0 设置。

习 题 4

1．简述嵌入式系统裸机软件系统。

2．简述嵌入式系统软件设计模型。

3．简述微控制器开发语言。

4．简述 auto、static、extern、volatile、const 和 register 关键字的作用。

5．简述 STM32 开发库的种类及各自的特点。

6．简述 STM32 芯片的开发环境。

7．简述 STM32 芯片下载的方式。

第 5 章　GPIO

5.1　GPIO 结构及特点

STM32F103R6 芯片的 GPIO 有 PA、PB、PC 和 PD 端口，具体引脚可表示为 Px0～Px15。GPIO 内部结构如图 5.1 所示。

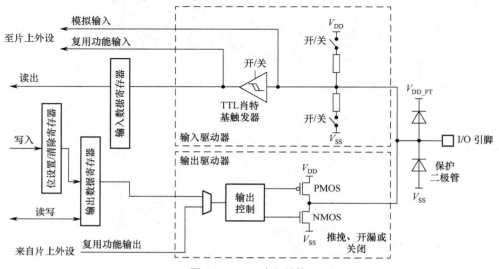

图 5.1　GPIO 内部结构

图 5.1 中，在输入驱动器部分，I/O 引脚连接可配置的上拉电阻和下拉电阻，并连接到模拟输入，通过肖基特触发器连接复用功能输入；在输出驱动器部分，I/O 引脚连接上拉 PMOS 和下拉 NMOS，并且复用功能通过输出控制连接 I/O 引脚，在 I/O 引脚分别上拉和下拉一个保护二极管，对 I/O 引脚起到保护作用。

5.1.1　GPIO 功能模式

图 5.1 所示的 GPIO 结构对应着如下功能。

（1）数字输入模式

通过一个带有施密特触发的缓冲器，将缓慢变化或畸变的输入脉冲信号整形成比较理想的矩形脉冲信号，其中 GPIO 输入模式把数据输入到输入数据寄存器中，复用功能输入模式把数据输入到此复用功能的片上外设。根据软件配置，可以配置为浮空输入、上拉输入和下拉输入模式。

（2）模拟输入模式

模拟输入模式直接接收模拟电压信号，其中模拟电压输入范围为 $0V \sim V_{\text{ref}}$（标准参考电压），由于 STM32 芯片的供电电压为 3.3V，所以模拟电压的输入不超过 3.3V。

（3）推挽输出模式

推挽电路是指两个参数相同的 MOS 管或晶体管，分别受两个互补信号的控制，在一个晶体管导通时，另一个截止；由于每次只有一个管导通，所以导通损耗小，效率高。推挽电路既可以向负载灌电流，也可以从负载抽取电流，推挽输出既提高电路的负载能力，又提高开关速度。推挽输出包括：通用推挽输出，用于 GPIO 输出；复用推挽输出，此模式供片内外设使用。

（4）开漏输出模式

开漏输出模式就是不输出电压，低电平时接地，高电平时不接地。如果外接上拉电阻，则在输出高电平时，电压会拉到上拉电阻的电源电压。开漏输出若没有外接上拉电阻，只能输出低电平；若外接上拉电阻，则可以通过改变外接上拉电阻的电压来改变输出电平大小，适用于电流型的驱动，其吸收电流的能力相对强（一般 20mA 以内）。其中，通用开漏输出，GPIO 输出 0 时引脚接 GND，GPIO 输出 1 时引脚悬空，该引脚需要外接上拉电阻，才能实现输出高电平；复用开漏输出，此模式供片内外设使用。

（5）GPIO 输出速度设定

GPIO 输出模式下，有 3 种输出速度可选，分别为 2MHz、10MHz 和 50MHz，其中速度是指驱动电路的响应速度而不是输出信号的速度，输出信号的速度与程序有关。用户可以根据实际需求选择合适的速度，一般高频驱动电路噪声较高，因此应尽量选用低频率驱动速度，这样有利于提高 EMI 性能，并且降低速度可以达到降低功耗的目的。

（6）钳位功能

GPIO 内部具有钳位二极管，其作用是防止从外部引脚输入的电压过高或过低。因此虽然 STM32 供电电压是 3.3V，在外接电压是 5V 时，由于内部钳位二极管的作用，对电压进行降低从而对 GPIO 起到保护作用。因此，STM32 芯片可以承受外接 5V 电压。

（7）GPIO 复用功能

GPIO 复用功能是指除传输 I/O 并行数据外，还可用于串口、定时器接口和 I²C 接口等使用。通过程序可配置引脚复用功能，将复用功能映射到复用功能 I/O 口，从而优化电路布线。注意：根据厂家芯片设计映射是固定对应的，不能随意映射。

5.1.2 GPIO 特点及操作

STM32 芯片的 GPIO 根据其结构，具有以下特点。

① I/O 口电平兼容性，除带有模拟输入功能的 I/O 口外（因为模拟输入最大能承受 3.6V 电平信号），多数 I/O 口兼容 5V 电平。并且所有 I/O 口兼容 CMOS 和 TTL 电平。

② I/O 口驱动能力，I/O 口最大可以吸收 25mA 电流，但是总吸收电流不能超过 150mA。

③ I/O 口可进行内部上拉/下拉设置，所有 I/O 引脚当配置成输入时，可配置内部上拉或者下拉功能，这样简化外部输入电路设计，不需要专门外接上拉或下拉电阻。

④ I/O 口可配置为外部中断口，每个 I/O 口都可以作为外部中断的输入，但同时最多只能有 16 路，并且必须配置成输入模式。

⑤ 具有独立的唤醒 I/O 口，例如一个从待机模式中唤醒的专用引脚 PA0。

⑥ I/O 口具有锁存功能，当配置好 I/O 口后，可以通过程序锁住配置组合，直到下次芯片复位才能解锁，从而避免对 GPIO 寄存器的误操作。

⑦ 具有侵入检测引脚，当 PC13/TAMPER 引脚上的信号从 0 变成 1 或者从 1 变成 0（取决于备份控制寄存器 BKP_CR 的 TPAL 位），会产生一个侵入检测事件。侵入检测事件将所有数据备份寄存器内容清除。

STM32F103R6 芯片的每个引脚可以由软件配置输入和输出模式，在这两种模式下又有不同子模式，具体见表 5.1 和表 5.2。

表 5.1　GPIO 输出模式

输出模式	输出信号来源	推挽或开漏	输出带宽
通用开漏输出	输出数据寄存器	开漏	可选:
通用推挽输出		推挽	2MHz
复用开漏输出	片上外设	开漏	10MHz
复用推挽输出		推挽	50MHz

表 5.2　GPIO 输入模式

输入模式	输入信号去向	上拉或下拉	施密特触发器
模拟输入	片上模拟外设 ADC	无	关闭
浮空输入	输入数据寄存器或片上外设	无	激活
下拉输入	输入数据寄存器或片上外设	下拉	激活
上拉输入	输入数据寄存器或片上外设	上拉	激活

5.1.3　GPIO 开发实例

GPIO 是嵌入式开发过程用得最多的外设，由于相对简单且描述较为容易，因此本书针对 GPIO 开发的过程利用寄存器、STD 库、HAL 库和 LL 库多种方式进行实现和详细说明。设计一个通过按钮控制 LED 亮、灭的实例，按钮连接 PA0 引脚，当按下时产生低电平，弹起时产生高电平；LED 正端连接 3.3V，负端连接限流电阻到 PB0 引脚，如图 5.2 所示。

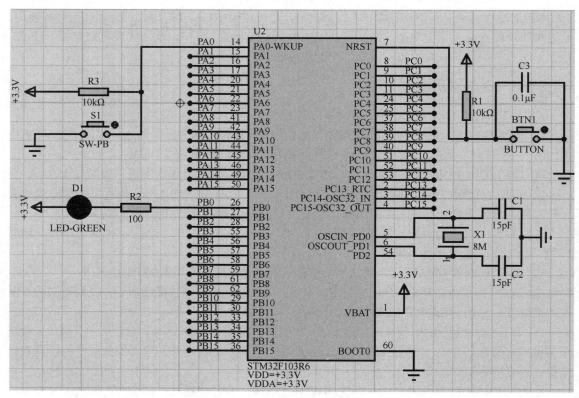

图 5.2　GPIO 实例电路图

5.2　GPIO 寄存器开发方式

针对 STM32 开发硬件接口，有寄存器和库函数两种模式，GPIO 寄存器相对简单，但随着后面功能模块越来越复杂，因此越来越多采用库函数模式进行开发，从而抓住开发的重点，提高开发效率。

5.2.1　GPIO 寄存器说明

GPIO 寄存器功能表见表 5.3。每个 GPIO 有两个 32 位配置寄存器（GPIOx_CRL 和 GPIOx_CRH），两个 32 位数据寄存器（GPIOx_IDR 和 GPIOx_ODR），一个 32 位置位/复位寄存器（GPIO_BSRR），一个 16 位复位寄存器（GPIOx_BRR）和一个 32 位锁定寄存器（GPIOx_LCKR），其中 GPIO 寄存器必须以 32 位字的形式访问，GPIO 寄存器地址映像和复位值见表 5.4。其中，寄存器 GPIOx_BSRR 和 GPIOx_BRR 允许对任何时刻 GPIO 的读/写独立访问，这样使得在置位或复位 I/O 口操作时不会被中断处理打断而造成误动作。

表 5.3　GPIO 寄存器功能表

寄存器	功能
端口配置低寄存器（GPIOx_CRL）	配置端口低 8 位 I/O 口 Px0～Px7
端口配置高寄存器（GPIOx_CRH）	配置端口高 8 位 I/O 口 Px7～Px15
端口输入数据寄存器（GPIOx_IDR）	获取 16 个 I/O 口上的输入数据
端口输出数据寄存器（GPIOx_ODR）	控制 16 个 I/O 口的输出数据
端口置位/复位寄存器（GPIOx_BSRR）	高 16 位，用于复位 Px0～Px15 对应的位为 0
	低 16 位，用于设置 Px0～Px15 对应的位为 1
端口复位寄存器（GPIOx_BRR）	低 16 位，用于复位 Px0～Px15 对应的位为 0
端口锁定寄存器（GPIOx_LCKR）	第 16 位，配置端口锁定键
	第 15～0 位，配置 Px0～Px15 对应的锁定键

表 5.4　GPIO 寄存器地址映像和复位值

偏移	寄存器	31	30	29	28	27	26	25	24	23	22	21	20	19	18	17	16	15	14	13	12	11	10	9	8	7	6	5	4	3	2	1	0
000h	GPIOx_CRL	CNF7 [1:0]		MODE7 [1:0]		CNF6 [1:0]		MODE6 [1:0]		CNF5 [1:0]		MODE5 [1:0]		CNF4 [1:0]		MODE4 [1:0]		CNF3 [1:0]		MODE3 [1:0]		CNF2 [1:0]		MODE2 [1:0]		CNF1 [1:0]		MODE1 [1:0]		CNF0 [1:0]		MODE0 [1:0]	
	复位值	0	1	0	0	0	1	0	0	0	1	0	0	0	1	0	0	0	1	0	0	0	1	0	0	0	1	0	0	0	1	0	0
004h	GPIOx_CRH	CNF15 [1:0]		MODE15 [1:0]		CNF14 [1:0]		MODE14 [1:0]		CNF13 [1:0]		MODE13 [1:0]		CNF12 [1:0]		MODE12 [1:0]		CNF11 [1:0]		MODE11 [1:0]		CNF10 [1:0]		MODE10 [1:0]		CNF9 [1:0]		MODE9 [1:0]		CNF8 [1:0]		MODE8 [1:0]	
	复位值	0	1	0	0	0	1	0	0	0	1	0	0	0	1	0	0	0	1	0	0	0	1	0	0	0	1	0	0	0	1	0	0
008h	GPIOx_IDR	保留																IDR [15:0]															
	复位值																	0	0	0	0	0	0	0	0	0	0	0	0	0	0	0	0
00Ch	GPIOx_ODR	保留																ODR [15:0]															
	复位值																	0	0	0	0	0	0	0	0	0	0	0	0	0	0	0	0
010h	GPIOx_BSRR	BR [15:0]																BSR [15:0]															
	复位值	0	0	0	0	0	0	0	0	0	0	0	0	0	0	0	0	0	0	0	0	0	0	0	0	0	0	0	0	0	0	0	0
014h	GPIOx_BRR	保留																BR [15:0]															
	复位值																	0	0	0	0	0	0	0	0	0	0	0	0	0	0	0	0
018h	GPIOx_LCKR	保留															LCKK	LCK [15:0]															
	复位值																0	0	0	0	0	0	0	0	0	0	0	0	0	0	0	0	0

5.2.2 GPIO 寄存器实现应用实例

【例 5.1】根据 5.1.3 节描述，利用配置 GPIO 寄存器实现，当按钮按下时，点亮 LED；当按钮弹起时，熄灭 LED。

下面介绍利用寄存器方式实现一个完整实例的过程。

（1）与本例相关的 GPIO 寄存器

主要包括：端口配置低寄存器（GPIOx_CRL）、端口输入数据寄存器（GPIOx_IDR）和端口输出数据寄存器（GPIOx_ODR），其他 GPIO 寄存器的说明可参见 ST 公司提供的相关资料。

① 端口配置低寄存器（GPIOx_CRL），用于配置引脚的功能模式。

偏移地址：0x00

复位值：0x4444 4444

31	30	29	28	27	26	25	24	23	22	21	20	19	18	17	16
CNF7 [1:0]		MODE7 [1:0]		CNF6 [1:0]		MODE6 [1:0]		CNF5 [1:0]		MODE5 [1:0]		CNF4 [1:0]		MODE4 [1:0]	
rw	rw	rw	rw	rw	rw	rw	rw	rw	rw	rw	rw	rw	rw	rw	rw

15	14	13	12	11	10	9	8	7	6	5	4	3	2	1	0
CNF3 [1:0]		MODE3 [1:0]		CNF2 [1:0]		MODE2 [1:0]		CNF1 [1:0]		MODE1 [1:0]		CNF0 [1:0]		MODE0 [1:0]	
rw	rw	rw	rw	rw	rw	rw	rw	rw	rw	rw	rw	rw	rw	rw	rw

位31:30 27:26 23:22 19:18 15:14 11:10 7:6 3:2	CNFy [1:0]：端口x配置位（y= 0...7），软件通过这些位配置相应的I/O口 在输入模式（MODE [1:0]=00）： 00：模拟输入模式 01：浮空输入模式（复位后的状态） 10：上拉/下拉输入模式 11：保留 在输出模式（MODE [1:0]>00）： 00：通用推挽输出模式 01：通用开漏输出模式 10：复用功能推挽输出模式 11：复用功能开漏输出模式
位29:28 25:24 21:20 17:16 13:12 9:8, 5:4 1:0	MODEy [1:0]：端口x的模式位（y= 0...7），软件通过这些位配置相应的I/O口 00：输入模式（复位后的状态） 01：输出模式，最大速度为10MHz 10：输出模式，最大速度为2MHz 11：输出模式，最大速度为50MHz

② 端口输入数据寄存器（GPIOx_IDR），用于读取输入 I/O 口的状态。

偏移地址：0x08

复位值：0x0000 xxxx

31	30	29	28	27	26	25	24	23	22	21	20	19	18	17	16
保留															

15	14	13	12	11	10	9	8	7	6	5	4	3	2	1	0
IDR 15	IDR 14	IDR 13	IDR 12	IDR 11	IDR 10	IDR9	IDR8	IDR7	IDR6	IDR5	IDR4	IDR3	IDR2	IDR1	IDR0
r	r	r	r	r	r	r	r	r	r	r	r	r	r	r	r

位31:16	保留，始终读为0。
位15:0	IDRy [15:0]：端口输入数据（y=0...15） 这些位为只读，并只能以字（16位）的形式读出，读出的值为对应I/O口的状态

③ 端口输出数据寄存器（GPIOx_ODR），用于控制引脚的输出。

偏移地址：0Ch
复位值：0x0000 0000

31	30	29	28	27	26	25	24	23	22	21	20	19	18	17	16
保留															

15	14	13	12	11	10	9	8	7	6	5	4	3	2	1	0
ODR 15	ODR 14	ODR 13	ODR 12	ODR 11	ODR 10	ODR 9	ODR 8	ODR 7	ODR 6	ODR 5	ODR 4	ODR 3	ODR 2	ODR 1	ODR 0
rw	rw	rw	rw	rw	rw	rw	rw	rw	rw	rw	rw	rw	rw	rw	rw

（2）主要实现程序说明

```
int main(void)
{   //设置时钟模块
    RCC_Configuration();
    //设置 PA 端口时钟有效
    RCC_APB2PeriphClockCmd(RCC_APB2Periph_GPIOA|RCC_APB2Periph_GPIOB, ENABLE);
    //设置 PA0 为输入，配置上拉电阻，CNF0=10，MODE0=00
    GPIOA->CRL |= 0x00000008;
    GPIOA->CRL &= ~(0x00000007);
    //设置 PB0 为输出，最大速度 10MHz，CNF1=00，MODE1=01
    GPIOB->CRL |= 0x00000001;
    GPIOB->CRL &= ~(0x0000000E);
    for(;;){
    //检测 PA0 的状态
        if((GPIOA->IDR & 0x01)== 0)       //如果检测为低电平，即按钮按下
        {
            GPIOB->ODR &= ~(0x0001);      //控制 PB0 输出为低电平，点亮 LED
        }
        else                              //如果检测为高电平，即按钮弹起
        {
            GPIOB->ODR |= 0x0001;         //控制 PA1 输出为高电平，熄灭 LED
        }
    }
}
```

5.3　GPIO STD 库开发方式

5.3.1　GPIO STD 库函数说明

STM32 的 STD 库提供 GPIO 库函数，这些函数的声明都包含在头文件"stm_32f10x_gpio.h"中。STM32 的 STD 库函数对程序开发人员来说非常方便，只需要通过 STD 库函数手册了解函数的功能和输入参数，就可以在不需要了解底层寄存器配置的前提下完成对相关寄存器的配置，具有很好的通用性和易用性。

下面主要描述常用的一些 GPIO 相关的库函数，其他库函数可参考 ST 公司提供的库函数手册。

（1）GPIO_InitTypeDef 结构描述

```
typedef struct
{
    u16 GPIO_Pin;
    GPIOSpeed_TypeDef GPIO_Speed;
    GPIOMode_TypeDef GPIO_Mode;
} GPIO_InitTypeDef;
```

GPIO_Pin 选择待设置的 GPIO 引脚，使用操作符"|"可以一次选中多个引脚，可以用定义好的 GPIO_Pin_x 来描述选中引脚 x。

GPIO_Speed 用以设置选中引脚的速度，定义的参数值可以用 GPIO_Speed_10MHz、GPIO_Speed_2MHz 和 GPIO_Speed_50MHz 来设置最大输出速度 10MHz、2MHz 和 50MHz。

GPIO_Mode 用以设置选中引脚的工作状态，定义的参数值见表 5.5。

表 5.5 GPIO_Mode 值

GPIO_Mode	描述	GPIO_Mode	描述
GPIO_Mode_AIN	模拟输入	GPIO_Mode_Out_OD	开漏输出
GPIO_Mode_IN_FLOATING	浮空输入	GPIO_Mode_Out_PP	推挽输出
GPIO_Mode_IPD	下拉输入	GPIO_Mode_AF_OD	复用开漏输出
GPIO_Mode_IPU	上拉输入	GPIO_Mode_AF_PP	复用推挽输出

（2）void GPIO_Init(GPIO_TypeDef* GPIOx, GPIO_InitTypeDef* GPIO_InitStruct)

功能：根据 GPIO_InitStruct 中指定的参数初始化外设 GPIOx 寄存器。

实例：GPIO_InitTypeDef GPIO_InitStructure;

　　　GPIO_InitStructure.GPIO_Pin = GPIO_Pin_0 | GPIO_Pin_1;

　　　GPIO_InitStructure.GPIO_Speed = GPIO_Speed_10MHz;

　　　GPIO_InitStructure.GPIO_Mode = GPIO_Mode_IN_FLOATING;

　　　GPIO_Init(GPIOA, &GPIO_InitStructure);

设置 GPIO A 的引脚 0 和引脚 1 为浮空输入模式。

（3）void GPIO_SetBits(GPIO_TypeDef* GPIOx, u16 GPIO_Pin)

功能：设置指定的数据端口位。

实例：GPIO_SetBits(GPIOA, GPIO_Pin_10 | GPIO_Pin_15);

设置 GPIO A 的引脚 10 和引脚 15 为高电平。

（4）void GPIO_ResetBits(GPIO_TypeDef* GPIOx, u16 GPIO_Pin)

功能：复位指定的数据端口位。

实例：GPIO_ResetBits(GPIOA, GPIO_Pin_10 | GPIO_Pin_15);

复位 GPIO A 的引脚 10 和引脚 15 为低电平。

（5）u8 GPIO_ReadInputDataBit(GPIO_TypeDef* GPIOx, u16 GPIO_Pin)

功能：读取指定端口引脚的输入。

实例：u8 ReadValue;

　　　ReadValue = GPIO_ReadInputDataBit(GPIOA, GPIO_Pin_0);

读取 GPIO A 的引脚 0 输入的数值。

（6）u8 GPIO_ReadOutputDataBit(GPIO_TypeDef* GPIOx, u16 GPIO_Pin)

功能：读取指定端口引脚的输出。

实例：u8 ReadValue；

　　　ReadValue = GPIO_ReadOutputDataBit(GPIOB, GPIO_Pin_5);

读取 GPIO B 的引脚 5 输出的数值。

（7）u16 GPIO_ReadInputData(GPIO_TypeDef* GPIOx)

功能：读取指定的 GPIO 输入。

实例：u16 ReadValue；

　　　ReadValue = GPIO_ReadInputData(GPIOC);

读取 GPIO C 的输出。

（8）u16 GPIO_ReadOutputData(GPIO_TypeDef* GPIOx)

功能：读取指定的 GPIO 输出。

实例：u16 ReadValue；

　　　ReadValue = GPIO_ReadOutputData(GPIOC);

读取 GPIO C 的输出。

（9）void GPIO_WriteBit(GPIO_TypeDef* GPIOx, u16 GPIO_Pin, BitAction BitVal)

功能：置位或者复位指定的数据端口位。

实例：GPIO_WriteBit(GPIOB, GPIO_Pin_1, Bit_SET);

设置 GPIO B 的引脚 1 为高电平。

（10）void GPIO_Write(GPIO_TypeDef* GPIOx, u16 PortVal)

功能：向指定 GPIO 写入数据。

实例：GPIO_Write(GPIOA, 0x1001);

向 GPIO A 写入数据 0x1001。

（11）void GPIO_PinLockConfig(GPIO_TypeDef* GPIOx, u16 GPIO_Pin)

功能：锁定 GPIO 引脚设置寄存器。

实例：GPIO_PinLockConfig(GPIOA, GPIO_Pin_0 | GPIO_Pin_1);

锁定 GPIO C 的引脚 0 和引脚 1。

（12）void GPIO_EXTILineConfig(u8 GPIO_PortSource, u8 GPIO_PinSource)

功能：选择 GPIO 引脚用作外部中断线路。

实例：GPIO_EXTILineConfig(GPIO_PortSource_GPIOB, GPIO_PinSource8);

设置 GPIO B 的引脚 8 作为中断线路。

5.3.2　GPIO STD 库应用实例

【例 5.2】根据 5.1.3 节描述，利用 STD 库函数实现，当按钮按下时，点亮 LED；当按钮弹起时，熄灭 LED。

本例用到了 GPIO 和 RCC 片上外设，所以要把外设函数库文件 stm32f10x_gpio.c 和 stm32f10x_rcc.c 文件添加到工程模板之中，并且在 stm32f10x_conf.h 文件中把使用到的外设头文件包含进来。同时实现中用到了 LED 和按键 KEY，因此需编写 led.c 和 key.c 用户文件并复制到 USER 目录下，再添加到工程中。整个文件结构如图 5.3 所示。

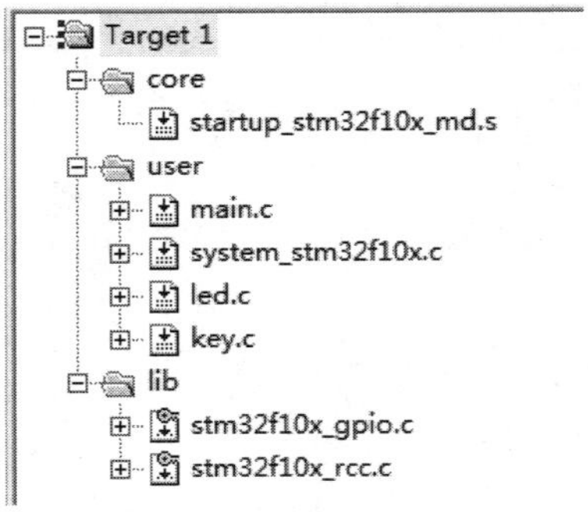

图 5.3　整个文件结构

（1）led.c 文件

```c
#include "stm32f10x_rcc.h"
#include "stm32f10x_gpio.h"
static void rcc_init(void);
static void gpio_init(void);
//初始化与 LED 控制相关的时钟和 GPIO
void led_init(void){
    rcc_init();
    gpio_init();
}
//通过置低电平点亮 LED
void led_light(void){
    GPIO_ResetBits(GPIOB,GPIO_Pin_0);
}
//通过置高电平熄灭 LED
void led_dark(void){
    GPIO_SetBits(GPIOA,GPIO_Pin_1);
}
//初始化与 LED（PB0）相关的时钟，这是一个私有函数
static void rcc_init(void){
    // GPIO B 时钟使能
    RCC_APB2PeriphClockCmd(RCC_APB2Periph_GPIOB,ENABLE);
}
//初始化 LED 控制相关的 GPIO，这是一个私有函数
static void gpio_init(void){
    GPIO_InitTypeDef gpio_init;
    //将 PB0 设置为推挽输出
    gpio_init.GPIO_Mode=GPIO_Mode_Out_PP;
    gpio_init.GPIO_Pin=GPIO_Pin_0;
    gpio_init.GPIO_Speed=GPIO_Speed_50MHz;
    GPIO_Init(GPIOB,&gpio_init);
}
```

（2）key.c 文件

```c
//实现与按钮检测相关的接口 key.c
#include "stm32f10x_rcc.h"
#include "stm32f10x_gpio.h"
```

```
static void rcc_init(void);
static void gpio_init(void);
    //初始化与按钮检测相关的时钟和 GPIO
    void key_init(void){
    rcc_init();
    gpio_init();
    }
    //按钮检测，1—按钮按下，0—按钮弹起
    char key_press(void){
        return !GPIO_ReadInputDataBit(GPIOA,GPIO_Pin_0);
    }
    //初始化与按钮检测相关的时钟，这是一个私有函数
    static void rcc_init(void){
        RCC_APB2PeriphClockCmd(RCC_APB2Periph_GPIOA,ENABLE);
    }
    //初始化与按钮检测相关的 GPIO，这是一个私有函数
    static void gpio_init(void){
        GPIO_InitTypeDef gpio_init;
        //设置 PA0 为上拉输入
        gpio_init.GPIO_Mode=GPIO_Mode_IPU;
        gpio_init.GPIO_Pin=GPIO_Pin_0;
        GPIO_Init(GPIOA,&gpio_init);
    }
```

（3）main.c 文件

```
//按钮控制 LED 的亮、灭。如果按下，则点亮 LED；否则熄灭 LED
#include "stm32f10x.h"
#include "stm32f10x_gpio.h"
#include "led.h"
#include "key.h"
int main(void){
    led_init();                 //初始化 LED
    key_init();                 //初始化按键
    while(1){
        if(key_press()){        //按钮按下
            led_light();        //点亮 LED
        }else{                  //按钮弹起
            led_dark();         //熄灭 LED
        }
    }
    return 0;
}
```

5.4　GPIO HAL 库开发方式

5.4.1　GPIO HAL 库函数说明

STM32 固件库提供 GPIO HAL 库函数，这些函数的声明都包含在头文件"stm32f1xx_hal_gpio.h"中。

（1）GPIO_TypeDef 结构体

定义端口类型结构体，具体实例可以是 GPIO A、GPIO B、GPIO C 和 GPIO D。

```c
typedef struct
{
    __IO uint32_t CRL;        //端口配置低寄存器（32 位）
    __IO uint32_t CRH;        //端口配置高寄存器（32 位）
    __IO uint32_t IDR;        //端口输入数据寄存器（32 位）
    __IO uint32_t ODR;        //端口输出数据寄存器（32 位）
    __IO uint32_t BSRR;       //端口置位/复位寄存器（32 位）
    __IO uint32_t BRR;        //端口复位寄存器（16 位）
    __IO uint32_t LCKR;       //端口锁定寄存器（32 位）
} GPIO_TypeDef;
```

（2）GPIO_InitTypeDef 结构体

定义端口的引脚号、引脚工作模式、是否上拉或下拉和输出速度。

```c
typedef struct
{
    uint32_t Pin;        //选择引脚号
    uint32_t Mode;       //设置引脚工作模式
    uint32_t Pull;       //引脚是否上拉或下拉
    uint32_t Speed;      //设置引脚速度
} GPIO_InitTypeDef;
```

（3）void HAL_GPIO_Init(GPIO_TypeDef *GPIOx, GPIO_InitTypeDef *GPIO_Init)

功能：GPIO 初始化。

实例：在 GPIO_InitStruct 结构体中，设定好引脚号、引脚工作模式、上拉或下拉和输出速度。

```c
GPIO_InitStruct.Pin = GPIO_PIN_0;                  //引脚 0
GPIO_InitStruct.Mode = GPIO_MODE_OUTPUT_PP;        //推挽输出
GPIO_InitStruct.Pull = GPIO_NOPULL;                //不用上拉和下拉
GPIO_InitStruct.Speed = GPIO_SPEED_FREQ_HIGH;      //输出速度为高速
//实现设置 PB0
HAL_GPIO_Init(GPIOB, &GPIO_InitStruct);
```

（4）void HAL_GPIO_DeInit(GPIO_TypeDef *GPIOx, uint32_t GPIO_Pin)

功能：函数初始化之后的引脚恢复成默认的状态，即各个寄存器复位时的值

实例：HAL_GPIO_Init(GPIOB, GPIO_PIN_0);

（5）GPIO_PinState HAL_GPIO_ReadPin(GPIO_TypeDef* GPIOx, uint16_t GPIO_Pin)

功能：读取引脚的电平状态，函数返回值为 0 或 1。

实例：HAL_GPIO_ReadPin(GPIOA, GPIO_PIN_0)

（6）void HAL_GPIO_WritePin(GPIO_TypeDef* GPIOx, uint16_t GPIO_Pin, GPIO_PinState PinState)

功能：引脚写 0 或 1。

实例：HAL_GPIO_WritePin(GPIOB, GPIO_PIN_0,0);

（7）void HAL_GPIO_TogglePin(GPIO_TypeDef* GPIOx, uint16_t GPIO_Pin)

功能：翻转引脚的电平状态。

实例：HAL_GPIO_TogglePin(GPIOB, GPIO_PIN_0);   //常用在 LED 上

（8）HAL_StatusTypeDef HAL_GPIO_LockPin(GPIO_TypeDef* GPIOx, uint16_t GPIO_Pin)

功能：锁住引脚电平，比如说一个引脚的当前状态是 1，当这个引脚电平变化时保持锁定时

的值。

实例：HAL_GPIO_LockPin(GPIOB, GPIO_PIN_0);

（9）void HAL_GPIO_EXTI_IRQHandler(uint16_t GPIO_Pin)

功能：外部中断服务函数，清除中断标志位。

实例：HAL_GPIO_EXTI_IRQHandler(GPIO_PIN_0);

（10）void HAL_GPIO_EXTI_Callback(uint16_t GPIO_Pin)

功能：中断回调函数，可以理解为中断服务函数具体要响应的动作。

实例：HAL_GPIO_EXTI_Callback (GPIO_PIN_0);

注意：在引入引脚时，实例都只对单个引脚操作，例如 GPIO_PIN_0；也可以对多个引脚同时操作，例如同时操作引脚 0 和引脚 1，可写为 GPIO_PIN_0 | GPIO_PIN_1。

5.4.2　GPIO HAL 库应用实例

【例 5.3】根据 5.1.3 节描述，利用 HAL 库函数实现，当按钮按下时，点亮 LED；当按钮弹起时，熄灭 LED。

首先配合 HAL 库使用的 STM32CubeMX 软件对芯片中的外设和时钟进行配置，并生成 HAL 库的初始程序。

（1）利用 STM32CubeMX 软件进行外设配置

主要是配置 PA0 为输入、PB0 为输出及配置外部时钟引脚（由于系统采用外部时钟），如图 5.4 所示。

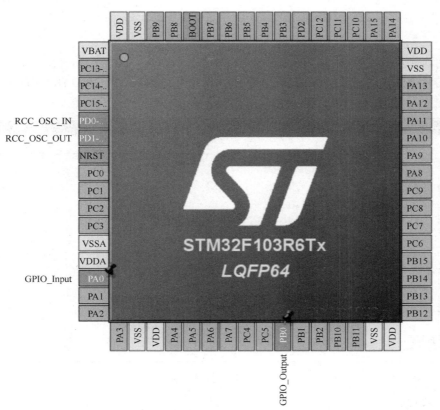

图 5.4　外设配置

对 GPIO 的引脚进一步设置，如图 5.5 所示。

图 5.5　GPIO 引脚设置

对时钟模式进行配置，如图 5.6 所示。

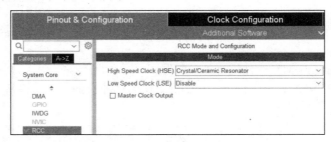

图 5.6　时钟模式配置

（2）对时钟进行配置

可对芯片各外设的时钟模块进行配置，本例用到了 GPIO A 和 GPIO B，都属于 APB2 外设总线，被配置为 72MHz，如图 5.7 所示。

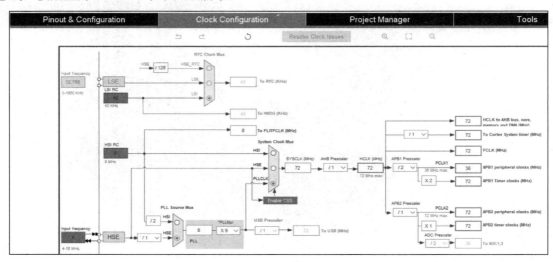

图 5.7　时钟配置

（3）生成代码

本例采用 IDE MDK-ARMv5 开发环境，其他默认配置，如图 5.8 所示。

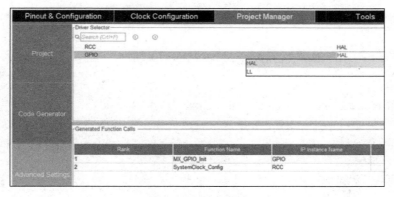

图 5.8　生成代码配置

注意：针对每个外设输出的代码可以是 HAL 库代码。也可以是 LL 库代码。配置库类型如图 5.9 所示。

图 5.9　配置库类型

配置完成后，单击 Generate Code 按钮，就会生成基本程序。同时根据实例添加 key.c、key.h 和 led.c、led.h 代码，最后得到 HAL 库代码结构，如图 5.10 所示。

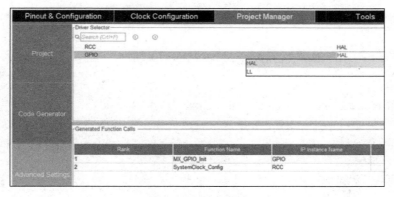

图 5.10　HAL 库代码结构图

其中，在 Application/User 文件夹中会自动生成 main.c、gpio.c、stm32flxx_it.c 和 stm32f1xx_hal_msp.c 文件。但需要在 main.c 中添加如下代码：

```
/* Includes ----------------------------------------------------------*/
#include "main.h"
#include "gpio.h"
#include "key.h"
#include "led.h"
    int main(void)
    {
        while (1)
        {
            if(key_press()){
                led_light();
            } else{
                led_dark();
            }
        }
    }
```

编写 led.c 代码如下：

```
#include "led.h"
//通过置低电平点亮 LED
void led_light(void){
    HAL_GPIO_WritePin(GPIOB, GPIO_PIN_0, GPIO_PIN_RESET);
}
//通过置高电平熄灭 LED
void led_dark(void){
    HAL_GPIO_WritePin(GPIOB, GPIO_PIN_0, GPIO_PIN_SET);
}
```

编写 key.c 代码如下：

```
#include "key.h"
//KEY 按键读取，1—按钮按下；0—按钮弹起
char key_press(void){
        return !HAL_GPIO_ReadPin(GPIOA,GPIO_PIN_0);        //KEY 按键读取
}
```

5.5　GPIO LL 库开发方式

5.5.1　GPIO LL 库函数说明

STM32 固件库提供 GPIO LL 库函数，这些函数的声明和实现主要包含在头文件"stm32f1xx_ll_gpio.h"中。LL 库的一大特点就是巧妙运用 C 语言的静态内联函数来直接操作寄存器。LL 库的绝大多数函数在.h 文件中并且都是静态内联函数。在 LL 库中，只有少数函数接口放在.c 文件中。

例如，在"stm32f1xx_ll_gpio.h"文件中实现 LL_GPIO_SetOutputPin 内联函数的写法如下：

```
__STATIC_INLINE void LL_GPIO_SetOutputPin(GPIO_TypeDef *GPIOx, uint32_t PinMask)
{
    WRITE_REG(GPIOx->BSRR, (PinMask >> GPIO_PIN_MASK_POS) & 0x0000FFFFU);
}
```

GPIO_TypeDef 结构体和 HAL 库一样。GPIO LL 库函数主要有以下函数：

（1）__STATIC_INLINE void LL_GPIO_SetPinMode(GPIO_TypeDef *GPIOx, uint32_t Pin, uint32_t Mode)

功能：设置引脚模式为模拟输入、浮空输入、上拉/下拉输入、通用输出、复用功能输出。

实例：GPIO_SetPinMode(GPIOA, LL_GPIO_PIN_0 | LL_GPIO_PIN_1, LL_GPIO_MODE_INPUT);

（2）__STATIC_INLINE uint32_t LL_GPIO_GetPinMode(GPIO_TypeDef *GPIOx, uint32_t Pin)

功能：获得引脚的模式，返回值为模拟输入、浮空输入、上拉/下拉输入、通用输出、复用功能输出。

实例：uint32_t mode = LL_GPIO_GetPinMode(GPIOA, LL_GPIO_PIN_0 | LL_GPIO_PIN_1);

（3）__STATIC_INLINE void LL_GPIO_SetPinSpeed(GPIO_TypeDef *GPIOx, uint32_t Pin, uint32_t Speed)

功能：设定引脚输出速度为低速、中速、高速。

实例：LL_GPIO_SetPinSpeed(GPIOB, LL_GPIO_PIN_0 | LL_GPIO_PIN_0, LL_GPIO_SPEED_FREQ_LOW);

（4）__STATIC_INLINE uint32_t LL_GPIO_GetPinSpeed (GPIO_TypeDef *GPIOx, uint32_t Pin)

功能：获得引脚输出速度为低速、中速、高速。

实例：uint32_t speed = LL_GPIO_GetPinSpeed(GPIOA, LL_GPIO_PIN_0 | LL_GPIO_PIN_1);

（5）__STATIC_INLINE void LL_GPIO_SetPinOutputType (GPIO_TypeDef *GPIOx, uint32_t Pin, uint32_t OutputType)

功能：设置引脚输出类型为推挽输出、开漏输出。

实例：LL_GPIO_SetPinOutputType (GPIOB, LL_GPIO_PIN_0 | LL_GPIO_PIN_1, LL_GPIO_OUTPUT_OPENDRAIN);

（6）__STATIC_INLINE uint32_t LL_GPIO_GetPinOutputType (GPIO_TypeDef *GPIOx, uint32_t Pin)

功能：获得引脚输出类型为推挽输出、开漏输出。

实例：LL_GPIO_GetPinOutputType (GPIOB, LL_GPIO_PIN_0 | LL_GPIO_PIN_1);

（7）__STATIC_INLINE void LL_GPIO_SetPinPull (GPIO_TypeDef *GPIOx, uint32_t Pin, uint32_t Pull)

功能：设置引脚上拉和下拉。

实例：LL_GPIO_SetPinPull (GPIOB, LL_GPIO_PIN_0 | LL_GPIO_PIN_1, LL_GPIO_PULL_UP);

（8）__STATIC_INLINE uint32_t LL_GPIO_GetPinPull (GPIO_TypeDef *GPIOx, uint32_t Pin)

功能：获得引脚上拉和下拉模型。

实例：LL_GPIO_GetPinPull (GPIOA, LL_GPIO_PIN_0 | LL_GPIO_PIN_1);

（9）__STATIC_INLINE void LL_GPIO_LockPin (GPIO_TypeDef *GPIOx, uint32_t PinMask)

功能：设置加锁的引脚。

实例：LL_GPIO_LockPin (GPIOA, LL_GPIO_PIN_0 | LL_GPIO_PIN_1);

（10）_ _STATIC_INLINE uint32_t LL_GPIO_IsPinLocked (GPIO_TypeDef *GPIOx, uint32_t PinMask)

功能：检测引脚是否加锁，返回 0 或 1。

实例：uint32_t lockstate = LL_GPIO_IsPinLocked (GPIOA, LL_GPIO_PIN_0 | LL_GPIO_PIN_1);

（11）_ _STATIC_INLINE uint32_t LL_GPIO_IsAnyPinLocked(GPIO_TypeDef *GPIOx)

功能：检测是否引脚加锁，返回 0 或 1。

实例：uint32_t anylockstate = LL_GPIO_IsAnyPinLocked(GPIOA);

（12）_ _STATIC_INLINE uint32_t LL_GPIO_ReadInputPort(GPIO_TypeDef *GPIOx)

功能：获取端口所有引脚的数据。

实例：uint32_t port_in_data = LL_GPIO_ReadInputPort(GPIOA);

（13）_ _STATIC_INLINE uint32_t LL_GPIO_IsInputPinSet(GPIO_TypeDef *GPIOx, uint32_t PinMask)

功能：获取输入引脚的数据。

实例：uint32_t pin_in_data = LL_GPIO_IsInputPinSet (GPIOA, LL_GPIO_PIN_0 | LL_GPIO_PIN_0);

（14）_ _STATIC_INLINE void LL_GPIO_WriteOutputPort(GPIO_TypeDef *GPIOx, uint32_t PortValue)

功能：设置端口所有的输出引脚。

实例：LL_GPIO_WriteOutputPort(PORTB,0x01);

（15）_ _STATIC_INLINE uint32_t LL_GPIO_ReadOutputPort(GPIO_TypeDef *GPIOx)

功能：获取端口输出数据寄存器的数据。

实例：uint32_t out_port = LL_GPIO_ReadOutputPort(GPIOA);

（16）_ _STATIC_INLINE uint32_t LL_GPIO_IsOutputPinSet(GPIO_TypeDef *GPIOx, uint32_t PinMask)

功能：获取输出引脚的数据。

实例：uint32_t out_pin = LL_GPIO_IsOutputPinSet(GPIOA, LL_GPIO_PIN_0 | LL_GPIO_PIN_0);

（17）_ _STATIC_INLINE void LL_GPIO_SetOutputPin(GPIO_TypeDef *GPIOx, uint32_t PinMask)

功能：设置输出引脚为高电平。

实例：LL_GPIO_SetOutputPin(GPIOB, LL_GPIO_PIN_0 | LL_GPIO_PIN_1);

（18）_ _STATIC_INLINE void LL_GPIO_ResetOutputPin(GPIO_TypeDef *GPIOx, uint32_t PinMask)

功能：复位输出引脚为低电平。

实例：LL_GPIO_ResetOutputPin(GPIOB, LL_GPIO_PIN_0 | LL_GPIO_PIN_1);

（19）_ _STATIC_INLINE void LL_GPIO_TogglePin(GPIO_TypeDef *GPIOx, uint32_t PinMask)

功能：翻转引脚。

实例：LL_GPIO_TogglePin(GPIOB, LL_GPIO_PIN_0 | LL_GPIO_PIN_1);

（20）其他函数：

_ _STATIC_INLINE void LL_GPIO_AF_EnableRemap_SPI1(void);

_ _STATIC_INLINE void LL_GPIO_AF_DisableRemap_SPI1(void)；

_ _STATIC_INLINE uint32_t LL_GPIO_AF_IsEnabledRemap_SPI1(void)；

_ _STATIC_INLINE void LL_GPIO_AF_EnableRemap_I2C1(void)；

_ _STATIC_INLINE void LL_GPIO_AF_DisableRemap_I2C1(void)；

_ _STATIC_INLINE uint32_t LL_GPIO_AF_IsEnabledRemap_I2C1(void)；

_ _STATIC_INLINE void LL_GPIO_AF_EnableRemap_USART1(void)；

_ _STATIC_INLINE void LL_GPIO_AF_DisableRemap_USART1(void)；

_ _STATIC_INLINE uint32_t LL_GPIO_AF_IsEnabledRemap_USART1(void)。

功能：主要用于检测和设置复用接口。

注意：在描述引脚实例时，"LL_GPIO_PIN_0|LL_GPIO_PIN_1"表示同时对引脚0和引脚1操作；若只对引脚0操作，表示为"LL_GPIO_PIN_0"；若对引脚0、引脚2和引脚5操作，表示为"LL_GPIO_PIN_0|LL_GPIO_PIN_2|LL_GPIO_PIN_5"。

5.5.2 GPIO LL 库应用实例

【例 5.4】根据 5.1.3 节描述，利用 LL 库函数实现，当按钮按下时，点亮 LED；当按钮弹起时，熄灭 LED。

首先配合 LL 库使用的 STM32CubeMX 软件对芯片中的外设和时钟进行配置，并产生 LL 库的初始程序。此过程和 HAL 库产生的过程类似，只是最后为 LL 库的代码。同时根据实例添加 key.c、key.h 和 led.c、led.h 代码，最后得到 LL 库代码结构，如图 5.11 所示。

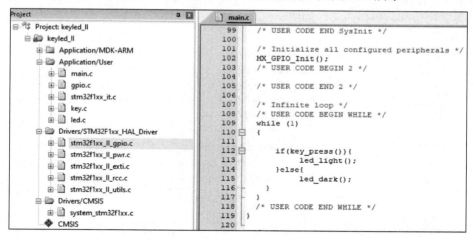

图 5.11　LL 库代码结构图

其中，在 Application/User 文件夹中会自动生成 main.c、gpio.c、stm32flxx_it.c 和 stm32f1xx_hal_msp.c 文件。但需要在 main.c 中添加代码，这部分和 HAL 库一样。

编写 led.c 代码如下：

```
#include "led.h"
//通过置低电平点亮 LED
void led_light(void){
    LL_GPIO_ResetOutputPin(GPIOB,LL_GPIO_PIN_0);
}
//通过置高电平熄灭 LED
```

```
void led_dark(void){
    LL_GPIO_SetOutputPin(GPIOB,LL_GPIO_PIN_0);
}
```

编写 key.c 代码如下：

```
#include "key.h"
//KEY 按键读取会，1—按钮按下；0—按钮弹起
char key_press(void){
    if((LL_GPIO_ReadInputPort(GPIOA) & 0x00000001) == 0)
        return 1;
    else
        return 0;
}
```

5.6　GPIO 应用开发实例

GPIO 常用于输出控制各种设备，如数码管等；也可以用于输入检测，如行列式键盘输入等。

5.6.1　数码管显示实例

LED 数码管是由多个发光二极管封装在一起组成"8"字形的器件。LED 数码管常用段数一般为 7 段，有的另加一个小数点，此时会称为 8 段 LED 数码管。LED 数码管根据 LED 的接法不同，分为共阴极和共阳极两类。如图 5.12 所示。

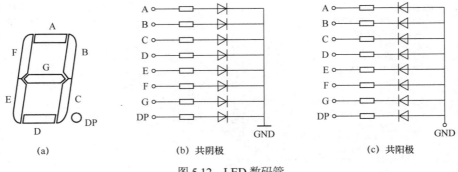

图 5.12　LED 数码管

LED 数码管要正常显示，就要用驱动电路来驱动数码管的各个段码，从而显示出我们要的数值。例如，一个共阴极 8 段 LED 数码管，公共端接地，段码 A、B、C、D、E、F、G、DP 分别连接 1、1、0、1、1、0、1、0，则显示数字"2"。

根据 LED 数码管驱动方式的不同，可以分为静态式和动态式两类。

（1）静态驱动

静态驱动也称直流驱动。静态驱动是指每个数码管的每个段码都由一个 I/O 口进行驱动，或者使用如 BCD 码计数器进行驱动。静态驱动的优点是编程简单，显示亮度高，缺点是占用 I/O 口多，如驱动 5 个数码管，静态显示则需要 5×8=40 个 I/O 口来驱动，故实际应用时必须增加驱动器进行驱动，增加了硬件电路的复杂性。

（2）动态驱动

数码管动态显示是单片机中应用最为广泛的一种显示方式。动态驱动是将所有数码管的 8

个段码 A、B、C、D、E、F、G、DP 的同名端连接在一起，另外为每个数码管的公共端 COM 增加位元选通控制电路，位元选通由各自独立的 I/O 口控制。当单片机输出字形码时，所有数码管都接收到相同的字形码，但究竟是哪个数码管会显示出字形，取决于单片机对位元选通 COM 端电路的控制，所以只要将需要显示的数码管的选通控制打开，该位元就显示出字形，没有选通的数码管就不会显示。

通过分时轮流控制各个 LED 数码管的 COM 端，使各个数码管轮流受控显示，这就是动态驱动。在轮流显示过程中，每位元数码管的点亮时间为 1~2ms，由于人眼的视觉暂留现象及发光二极管的余辉效应，尽管实际上各个数码管并非同时点亮，但只要扫描的速度足够快，给人的印象就是稳定的显示，不会有闪烁感。动态显示的效果和静态显示是一样的，能够节省大量的 I/O 口，而且功耗更低。

【例 5.5】利用动态驱动方式，在 4 个 LED 数码管上显示数字"2021"，具体的电路图如图 5.13 所示。

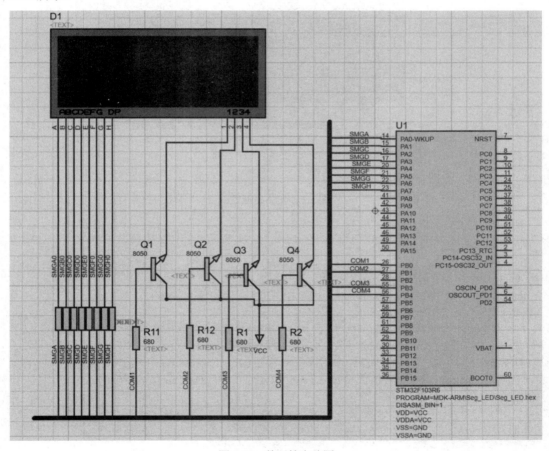

图 5.13　数码管电路图

其中，A、B、C、D、E、F、G 和 DP 是数码管段码引脚，分别连接 PA0、PA1、PA2、PA3、PA4、PA5、PA6 和 PA7；4 个数码管的公共端 COM1、COM2、COM3 和 COM4 引脚，分别连接 PB0、PB1、PB3 和 PB4。

使用 STM32CubeMX 软件配置 PA0、PA1、PA2、PA3、PA4、PA5、PA6、PA7 和 PB0、PB1、PB3、PB4 为输出，具体配置如图 5.14 所示。

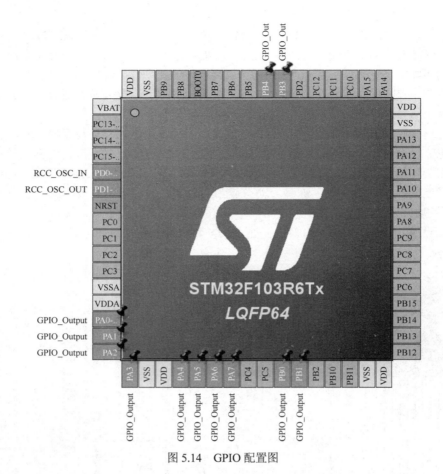

图 5.14　GPIO 配置图

主要代码如下：

```c
#include "main.h"
#include "gpio.h"
#define DSPORT GPIOA
uint8_t NixieTubeBit[]={0xc0,0xF9,0xa4,0xb0,0x99,0x92,0x82,0xf8,0x80,0x90};
int8_t DISPLAY_Buffer[]={0,0,0,0};
/***********************************************************************
* FunctionName    : GPIOSetMutiValue(GPIO_TypeDef* GPIOx,uint16_t j)
*Description      :输出多个位，GPIO_Pin_Position 为要输出的位，PortVal 为要输出的端口值
* EntryParameter :(GPIO_TypeDef* GPIOx,uint16_t GPIO_Pin_Position ,uint16_t PortVal)
* ReturnValue     : NO
***********************************************************************/
void GPIOSetMutiValue(GPIO_TypeDef* GPIOx,uint16_t GPIO_Pin_Position ,uint16_t PortVal)
{
    uint8_t i=0;
    uint16_t k=0;
    uint16_t b=0x0001;
    k=GPIO_Pin_Position & PortVal;
    for(i=0;i<8;i++)
    {
        if(k&(0x01))
```

```
            {
                HAL_GPIO_WritePin (GPIOx, b, GPIO_PIN_SET);
            }
        else
            {
            HAL_GPIO_WritePin (GPIOx, b, GPIO_PIN_RESET);
            }
                b<<=1;
                k>>=1;
            }
        }
    int main(void)
    {
        HAL_Init();
        SystemClock_Config();
        MX_GPIO_Init();
        while (1)
            {
                    DISPLAY_Buffer[0]=2;
                    DISPLAY_Buffer[1]=0;
                    DISPLAY_Buffer[2]=2;
                    DISPLAY_Buffer[3]=1;
                    GPIOSetMutiValue(GPIOB,0XFF,0x1);    //字符显示
                    GPIOSetMutiValue(DSPORT,0XFF,NixieTubeBit[DISPLAY_Buffer[0]]);    //字符显示
                    HAL_Delay(1);
                    GPIOSetMutiValue(GPIOB,0XFF,0x2);    //字符显示
                    GPIOSetMutiValue(DSPORT,0XFF,NixieTubeBit[DISPLAY_Buffer[1]]);    //字符显示
                    HAL_Delay(1);
                    GPIOSetMutiValue(GPIOB,0XFF,0x8);    //字符显示
                    GPIOSetMutiValue(DSPORT,0XFF,NixieTubeBit[DISPLAY_Buffer[2]]);    //字符显示
                    HAL_Delay(1);
                    GPIOSetMutiValue(GPIOB,0XFF,0x10);    //字符显示
                    GPIOSetMutiValue(DSPORT,0XFF,NixieTubeBit[DISPLAY_Buffer[3]]);    //字符显示
                    HAL_Delay(1);
            }
        }
```

5.6.2 行列式键盘扫描实例

独立式键盘的电路简单，易于编程，但占用的 I/O 口线较多，当需要较多按键时，可能产生 I/O 口资源紧张问题。行列式键盘将 I/O 口分为行线和列线，按键跨接在行线和列线上，并且把行线和列线设定为输出或输入。这些按键都是一端接在一根输出线上，另一端接在一根输入线上，若没有按键按下，输入状态和输出状态没有任何关系，这时微控制器读输入线的状态，得到的结果全是默认或设定的值；若有按键按下，输出线的状态就会反映在输入线上，然后根据输入线和输出线的交叉关系，就能计算出具体的键值。

【例 5.6】设计一个 2×2 行列式键盘，如图 5.15 所示，将键盘的每一列配置为下拉输入，依次给每一行输出高电平，如果这一行某一列的按键按下，则会在该列产生高电平，并控制对应 LED 的亮、灭。

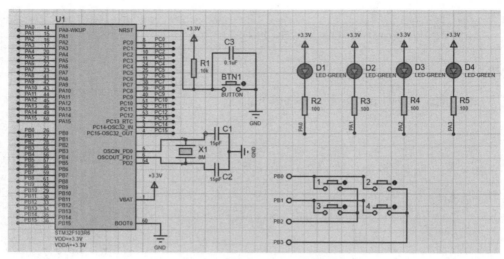

图 5.15　键盘控制 LED 电路

实现功能：当 1 号键按下时，D1 灯亮；当 2 号键按下时，D2 灯亮；当 3 号键按下时，D3 灯亮；当 4 号键按下时，D4 灯亮。

使用 STM32CubeMX 软件配置 PA0、PA1、PA2、PA3 为输出，PB0、PB1、PB2、PB3 为输入，同时 PB2 和 PB3 配置为下拉，具体配置如图 5.16 所示。

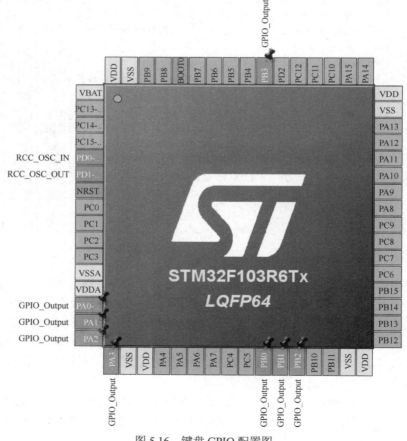

图 5.16　键盘 GPIO 配置图

GPIO 的输入和输出配置如图 5.17 所示。

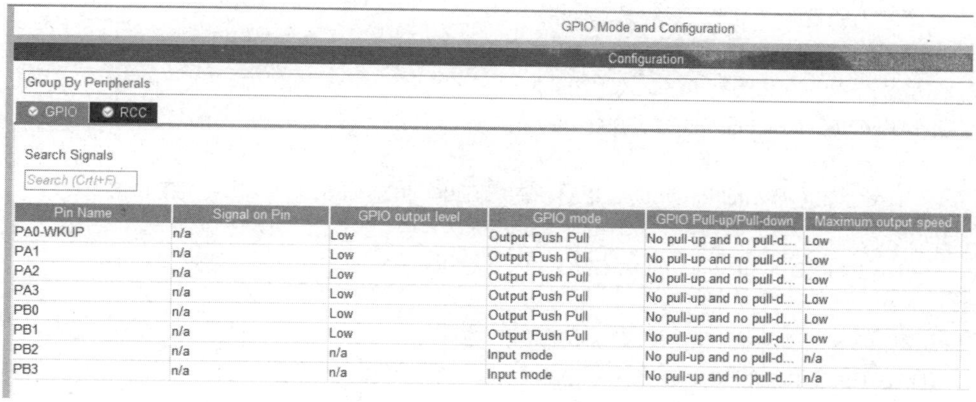

Pin Name	Signal on Pin	GPIO output level	GPIO mode	GPIO Pull-up/Pull-down	Maximum output speed
PA0-WKUP	n/a	Low	Output Push Pull	No pull-up and no pull-d...	Low
PA1	n/a	Low	Output Push Pull	No pull-up and no pull-d...	Low
PA2	n/a	Low	Output Push Pull	No pull-up and no pull-d...	Low
PA3	n/a	Low	Output Push Pull	No pull-up and no pull-d...	Low
PB0	n/a	Low	Output Push Pull	No pull-up and no pull-d...	Low
PB1	n/a	Low	Output Push Pull	No pull-up and no pull-d...	Low
PB2	n/a	n/a	Input mode	No pull-up and no pull-d...	n/a
PB3	n/a	n/a	Input mode	No pull-up and no pull-d...	n/a

图 5.17 GPIO 的输入和输出配置

主程序如下：

```
    int main(void)
{
    HAL_Init();
    SystemClock_Config();
    MX_GPIO_Init();
    //关闭 4 个 LED
    HAL_GPIO_WritePin(GPIOA,GPIO_PIN_0|GPIO_PIN_1|GPIO_PIN_2|GPIO_PIN_3, GPIO_PIN_SET);
while (1)
{
    /* USER CODE END WHILE */
    //将第一行设置为高电平，进行第一行检测
    HAL_GPIO_WritePin(GPIOB,GPIO_PIN_0,GPIO_PIN_SET);
    //将第二行设置为低电平，停止第二行的检测
    HAL_GPIO_WritePin(GPIOB,GPIO_PIN_1,GPIO_PIN_RESET);
    //检测第一列，如果为高电平，表示按键按下
    if(HAL_GPIO_ReadPin(GPIOB,GPIO_PIN_2))
    {
    HAL_GPIO_WritePin(GPIOA,GPIO_PIN_0,GPIO_PIN_RESET);          //点亮 LED
    }else{
    HAL_GPIO_WritePin(GPIOA,GPIO_PIN_0,GPIO_PIN_SET);           //熄灭 LED
    }
    //检测第二列，如果为高电平，表示按键按下
    if(HAL_GPIO_ReadPin(GPIOB,GPIO_PIN_3))
    {
        HAL_GPIO_WritePin(GPIOA,GPIO_PIN_1,GPIO_PIN_RESET);        //点亮 LED
    }else{
        HAL_GPIO_WritePin(GPIOA,GPIO_PIN_1,GPIO_PIN_SET);         //熄灭 LED
    }
    //将第一行设置为低电平，停止第一行的检测
```

```
HAL_GPIO_WritePin(GPIOB,GPIO_PIN_0,GPIO_PIN_RESET);
//将第二行设置为高电平,进行第二行检测
HAL_GPIO_WritePin(GPIOB,GPIO_PIN_1,GPIO_PIN_SET);
//检测第一列,如果为高电平,表示按键按下
if(HAL_GPIO_ReadPin(GPIOB,GPIO_PIN_2))
{
    HAL_GPIO_WritePin(GPIOA,GPIO_PIN_3,GPIO_PIN_RESET);      //点亮 LED
}else{
    HAL_GPIO_WritePin(GPIOA,GPIO_PIN_3,GPIO_PIN_SET);        //熄灭 LED
}
//检测第二列,如果为高电平,表示按键按下
if(HAL_GPIO_ReadPin(GPIOB,GPIO_PIN_3))
{
    HAL_GPIO_WritePin(GPIOA,GPIO_PIN_4,GPIO_PIN_RESET);      //点亮 LED
}else{
    HAL_GPIO_WritePin(GPIOA,GPIO_PIN_4,GPIO_PIN_SET);        //熄灭 LED
}

    HAL_GPIO_WritePin(GPIOB,GPIO_PIN_1,GPIO_PIN_RESET);      //将第二行设置为低电平,
                                                            //停止第二行的检测

    /* USER CODE BEGIN 3 */
}
    /* USER CODE END 3 */
}
```

习　题　5

1. 简述 GPIO 的内部结构。
2. 简述 GPIO 输入配置功能。
3. 简述 GPIO 输出配置功能。
4. 简述 GPIO 分别使用寄存器、STD 库、HAL 库和 LL 库编写程序的特点。
5. 简述数码管动态显示的原理和优势。
6. 简述行列式键盘的原理和优势。
7. 编写程序控制 2 个 LED 全亮和 2 个 LED 全灭的代码,包括初始化代码和运行代码,2 个引脚可以考虑选择 PA0 和 PA1。

第6章 中 断

中断是微控制器的重要组成部分，加强了 CPU 对多任务事件的处理能力。通过中断，CPU可以暂时停止当前程序的执行转而处理新情况。

6.1 STM32 中断简介

根据 STM32 芯片手册描述，请求信号来自 Cortex-M3 内核的中断称为内核异常（简称异常），请求信号来自 Cortex-M3 内核外面的接口，对 Cortex-M3 内核来说是异步的，称为外部中断。STM32F103 系列芯片目前支持的中断总计为 76 个（10 个异常+60 个外部中断），其中 10 个异常与 Cortex-M3 内核有关，因此这 10 个异常是任何芯片生产厂商修改不了的；60 个外部中断与STM32F103 系列芯片的接口有关。中断向量表见表 6.1。

表6.1 中断向量表

位置	优先级	优先级类型	名称	说明	地址
—	—	—	—	保留	0x0000_0000
	−3	固定	Reset	复位	0x0000_0004
	−2	固定	NMI	不可屏蔽中断 RCC 时钟安全系统（CSS）连接到 NMI 向量	0x0000_0008
	−1	固定	硬件失效（HardFault）	所有类型的失效	0x0000_000C
	0	可设置	存储器管理（MemManage）失效	存储器管理	0x0000_0010
	1	可设置	总线错误（BusFault）	预取指失败，存储器访问失效	0x0000_0014
	2	可设置	错误应用（UsageFault）	未定义的指令或非法状态	0x0000_0018
—	—	—	—	保留	0x0000_001C～0x0000_002B
	3	可设置	SVCall	通过 SWI 指令的系统服务调用	0x0000_002C
	4	可设置	调试监控	调试监控器	0x0000_0030
	—	—	—	保留	0x0000_0034
	5	可设置	PendSV	可挂起的系统服务	0x0000_0038
	6	可设置	SysTick	系统滴答定时器	0x0000_003C
0	7	可设置	WWDG	窗口定时器中断	0x0000_0040
1	8	可设置	PVD	连到 EXTI 的电源电压检测（PVD）中断	0x0000_0044
2	9	可设置	TAMPER	侵入检测中断	0x0000_0048
3	10	可设置	RTC	实时时钟（RTC）全局中断	0x0000_004C
4	11	可设置	Flash	闪存全局中断	0x0000_0050
5	12	可设置	RCC	复位和时钟控制（RCC）中断	0x0000_0054
6	13	可设置	EXTI0	EXTI 线 0 中断	0x0000_0058
7	14	可设置	EXTI1	EXTI 线 1 中断	0x0000_005C

位置	优先级	优先级类型	名称	说明	地址
8	15	可设置	EXTI2	EXTI 线 2 中断	0x0000_0060
9	16	可设置	EXTI3	EXTI 线 3 中断	0x0000_0064
10	17	可设置	EXTI4	EXTI 线 4 中断	0x0000_0068
11	18	可设置	DMA1 通道 1	DMA1 通道 1 全局中断	0x0000_006C
12	19	可设置	DMA1 通道 2	DMA1 通道 2 全局中断	0x0000_0070
13	20	可设置	DMA1 通道 3	DMA1 通道 3 全局中断	0x0000_0074
14	21	可设置	DMA1 通道 4	DMA1 通道 4 全局中断	0x0000_0078
15	22	可设置	DMA1 通道 5	DMA1 通道 5 全局中断	0x0000_007C
16	23	可设置	DMA1 通道 6	DMA1 通道 6 全局中断	0x0000_0080
17	24	可设置	DMA1 通道 7	DMA1 通道 7 全局中断	0x0000_0084
18	25	可设置	ADC1_2	ADC1 和 ADC2 全局中断	0x0000_0088
19	26	可设置	CAN1_TX	CAN1 发送中断	0x0000_008C
20	27	可设置	CAN1_RX0	CAN1 接收 0 中断	0x0000_0090
21	28	可设置	CAN1_RX1	CAN1 接收 1 中断	0x0000_0094
22	29	可设置	CAN_SCE	CAN1 SCE 中断	0x0000_0098
23	30	可设置	EXTI9_5	EXTI 线[9:5]中断	0x0000_009C
24	31	可设置	TIM1_BRK	TIM1 刹车中断	0x0000_00A0
25	32	可设置	TIM1_UP	TIM1 更新中断	0x0000_00A4
26	33	可设置	TIM1_TRG_COM	TIM1 触发和通信中断	0x0000_00A8
27	34	可设置	TIM1_CC	TIM1 捕获比较中断	0x0000_00AC
28	35	可设置	TIM2	TIM2 全局中断	0x0000_00B0
29	36	可设置	TIM3	TIM3 全局中断	0x0000_00B4
30	37	可设置	TIM4	TIM4 全局中断	0x0000_00B8
31	38	可设置	I2C1_EV	I2C1 事件中断	0x0000_00BC
32	39	可设置	I2C1_ER	I2C1 错误中断	0x0000_00C0
33	40	可设置	I2C2_EV	I2C2 事件中断	0x0000_00C4
34	41	可设置	I2C2_ER	I2C2 错误中断	0x0000_00C8
35	42	可设置	SPI1	SPI1 全局中断	0x0000_00CC
36	43	可设置	SPI2	SPI2 全局中断	0x0000_00D0
37	44	可设置	USART1	USART1 全局中断	0x0000_00D4
38	45	可设置	USART2	USART2 全局中断	0x0000_00D8
39	46	可设置	USART3	USART3 全局中断	0x0000_00DC
40	47	可设置	EXTI15_10	EXTI 线[15:10]中断	0x0000_00E0
41	48	可设置	RTCAlarm	连到 EXTI 的 RTC 闹钟中断	0x0000_00E4
42	49	可设置	OTG_FS_WKUP 唤醒	连到 EXTI 的全速 USB OTG 唤醒中断	0x0000_00E8
—	—	—	—	保留	0x0000_00EC ～ 0x0000_0104
50	57	可设置	TIM5	TIM5 全局中断	0x0000_0108
51	58	可设置	SPI3	SPI3 全局中断	0x0000_010C
52	59	可设置	USART4	USART4 全局中断	0x0000_0110

位置	优先级	优先级类型	名称	说明	地址
53	60	可设置	USART5	USART5 全局中断	0x0000_0114
54	61	可设置	TIM6	TIM6 全局中断	0x0000_0118
55	62	可设置	TIM7	TIM7 全局中断	0x0000_011C
56	63	可设置	DMA2 通道 1	DMA2 通道 1 全局中断	0x0000_0120
57	64	可设置	DMA2 通道 2	DMA2 通道 2 全局中断	0x0000_0124
58	65	可设置	DMA2 通道 3	DMA2 通道 3 全局中断	0x0000_0128
59	66	可设置	DMA2 通道 4_5	DMA2 通道 4 和 DMA2 通道 5 全局中断	0x0000_012C

从表 6.1 可以看出，Reset（复位）、NMI、硬件失效这 3 个异常的优先级是负值，是最高的，是软件不能编程的，比其他任何内核异常都高。其他的异常及中断随着优先级数字的增大而优先级降低，但它们的优先级都是可以编程的。

6.2　嵌套向量中断控制器

STM32 芯片中有一个强大而方便的嵌套向量中断控制器（Nested Vectored Interrupt Controller，NVIC），它属于 Cortex-M3 内核的器件，内核异常和外部中断都由它来处理。

6.2.1　NVIC 寄存器

NVIC 寄存器见表 6.2。

表 6.2　NVIC 寄存器

缩写	全称	中文
ISER	Interrupt Set Enable Register	中断使能设置寄存器
ICER	Interrupt Clear Enable Register	中断清除使能寄存器
ISPR	Interrupt Set Pending Register	中断挂起设置寄存器
ICPR	Interrupt Clear Pending Register	中断清除挂起寄存器
IABR	Interrupt Active Bit Register	中断激活位寄存器
IPR	Interrupt Priority Register	中断优先级寄存器
STIR	Software Trigger Interrupt Register	软件触发方式寄存器

6.2.2　系统控制寄存器（SCB）

系统控制寄存器（SCB）也是和 Cortex-M3 内核相关的寄存器，并且在中断配置时需要用到，因此本书对相关的寄存器进行说明，见表 6.3。

表 6.3　系统控制寄存器（SCB）

缩写	全称	中文
CPUID	CPU ID Base Register	CPU ID 基址寄存器
ICSR	Interrupt Control State Register	中断控制状态寄存器
VTOR	Vector Table Offset Register	向量表偏移量寄存器
AIRCR	Application Interrupt/Reset Control Register	应用中断/复位控制寄存器
SCR	System Control Register	系统控制寄存器

缩写	全称	中文
CCR	Configuration Control Register	配置和控制寄存器
SHPR	System Handlers Priority Register	系统处理优先级寄存器
SHCSR	System Handler Control and State Register	系统处理控制和状态寄存器
CFSR	Configurable Fault Status Registers	可配置故障状态寄存器
HFSR	Hard Fault Status Register	硬件失效状态寄存器
DFSR	Debug Fault Status Register	调试失效状态寄存器
MMFAR	Mem Manage Address Register	内存管理地址寄存器
BFAR	Bus Fault Address Register	总线失效地址寄存器
AFSR	Auxiliary Fault Status Register	辅助失效状态寄存器

6.2.3　中断和异常处理

STM32 芯片的中断和异常是分别处理的，其内部处理结构也是分开的，具体如图 6.1 所示。

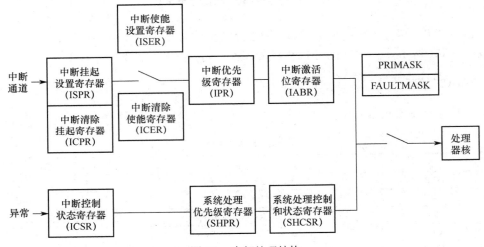

图 6.1　内部处理结构

其中，中断挂起设置寄存器（ISPR）的作用是挂起暂停正在进行的中断，即 ISPR 寄存器相应位设置为 1，而执行更高级别的中断；随后通过中断清除挂起寄存器（ICPR）来解除被挂起的中断，即 ICPR 寄存器相应位设置为 1。中断使能设置寄存器（ISER）对相应的中断进行使能，使其可以响应中断，即 ISER 寄存器相应位设置为 1；如果不让相应的中断进行响应，则通过中断清除使能寄存器（ICER，类似屏蔽寄存器）对相应的中断进行屏蔽，使其不能响应中断，即 ICER 寄存器相应位设置为 1。中断优先级寄存器（IPR）用来设置中断的优先级，具体设置在后面内容会详细讲解。中断激活位寄存器（IABR）类似中断标志寄存器，若 IABR 寄存器某位为 1，则表示该位所对应的中断正在被执行，这是一个只读寄存器，通过此寄存器可知当前正在执行的中断，在中断执行完成后，该位由硬件自动清零。

异常通过中断控制状态寄存器（ICSR）来管理，对于 NMI、SysTick 及 PendSV，可以通过此寄存器手工挂起它们；另外，在该寄存器中，好多位都用于调试目的，在大多数情况下，它们对应用软件没有什么用处，只有挂起位对应用程序比较有参考价值。系统处理优先级寄存器（SHPR）用于对优先级进行配置。由于硬件失效、总线错误及存储器管理失效都是特殊的异常，因此它们的使能控制都是通过系统处理控制和状态寄存器（SHCSR）来实现的。

STM32 芯片还可以通过屏蔽寄存器（PRIMASK）屏蔽除不可屏蔽中断（NMI）和硬件失效外的其他中断/异常；当通过屏蔽错误中断寄存器（FAULTMASK）把当前优先级改为−1，连硬件失效都可以进行屏蔽，所以除 NMI 外，其他中断/异常都可以进行屏蔽。

6.2.4　STM32 中断优先级

STM32（Cortex-M3）中有两个优先级的概念——抢占优先级和响应优先级，有人把响应优先级称作"亚优先级"或"副优先级"，每个中断源都需要被指定为这两个优先级之一。

1．STM32 规定的中断嵌套规则

① 具有高抢占优先级的中断可以在具有低抢占优先级的中断处理过程中被响应，即中断嵌套，或者说高抢占优先级的中断可以嵌套低抢占优先级的中断。

② 当两个中断源的抢占优先级相同时，这两个中断将没有嵌套关系，当一个中断到来后，如果正在处理另一个中断，这个后到来的中断就要等到前一个中断处理完之后才能被处理。如果这两个中断同时到达，则嵌套向量中断控制器根据它们的响应优先级高低来决定先处理哪一个；如果它们的抢占优先级和响应优先级都相同，则根据它们在中断向量表中的排位顺序（硬件默认位置）决定先处理哪一个。

③ 响应优先级不可以中断嵌套。

注意：中断优先级的概念针对"中断通道"，当中断通道的优先级确定后，该中断通道对应的所有中断源都享有相同的中断优先级，至于该中断通道中对应的多个中断源的执行顺序，则取决于用户的中断服务程序。

2．中断优先级分组设定

Cortex-M3 内核允许具有较少中断源时使用较少的寄存器位指定中断源的优先级，因此 STM32 把指定中断优先级的寄存器位减少到 4 位（AIRCR 寄存器高 4 位），这 4 个寄存器位的分组方式：第 0 组，所有 4 位用于指定响应优先级；第 1 组，最高 1 位用于指定抢占优先级，其他 3 位用于指定响应优先级；第 2 组，最高 2 位用于指定抢占优先级，其他 2 位用于指定响应优先级；第 3 组，最高 3 位用于指定抢占优先级，另 1 位用于指定响应优先级；第 4 组，所有 4 位用于指定抢占优先级。

4 位的中断优先级控制位分组组合如图 6.2 所示。

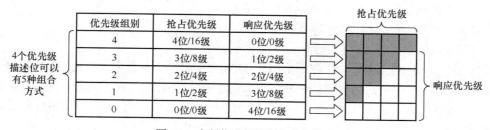

优先级组别	抢占优先级	响应优先级
4	4位/16级	0位/0级
3	3位/8级	1位/2级
2	2位/4级	2位/4级
1	1位/2级	3位/8级
0	0位/0级	4位/16级

图 6.2　中断优先级控制位分组组合

通过调用 STM32 固件库中的函数 NVIC_PriorityGroupConfig()选择使用哪种优先级分组方式，这个函数的参数有下列 5 种：NVIC_PriorityGroup_x(0-4)实现选择第 0~4 组。中断优先级分组是为了给抢占优先级和响应优先级在中断优先级寄存器的高 4 位分配各个优先级数字所占的位数，在一个程序中只能设定一次。

指定中断源的优先级设定过程：Cortex-M3 为每个中断通道都配备了 8 位中断优先级控制字

IP_n，STM32 芯片中只使用该字节高 4 位，这 4 位被分成 2 组，从高位开始，前面是定义抢占优先级的位，后面用于定义响应式优先级，必须根据中断优先级分组中设置好的位数来设置该寄存器相应的数值。假如选择中断优先级分组的第 3 组：最高 3 位用于指定抢占优先级，另 1 位用于指定响应优先级，那么抢占优先级就有 000～111 共 8 种选择，也就是有 8 个中断嵌套，而响应优先级有 0 和 1 两种，因此共有 8×2=16 种优先级。

6.3　EXTI 外部中断

6.3.1　EXTI 硬件结构

在 STM32F103 系列芯片中，EXTI 外部中断由用于产生事件/中断请求的 19 个边沿检测器组成，其中 16 个中断通道 EXTI0～EXTI15 对应 GPIOx_Pin0～GPIOx_Pin15，另外 3 个是：EXTI16 连接 PVD（Programmable Voltage Detector，可编程电压监测器，作用是监视供电电压）输出，EXTI17 连接到 RTC（Real Time Clock，实时时钟）闹钟事件和 EXTI18 连接到 USB 唤醒事件。如图 6.3 所示。

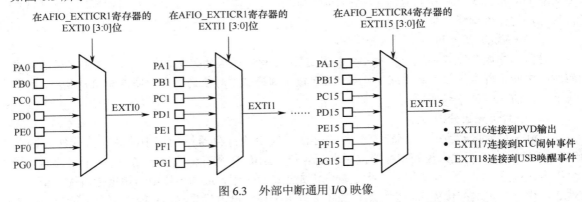

图 6.3　外部中断通用 I/O 映像

每个中断通道均可以被单独屏蔽，并且处理器通过一个挂起寄存器保存中断请求的状态。EXTI 的主要特性如下：

- 每个中断通道均可独立触发和被屏蔽；
- 每个中断通道都具有专门的状态标志位；
- 最多可产生 19 个软件事件/中断请求；
- 可捕获脉宽频率低于 APB 时钟的外部信号。

EXTI 硬件结构如图 6.4 所示，图中给出了 STM32 中某一条外部中断线的信号结构图，图中虚线标出了外部中断信号的传输路径。外部中断/事件信号从芯片引脚①输入，经过边沿检测电路②后，通过或门③进入中断挂起请求寄存器，最后经过与门④将外部中断/事件信号输出到 NVIC 中断控制器。

中断及事件的区别：从外部信号来看，中断和事件没有什么区别，之所以分开，是由于中断需要 CPU 参与，需要软件的中断服务函数才能完成中断后产生的结果；而事件是靠脉冲发生器产生一个脉冲，进而由硬件自动完成这个事件产生的结果，当然相应的联动部件需要先设置好。可以这样简单认为，事件机制提供了一个完全由硬件自动完成的触发到产生结果的通道，不要软件的参与，降低了 CPU 的负荷，节省了中断资源，提高了响应速度（硬件总快于软件），是利用硬件来提升 CPU 处理事件能力的一个有效方法。

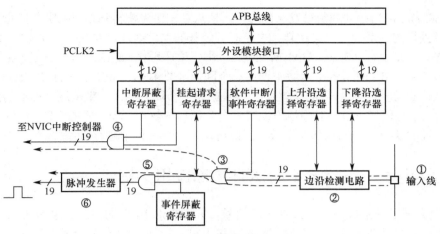

图 6.4 EXTI 硬件结构

6.3.2 EXTI 中断操作

STM32 外围接口直接通过中断请求通道（IRQ Channel）与 NVIC 接口关联，而 GPIO 与外部中断（EXTI）之间则要通过控制器。GPIO 与 EXTI 之间的接口称为 EXTI line；而 EXTI 与 NVIC 之间的接口则称为中断请求通道，如图 6.5 所示。

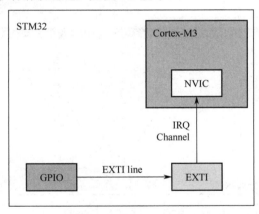

图 6.5 GPIO、EXTI 和 NVIC 三者之间的联系

对于编程而言，需要对 GPIO、EXTI、NVIC 分别进行配置和操作。把中断简单分为 3 部分，即中断通道、中断处理和中断响应，具体过程如下：

① 设定好中断通道，具体就是配置 GPIO 的引脚为输入中断方式，可选择上升沿（GPIO_MODE_IT_RISING）、下降沿（GPIO_MODE_IT_FALLING）和上升下降沿（GPIO_MODE_IT_RISING_FALLING）3 种方式，并通过 HAL 库的 void HAL_NVIC_SetPriority(IRQn_Type IRQn, uint32_t PreemptPriority, uint32_t SubPriority)和 void HAL_NVIC_EnableIRQ(IRQn_Type IRQn)设置相应的中断号。

② 中断处理，配置 EXTI 触发条件和相应的 NVIC，根据中断编号对应到中断向量表查找中断服务函数 xxx_IRQHandler(void)的入口地址，即函数指针。EXTI 函数 void EXTIx_IRQHandler(void)的实现在 stm32f3xx_it.c 文件中，它实际上仅仅调用了 HAL 库的 HAL_GPIO_EXTI_IRQHandler()函数，将端口号作为参数传递进去。

③ 中断响应，当达到中断触发条件时，内核从主程序先跳转到相应的中断向量处，然后根据中断向量提供的地址信息，又跳转到中断服务函数的入口地址，并在执行完中断服务函数后，返回主程序处恢复执行。其中，HAL 库处理中断响应的程序在 stm32f1xx_hal_gpio.c 文件中，在 HAL_GPIO_EXTI_IRQHandler()函数中调用一个回调函数 HAL_GPIO_EXTI_Callback()，而该回调函数的默认实现声明为__weak 属性。__weak 是一个弱化标识，带有这个标识的函数就是一个弱化函数，就是用户可以在其他地方编写一个名称和参数都一模一样的函数，编译器就会忽略这个函数，而去执行用户写的那个函数，因此可以在用户文件中进行覆盖。

6.4 EXTI 中断应用实例

【例 6.1】利用外接按钮产生外部中断信号，并实现对 LED 的控制。电路和 5.1.3 节一致，利用外部中断对按钮进行检测，在检测到按钮按下时，控制 LED 信号反转一次。

首先在 STM32CubeMX 软件中设置 PA0 口为外部中断输入，PB0 为输出，时钟配置和前面的例子一样，并在 NVIC 中使能 EXTI line0，4 位抢占优先级，优先级为 1；0 位响应优先级，优先级为 0。如图 6.6 所示。

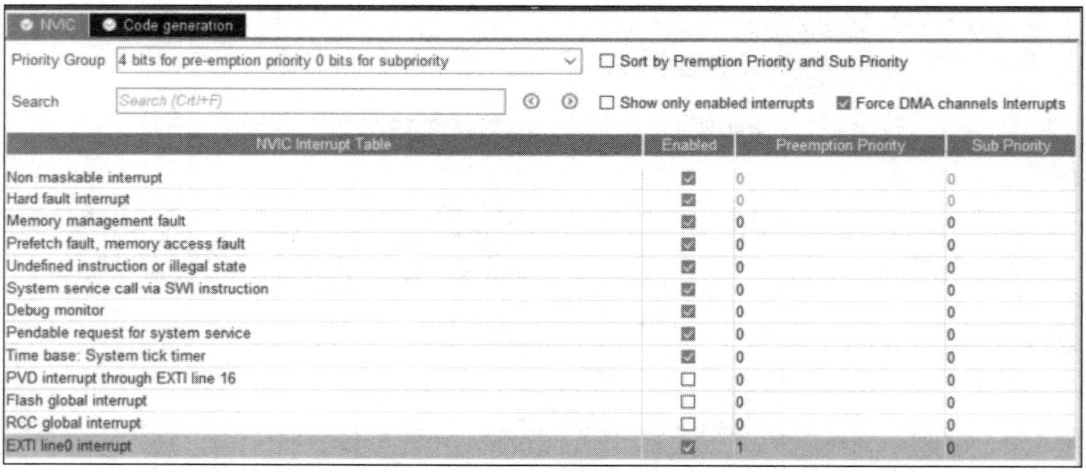

图 6.6　使能 EXTI line0

基于 HAL 库生成实现对外部中断引脚的初始化程序如下：

```
void MX_GPIO_Init(void)
{
    GPIO_InitTypeDef GPIO_InitStruct = {0};
    /* GPIO Ports Clock Enable */
    __HAL_RCC_GPIOD_CLK_ENABLE();
    __HAL_RCC_GPIOA_CLK_ENABLE();
    __HAL_RCC_GPIOB_CLK_ENABLE();
    /*Configure GPIO pin Output Level */
    HAL_GPIO_WritePin(GPIOB, GPIO_PIN_0, GPIO_PIN_RESET);
    /*Configure GPIO pin : PA0 */
    GPIO_InitStruct.Pin = GPIO_PIN_0;
    GPIO_InitStruct.Mode = GPIO_MODE_IT_RISING;
```

```
        GPIO_InitStruct.Pull = GPIO_NOPULL;
        HAL_GPIO_Init(GPIOA, &GPIO_InitStruct);
        /*Configure GPIO pin : PB0 */
        GPIO_InitStruct.Pin = GPIO_PIN_0;
        GPIO_InitStruct.Mode = GPIO_MODE_OUTPUT_PP;
        GPIO_InitStruct.Pull = GPIO_NOPULL;
        GPIO_InitStruct.Speed = GPIO_SPEED_FREQ_HIGH;
        HAL_GPIO_Init(GPIOB, &GPIO_InitStruct);
        /* EXTI interrupt init*/
        HAL_NVIC_SetPriority(EXTI0_IRQn, 1, 0);
        HAL_NVIC_EnableIRQ(EXTI0_IRQn);
}
```

并在生成的 main.c 程序中添加中断处理函数如下：

```
void HAL_GPIO_EXTI_Callback(uint16_t GPIO_Pin)
{
    if(GPIO_Pin ==   GPIO_PIN_0)
    {
        if(HAL_GPIO_ReadPin(GPIOA,GPIO_PIN_0)== 0)
        {
            HAL_GPIO_TogglePin(GPIOB,GPIO_PIN_0);          //控制 PB0 引脚反转
        }
        __HAL_GPIO_EXTI_CLEAR_IT(GPIO_PIN_0);
    }
}
```

习　题　6

1. 简述嵌入式芯片使用中断的意义。

2. 简述 STM32F103 芯片的中断类型。

3. 简述 STM32F103 芯片的中断和异常。

4. 简述 STM32F103 芯片的中断优先级。

5. 简述 STM32F103 芯片的 GPIO 中断操作流程。

6. 利用外部中断实现按钮控制 LED 亮、灭程序，按键接 PA8，按键按下时 PA8 为低电平，当 PB1 为高电平时，LED 亮；按键没有按下时，熄灭 LED。

第7章 串行通信

7.1 串行通信简介

串行通信（Serial Communication）是指在计算机总线或其他数据通道上，每次传输一个位元数据，并连续进行以上单次过程的通信方式。与之对应的是并行通信，它在串行接口上通过一次同时传输若干位元数据的方式进行通信。串行通信被用于长距离通信及大多数计算机网络，在普通应用场合，电缆和同步化使并行通信面临实际的应用问题。

7.1.1 串行通信基础知识

1. 异步串行通信

异步串行通信所传输的数据格式（也称为串行帧）由 1 个起始位、7～9 个数据位、1～2 个停止位（含 1.5 个停止位）和 1 个校验位组成。起始位约定为 0，空闲位约定为 1。在异步通信方式中，接收器和发送器有各自的时钟，它们的工作是非同步的。如图 7.1 所示。

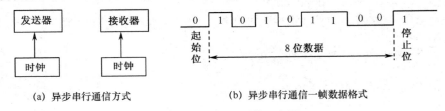

(a) 异步串行通信方式　　　　　　　　(b) 异步串行通信一帧数据格式

图 7.1　异步串行通信示意图

2. 同步串行通信

同步串行通信中，发送器和接收器由同一个时钟源控制。如图 7.2 所示。

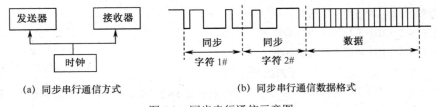

(a) 同步串行通信方式　　　　　　　　(b) 同步串行通信数据格式

图 7.2　同步串行通信示意图

3. 波特率及时钟频率

波特率是指每秒传送二进制数的位数，单位为位/秒（bit per second，bps），即 1bps = 1bit/s。采用异步串行通信，互相通信的甲乙双方必须具有相同的波特率，否则无法成功地完成数据通信。同步串行通信中通过主从设备的同步时钟完成数据同步，因此很少有波特率的说法，当然可以认为数据传输的波特率即为同步时钟频率。

4. 串行通信的校验

异步串行通信时可能会出现帧格式错、超时错等传输错误。在具有串口单片机的开发中，应考虑在通信过程中对数据差错进行校验，因为差错校验是保证准确无误通信的关键。

5. 数据通信的传输方式

常用于数据通信的传输方式有单工、半双工、全双工方式。单工通信是指消息只能单方向传输的工作方式，如遥控、遥测等。半双工通信是指数据可以在一个信号载体的两个方向上传输，但是不能同时传输。全双工通信允许数据在两个方向上同时传输，它在能力上相当于两个单工通信方式的结合。

7.1.2 微控制器常见串行通信方式

针对前述有关串行通信的定义，在微控制器上主要有 UART、USART 和 SPI 3 种串行通信方式。

1. UART 和 USART 串行通信方式

UART（Universal Asynchronous Receiver/Transmitter）串行通信方式称作异步串行通信，主要通过发送（TXD）和接收（RXD）两个引脚实现数据的发送和接收，由于没有时钟线，因此是一种全双工的异步串行通信接口，通信数据的同步利用设置好的波特率来实现，最大波特率传统上是 115200bps，但现在对于一些微控制器如 STM32 芯片，其波特率可以达到 2Mbps。UART 串行通信连接电路如图 7.3 所示。

USART（Universal Synchronous/Asynchronous Receiver/Transmitter）串行通信在 UART 的基础上增加了同步通信方式，称为同步/异步串行通信。当设置为异步串行通信时，与 UART 的连接和特性是一模一样的。当设置为同步串行通信时，此时在通信接口增加了一条时钟线，用于同步时钟，其连接电路如图 7.4 所示。

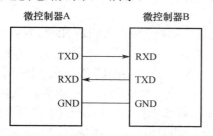

图 7.3　UART 串行通信连接电路

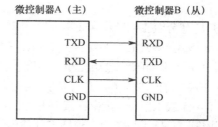

图 7.4　UASRT 串行通信连接电路

在同步通信过程中，需要考虑主器件和从器件，是由主器件向从器件提供通信的时钟。

2. SPI 串行通信方式

SPI（Serial Peripheral Interface）是一种高速的、全双工、同步的通信总线，由 Motorola 公司首先在其 MC68HCxx 系列处理器上定义。SPI 接口主要应用在 EEPROM、Flash、实时时钟、A/D 转换器，还有数字信号处理器和数字信号解码器之间。

SPI 接口用于微控制器和外围低速器件之间进行同步串行数据传输，在主器件的移位脉冲下，数据按位传输，低位在前、高位在后，为全双工通信，速度可达几 Mbps，如图 7.5 所示。SPI 接口信号有：①MOSI，主器件数据输出，从器件数据输入；②MISO，主器件数据输入，从器件数据输出；③SCLK，时钟信号，由主器件产生；④$\overline{SS}$，从器件使能信号，由主器件控制，有的 IC 会标注为 $\overline{CS}$。在点对点通信中，SPI 接口不需要进行寻址操作，且为全双工通信，显得简单高效。在多个从器件的系统中，每个从器件需要独立的使能信号，硬件上比 I^{2}C 系统要稍微复杂一些。

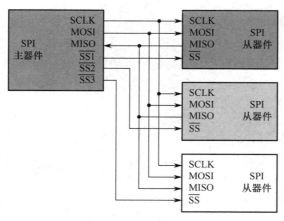

图 7.5　SPI 接口示意图

需要注意的是，SCLK 时钟线只由主器件控制，从器件不能控制 SCLK 时钟线。在一个基于 SPI 的系统中，至少有一个主器件。与异步串行通信不同，SPI 允许数据一位一位地传送，甚至允许暂停，因为 SCLK 时钟线由主器件控制，当没有时钟跳变时，从器件不采集或传送数据。也就是说，主器件通过对 SLCK 时钟线的控制完成对通信的控制。多个从器件因为每个从器件上都有一个片选引脚接入主器件中，当主器件和某个从器件通信时，需要将从器件对应的片选引脚（$\overline{SS}$）电平拉低。

7.2　STM32 USART 接口

USART 具有全双工、异步和支持单线半双工通信功能，数据传输是 NRZ（Non Return Zero）不归零码标准格式。STM32 主要支持 UART 和 USART 两种模式；支持 LIN（局域互联网）模式，LIN 具有主异步间隙发送功能和从间隙检测功能，当把 USART 配置成 LIN 时，可以产生 13 位间隙和 10/11 位间隙检测；具有智能卡模拟功能，支持 ISO 7816-3 标准异步智能卡协议，此时通信可以有 0.5 或 1.5 个停止位；具有 IrDA SIR 编解码功能，在正常模式下支持 3/16 位宽度；支持硬件流控制（CTS 和 RTS）；支持多处理器通信，如果地址匹配不成功，则进入静默模式。

7.2.1　USART 硬件引脚

USART 数据通信主要通过发送数据 TX 引脚和接收数据 RX 引脚实现；CTS 引脚和 RTS 引脚主要用于硬件溢出控制，当通信的数据量不是很大时，这两个引脚通常并不使用；CK 引脚用于 USART 同步通信时的时钟信号。本书所讲解的 STM32F103R6 芯片有两路 USART 接口，具体引脚的配置见表 7.1。

表 7.1　USART 接口说明

接口	复用功能	默认引脚	重映射引脚	功能说明
USART1	USART1_TX	PA9	PB6	发送数据输出
	USART1_RX	PA10	PB7	接收数据输入
	USART1_CTS	PA11		清除发送
	USART1_RTS	PA12		发送请求
	USART1_CK	PA8		同步模式时，作为同步时钟

接口	复用功能	默认引脚	重映射引脚	功能说明
USART2	USART2_TX	PA2		发送数据输出
	USART2_RX	PA3		接收数据输入
	USART2_CTS	PA0		清除发送
	USART2_RTS	PA1		发送请求
	USART2_CK	PA4		同步模式时，作为同步时钟

7.2.2 USART 主要寄存器及中断请求

围绕着发送器和接收器控制部分，USART 有多个寄存器（CR1、CR2、CR3、SR），即 USART 的 3 个控制寄存器及 1 个状态寄存器，通过向寄存器写入各种控制参数来控制发送和接收，如奇偶校验位、停止位等，还包括对 USART 中断的控制；接口的状态在任何时候都可以从状态寄存器中查询到。USART 相关寄存器功能见表 7.2。

表 7.2 USART 相关寄存器功能

寄存器	功能
状态寄存器（USART_SR）	反映 USART 模块的状态
数据寄存器（USART_DR）	用于保存接收或发送的数据
波特率比率寄存器（USART_BRR）	用于设置 USART 的波特率
控制寄存器 1（USART_CR1）	用于控制 USART
控制寄存器 2（USART_CR2）	用于控制 USART
控制寄存器 3（USART_CR3）	用于控制 USART
保护时间和预分频寄存器（USART_GTPR）	保护时间和预分频

USART 中断请求见表 7.3。

表 7.3 USART 中断请求

中断事件	事件标志	使能位
发送数据寄存器空	TXE	TXEIE
CTS 标志	CTS	CTSIE
发送完成	TC	TCIE
接收数据就绪可读	TXNE	TXNEIE
检测到数据溢出	ORE	
检测到空闲线路	IDLE	IDLEIE
奇偶校验错	PE	PEIE
断开标志	LBD	LBDIE
噪声标志，多缓冲通信中的溢出错误和帧错误	NE 或 ORT 或 FE	EIE*

*注：仅当使用 DMA 接收数据时，才使用这个标志位。

USART 的各种中断事件被连接到同一个中断向量（USART 中断），有以下各种中断事件：

发送期间——发送完成、清除发送、发送数据寄存器空；

接收期间——空闲总线检测、溢出错误、接收数据寄存器非空、校验错误、LAN 断开符号检测、噪声标志（仅在多缓冲器通信）和帧错误（仅在多缓冲器通信）。

如果设置了对应的使能控制位，这些事件就可以产生各自的中断。

7.2.3 USART 异步通信

USART 用于异步通信，可称为 UART。UART 连接如图 7.6 所示，一般并不需要数据溢出硬件流控制，因此只要连接 TX、RX 和 GND 就可以实现 UART。

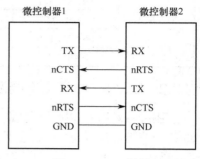

图 7.6　UART 连接

串行通信具有如下特点：

① 具有可编程波特率发生器，发送和接收波特率可达 2Mbps，可实现数据的高速传输。

② 数据传输格式可编程，可以是 8 位或 9 位，由程序设定。

串行通信过程中，帧格式字长可以为 8 位或 9 位。在起始位期间，TX 引脚处于低电平；在停止位期间，TX 引脚处于高电平。完全由 1 组成的帧称为空闲帧，完全由 0 组成的帧称为断开帧。一个 8 位字长帧格式如图 7.7 所示。

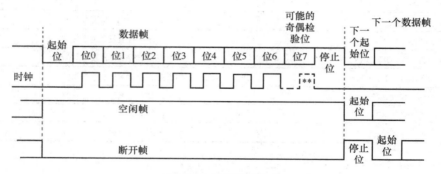

图 7.7　8 位字长帧格式

③ 停止位可以根据需要配置 1 位或者 2 位。其中 2 位停止位的帧格式如图 7.8 所示。

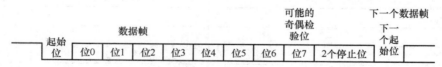

图 7.8　2 位停止位的帧格式

④ 奇偶控制：发送奇偶校验位，数据接收检查奇偶校验位；可以生成奇校验、偶校验和无校验位。偶校验：此校验位使得一帧中的 7 或 8 个 LSB 数据及校验位中 1 的个数为偶数。例如，数据=00110101，有 4 个 1，如果选择偶校验（USART_CR1 中的 PS＝0），校验位将是 0。

奇校验：此校验位使得一帧中的 7 或 8 个 LSB 数据及校验位中 1 的个数为奇数。例如，数据=00110101，有 4 个 1，如果选择奇校验（USART_CR1 中的 PS＝1），校验位将是 1。

⑤ 硬件流控制

利用 nCTS 输入和 nRTS 输出可以控制两个设备间的串行数据流。通过将 UASRT_CR3 中的 RTSE 和 CTSE 置位，可以分别独立地使能 nRTS 和 nCTS 流控制。

nRTS 流控制：如果 nRTS 流控制被使能（RTSE=1），只要 USART 接收器准备好接收新的数据，nRTS 就变成有效（接低电平）。当接收寄存器内有数据到达时，nRTS 被释放，由此表明希望在当前帧结束时停止数据传输。

nCTS 流控制：如果 nCTS 流控制被使能（CTSE=1），发送器在发送下一帧数据前检查 nCTS 输入。如果 nCTS 有效（被拉成低电平），则下一个数据被发送（假设那个数据是准备发送的，也就是 TXE=0），否则下一帧数据不被发出。若 nCTS 在传输期间被变成无效，当前的传输完成后停止发送。

7.2.4　USART 其他功能模式

STM32 芯片的 USART 模块除以上作为异步串行通信功能模式外，还有其他的功能模式，由于篇幅有限，本书仅简单介绍，具体可见 ST 公司的相关资料。

1. USART 同步模式

通过在 USART_CR2 寄存器中置 CLKEN 位来选择同步模式。在同步模式中，下列位必须保持清零状态：USART_CR2 寄存器中的 LINEN 位和 USART_CR3 寄存器中的 SCEN、HDSEL 和 IREN 位。

USART 允许用户以主模式方式控制双向同步串行通信。SCLK 引脚是 USART 发送器时钟的输出。在起始位和停止位期间，SCLK 引脚上没有时钟脉冲。根据 USART_CR2 寄存器中 LBCL 位的状态，决定在最后一个有效数据位期间产生或不产生时钟脉冲。USART_CR2 寄存器的 CPOL 位允许用户选择时钟极性，USART_CR2 寄存器中的 CPHA 位允许用户选择外部时钟的相位。USART 同步传输例子如图 7.9 所示。

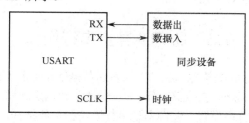

图 7.9　USART 同步传输例子

2. LIN 模式

局域互联网（LIN）总线是为汽车网络开发的一种低成本、低端多路复用通信标准。虽然控制器局域网（CAN）总线满足了高带宽、高级错误处理网络的需求，但是实现 CAN 总线的软硬件花费使得低性能设备（如电动车窗和座椅控制器）无法采用该总线。若应用程序无须 CAN 总线的带宽及多用性，可采用 LIN 这种高性价比的通信方式。LIN 模式通过设置 USART_CR2 寄存器的 LINEN 位来实现。在 LIN 模式下，下列位必须保持清零：USART_CR2 寄存器的 CLKEN 位；USART_CR3 寄存器的 STOP[1:0]、SCEN、HDSEL 和 IREN 位。

3. 智能卡模式

USART 有一个与 ISO7816-3 兼容的模式。该模式允许与智能卡连接，并通过 ISO7816-3 与安全访问模块（Security Access Modules，SAM）通信。智能卡协议是一个单线半双工通信协议，当 USART 与智能卡相连接时，USART 的 TX 引脚以双向模式驱动智能卡，USART 通过 SCLK 输出为智能卡提供时钟。设置 USART_CR3 寄存器的 SCEN 位选择智能卡模式。在智能卡模式下，下列位必须保持清零：USART_CR2 寄存器的 LINEN 位和 USART_CR3 寄存器的 HDSEL 位和 IREN 位；此外，CLKEN 位可以被设置，以提供时钟给智能卡。

4. IrDA SIR ENDEC 功能模块

IrDA 是一个半双工通信协议，IrDA SIR 物理层规定使用反相归零调制方案（RZI），该方案用一个红外光脉冲代表逻辑 0。SIR 发送编码器对从 USART 输出的 NRZ（非归零）比特流进行调制，输出脉冲流被传送到一个外部输出驱动器和红外 LED。SIR 接收解码器对来自红外接收器的归零位比特流进行解调，并将接收到的 NRZ 串行比特流输出到 USART。

5．单线半双工模式

单线半双工模式通过设置 USART_CR3 寄存器的 HDSEL 位来实现。在这种模式中，以下位必须保持清零：USART_CR2 寄存器的 LINEN 和 CLKEN 位；USART_CR3 寄存器的 SCEN 和 IREN 位。

USART 可以配置成遵循单线半双工协议。在单线半双工模式下，TX 和 RX 引脚在芯片内部互相连接。设置 USART_CR3 寄存器中的 HDSEL 位来选择半双工和全双工通信。当 HDSEL 为 1 时，RX 不再被使用；当没有数据传输时，TX 总是被释放。因此，USART 在空闲状态或接收状态时表现为一个标准 I/O 口，这就意味着该 I/O 口在不被 USART 驱动时，必须配置成悬空输入（或开漏输出）。

6．多处理器通信

通过 USART 可以实现多处理器通信（将几个 USART 设备连在一个网络里）。例如，某个 USART 设备可以是主设备，其 TX 输出和其他 USART 从设备的 RX 输入相连接；USART 从设备各自的 TX 输出逻辑"与"在一起，并且和主设备的 RX 输入相连接。在多处理器配置中，通常希望只有被寻址的接收器才被激活，以接收随后的数据，这样就可以减少由于未被寻址的接收器的参与而带来的多余的 USART 服务开销。

7.3　UART 异步串行操作

UART 接口通过 RX（接收数据输入）、TX（发送数据输出）和 GND 引脚与其他设备连接起来。USART 串口通信模块一般分为 3 部分：时钟发生器、数据发送器和接收器。其中，时钟发生器主要用于异步串行通信波特率设置，波特率是串行通信的重要指标，用于表征数据传输的速度。

7.3.1　串行数据发送和接收

串行数据发送和接收的主要流程如下。

1．对数据发送和接收的 GPIO 进行初始化

以 STM32F103R6 芯片的 USART1 模块为例，PA9 可复用为 TX 引脚，PA10 可复用为 RX 引脚，因此可对这两个引脚进行配置。STM32CubeMX 软件配置图如图 7.10 所示。

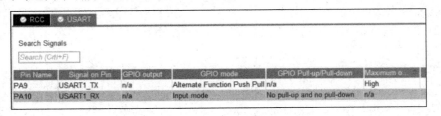

图 7.10　STM32CubeMX 软件配置图

2．对串行通信的参数进行配置

配置串口通信的参数，其中包括波特率、字长、是否有奇偶校验位和停止位。例如，配置通信的波特率为 9600bps，字长 8 位，不用奇偶校验位和停止位，异步通信模式，不需要硬件流控制。利用 STM32CubeMX 软件配置，如图 7.11 所示。

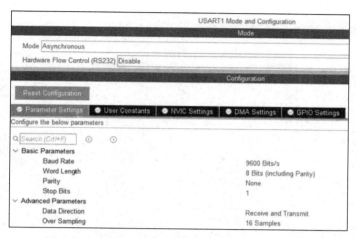

图 7.11　串行通信的参数配置

3. 发送数据

当内核或 DMA 外设把数据写入发送数据寄存器（TDR）后，发送控制器自动把数据加载到发送移位寄存器中，然后通过引脚 TX，把数据逐位送出去。当数据从 TDR 转移到移位寄存器时，会产生 TDR 已空事件 TXE；当数据从移位寄存器全部发送出去时，会产生数据发送完成事件 TC，这些事件可以在状态寄存器中查询到。以下函数表示发送一个字符：

```
void usart_send_byte(unsigned char data)
{
    USART_SendData(USART1,data);
    while(!USART_GetFlagStatus(USART1,USART_FLAG_TC));    //等待数据发送完成
}
```

注意：在发送期间，在 TX 引脚上首先移出数据的最低有效位。

基于 HAL 库，可直接调用 HAL 库提供的串口通信发送函数实现对数据的发送，在发送过程中，有阻塞模式发送和非阻塞模式发送两种方式，其中阻塞模式发送通过 HAL_UART_Transmit()函数来实现；非阻塞模式若利用中断方式实现，则通过 HAL_UART_Transmit_IT()函数来实现，若利用 DMA 实现，则通过 HAL_UART_Transmit_DMA()函数来实现。

4. 接收数据

接收数据是从引脚 RX 逐位地输入接收移位寄存器中，然后自动地转移到接收数据寄存器（RDR），并产生接收数据事件 RXNE 表示数据已收到，在查询到 RXNE 位置 1 后，把数据读取到内存中。以下函数表示接收一个字符：

```
unsigned char usart_recv_byte(void){
    while(!USART_GetFlagStatus(USART1,USART_FLAG_RXNE));    //查询是否接收到数据
    return USART_ReceiveData(USART1);
}
```

基于 HAL 库，可直接调用 HAL 库提供的串口通信接收函数实现对数据的接收，接收数据也有阻塞和非阻塞两种方式，其中查询方式采用循环的方式检测是否有数据，如果没有将继续检测，这是一种阻塞方式的接收，通过 HAL_UART_Receive()函数来实现；非阻塞方式若利用中断方式实现，则通过 HAL_UART_Receive_IT()和 HAL_UART_IRQHandler()两个函数来实现，若利用 DMA 实现，则通过 HAL_UART_Receive_DMA()函数来实现。

7.3.2 UART 数据发送和接收应用实例

本节主要讲解有关串行通信查询和中断方面的实例，DMA 方面的内容将在后面章节介绍。

实现基于 USART1 模块的串口发送和接收应用实例，最开始运行时发送字符串"Hello 2021"，随后等待接收的数据，并把接收的数据发送处理。具体电路如图 7.12 所示，发送和接收数据情况可以通过图中的 Virtual Terminal 查看到。

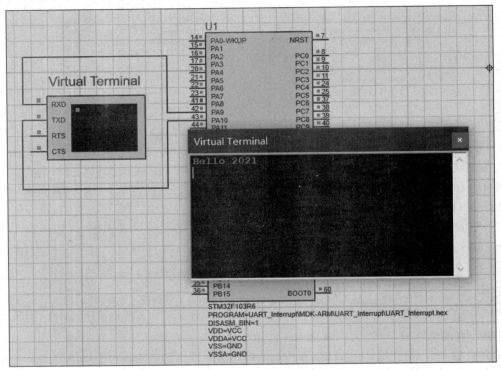

图 7.12　UART 数据发送和接收电路

【例 7.1】使用查询方式实现。

（1）分析 STM32CubeMX 软件生成的代码。通过 STM32CubeMX 软件生成 HAL 库代码，如图 7.13 所示。

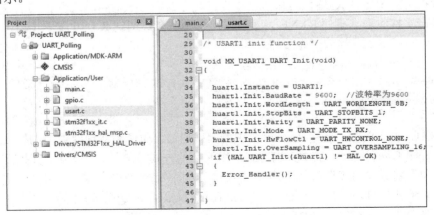

图 7.13　生成的 HAL 库代码

其中在生成的 usart.c 文件中对 USART1 进行初始化，内容如下：

```c
void MX_USART1_UART_Init(void)
{
    huart1.Instance = USART1;
    huart1.Init.BaudRate = 9600;                          //波特率为 9600bps
    huart1.Init.WordLength = UART_WORDLENGTH_8B;          //8 位数据
    huart1.Init.StopBits = UART_STOPBITS_1;              //停止位 1 位
    huart1.Init.Parity = UART_PARITY_NONE;              //无奇偶校验位
    huart1.Init.Mode = UART_MODE_TX_RX;                //接收与发送模式
    huart1.Init.HwFlowCtl = UART_HWCONTROL_NONE;       //无硬件流控制
    huart1.Init.OverSampling = UART_OVERSAMPLING_16;
    if (HAL_UART_Init(&huart1) != HAL_OK)
    {
        Error_Handler();
    }
}
```

同时在生成的 usart.c 文件的 void HAL_UART_MspInit(UART_HandleTypeDef* uartHandle) 函数中，把 PA9 和 PA10 引脚配置成 USART1 的 TX 和 RX。

（2）接着在 main.c 文件中编写如下主要代码：

```c
#include "main.h"
#include "usart.h"
#include "gpio.h"
/* Private includes ----------------------------------------*/
/* USER CODE BEGIN Includes */
#include "string.h"
/* USER CODE END Includes */
/* Private function prototypes -----------------------------*/
void SystemClock_Config(void);
/* USER CODE BEGIN PFP */
int main(void)
{
    /* USER CODE BEGIN 1 */
        uint8_t txbuf[30];              //定义发送缓冲区
        uint8_t rxdata;                //定义接收数据
    /* USER CODE END 1 */
    /* Reset of all peripherals, Initializes the Flash interface and the SysTick. */
    HAL_Init();
    /* Configure the system clock */
    SystemClock_Config();
    /* Initialize all configured peripherals */
    MX_GPIO_Init();
    MX_USART1_UART_Init();
    /* USER CODE BEGIN 2 */
```

```
        memcpy(txbuf,"Hello 2021\r\n",30);                //发送缓冲区写入数据
        HAL_UART_Transmit(&huart1,txbuf,strlen((char *)txbuf),1000);
        /* USER CODE END 2 */
        /* Infinite loop */
        /* USER CODE BEGIN WHILE */
            while (1)
            {
                /* USER CODE END WHILE */
                /* USER CODE BEGIN 3 */
                if((HAL_UART_Receive(&huart1,(uint8_t*)&rxdata,1,1000))==HAL_OK)   //读取接收数据到接收存储器
                HAL_UART_Transmit(&huart1,(uint8_t*)&rxdata,1,1000);   //发送接收存储器中的数据
            }
            /* USER CODE END 3 */
        }
```

【例 7.2】使用中断方式实现。

由于中断采用非阻塞方式处理数据,对其他运行的程序影响较小,因此常采用中断方式进行串行数据传输,尤其是数据接收的过程经常采用中断方式。所以本例利用接收中断来实现对数据的接收。

(1)配置好接收中断,利用 STM32CubeMX 软件实现配置,使能 USART1 中断,设置抢占优先级 1,响应优先级 0,如图 7.14 所示。

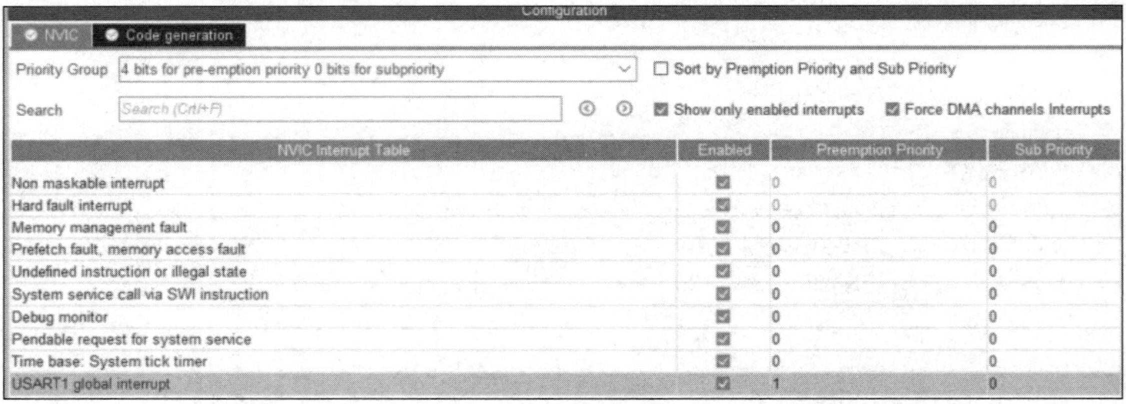

图 7.14　使能 USART1 中断

(2)生成的代码结构和查询方式类似,只是在 stm32f1xx_it.c 文件中调用了HAL_UART_IRQHandler(&huart1)函数。

```
        void USART1_IRQHandler(void)
        {
            HAL_UART_IRQHandler(&huart1);
        }
```

在 HAL_UART_IRQHandler(&huart1)函数中调用了 UART_Receive_IT(huart)函数,而在UART_Receive_IT(huart)函数中又调用了接收中断的回调函数 HAL_UART_RxCpltCallback(huart),此函数为_ _weak 类型,因此用户可以重写此函数。

（3）在 usart.c 程序中修改代码。在 void MX_USART1_UART_Init(void)函数中开启接收中断的程序，开始接收数据：

```
HAL_UART_Receive_IT(&huart1, &rxdata, 1);   //开启接收中断，开始接收数据
```

注意：rxdata 是在 main.c 中声明和使用的，所以要在 usart.c 中使用此变量，需要声明为 extern uint8_t rxdata。

（4）在 main.c 中重写 HAL_UART_RxCpltCallback(huart)。

```
void HAL_UART_RxCpltCallback(UART_HandleTypeDef *UartHandle)
{
    HAL_UART_Transmit(&huart1,(uint8_t*)&rxdata,1,0);    //发送数据
    HAL_UART_Receive_IT(&huart1,(uint8_t*)&rxdata,1);    //接收下一个数据
}
```

当有数据接收时触发接收中断，在中断回调函数中实现对数据的发送并开始接收下一个数据。

7.3.3 RS-232 接口

RS-232 接口是个人计算机上的通信接口之一，是由美国电子工业协会（Electronic Industries Association，EIA）所制定的异步传输标准接口。通常 RS-232 接口以 9 个引脚（DB-9）或 25 个引脚（DB-25）的形态出现，一般个人计算机上有两组 RS-232 接口，分别称为 COM1 和 COM2，如图 7.15 所示。

RS-232 标准规定逻辑 1 的电压范围是−3～−15V、逻辑 0 的电压范围是+3～+15V。介于−3～+3V 之间的电压无意义，低于−15V 或高于+15V 的电压也认为无意义，因此，实际工作时，应保证电压在−3～−15V 或+3～+15V 之间。

DB-9公头（针）

DB-9母头（孔）

引脚编号	名称	功能
1	DCD	数据载波检测
2	RXD	串口数据输入
3	TXD	串口数据输出
4	DTR	数据终端就绪
5	GND	信号地
6	DSR	数据发送就绪
7	RTS	发送数据请求
8	CTS	发送清除
9	RI	铃声指示

图 7.15　DB-9 描述

RS-232 与 TTL 电平转换：RS-232 用正负电压来表示逻辑状态，与 TTL 以高低电平表示逻辑状态的规定不同。因此，为了能够同计算机接口或终端的 TTL 器件连接，必须在 RS-232 与 TTL 电路之间进行电平转换。实现这种转换的方法可用分立元件，也可用集成电路芯片。目前较为广泛使用集成电路转换器件，如 MAX232 芯片可完成 RS-232↔TTL 双向电平转换，具体电路如图 7.16 所示。

另外，COM 接口主要在个人计算机（PC）或老型号的笔记本电脑上才有，目前很多 PC 已经没有 COM 接口，所以目前微控制器的 UART 接口主要通过 USB 转串口（见图 7.17）实现与 PC 的通信。USB 转串口为没有 COM 接口的 PC 提供了快速通道，而且使用 USB 转串口等于将传统的串口设备变成了即插即用的 USB 设备。

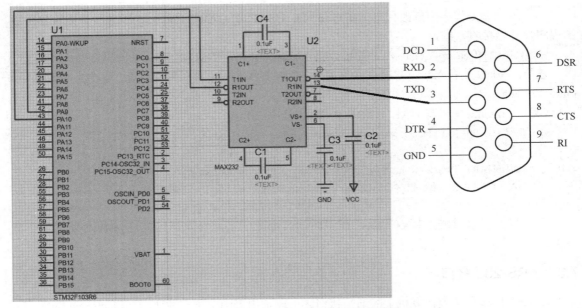

图 7.16　RS-232↔TTL 双向电平转换电路

图 7.17　USB 转串口

【例 7.3】实现 STM32 芯片与 PC 的串行通信，实现的功能和 7.3.2 节实例内容一样。

首先，利用 Virtual Serial Port Driver 软件生成虚拟串口设备，例如，生成连接的 COM2 和 COM3，如图 7.18 所示。

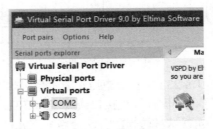

图 7.18　Virtual Serial Port Driver 软件

通过使用虚拟串口模块（图 7.19 中的 P1 器件，里面已集成了 MAX232 电平转换芯片）在 Proteus 环境中实现 STM32 芯片与 PC 的串行通信，如图 7.19 所示。P1 器件属性中配置接口为 COM2，波特率等参数根据 STM32 芯片的程序进行设置；同时运行"串口调试助手"，配置接口为 COM3，并配置好相应的波特率等参数，并打开串口。运行例 7.1 或例 7.2，实现利用串口调试助手在 Proteus 环境下模拟实现 PC 和 STM32F103R6 芯片的通信，结果如图 7.19 所示。

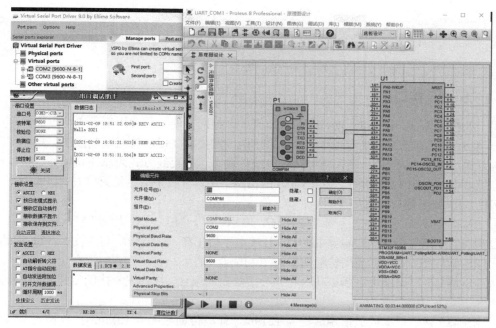

图 7.19　STM32 芯片与 PC 的串行通信

7.3.4　printf 串口终端实现

【例 7.4】在使用微控制器上的串口时，有时为了方便调试需要看一下输出结果，会用到 printf 函数将结果输出到电脑终端，再用串口调试助手显示。

微控制器使用 printf 时需要做如下操作：

（1）首先添加头文件#include "stdio.h"（因为 printf 在这个头文件中）

（2）需要重定义 fputc 函数，可以在 usart.c 文件中实现：

```c
//重定义 fputc 函数
int fputc(int ch,FILE *f)
{
    HAL_UART_Transmit(&huart1,(uint8_t *)&ch,1,0xffff);
    return ch;
}
```

（3）在主程序中编写如下代码：

```c
#include "main.h"
#include "usart.h"
#include "gpio.h"
//for printf
#include "stdio.h"
#include "string.h"
int main(void)
{
    HAL_Init();
    SystemClock_Config();
    MX_GPIO_Init();
    MX_USART1_UART_Init();
    printf("Hello 2021 printf! \r\n");
```

```
        while (1)
        {
        }
    }
```

7.3.5 RS-485 接口

在工业控制场合，RS-485 接口因其接口简单、组网方便、传输距离远等特点而得到广泛应用。RS-485 接口组成的半双工网络，一般采用两线制接法（以前有四线制接法，只能实现点对点通信方式，现很少采用），多采用屏蔽双绞线传输。这种接线方式为总线式拓扑结构，在同一总线上最多可以挂接 32 个节点。在 RS-485 通信网络中，一般采用主从通信方式，即一个主机带多个从机。RS-485 接口具有如下特点：

① RS-485 接口采用差分信号，+2～+6V 表示"0"，−6～−2V 表示"1"。接口信号电平比 RS-232 降低了，不易损坏接口电路的芯片，且该电平与 TTL 电平兼容，可方便与 TTL 电路连接。

② RS-485 接口的数据最高传输速率为 10Mbps。

③ RS-485 接口是采用平衡驱动器和差分接收器的组合，抗共模干扰能力强，即抗噪声干扰性好。

④ RS-485 接口最大的通信距离约为 1219m，最高传输速率为 10Mbps，传输速率与传输距离成反比，在 100kbps 的传输速率下，才可以达到最大的通信距离，如果需传输更长的距离，需要加 RS-485 中继器。RS-485 总线一般最大支持 32 个节点，如果使用特制的 RS-485 芯片，可以达到 128 个或者 256 个节点，最大可以支持到 400 个节点。

STM32 的 UART 接口通过连接 RS-485 电平转换芯片（如 MAX487）把 TTL 电平转接为 RS-485 差分信号，如图 7.20 所示。

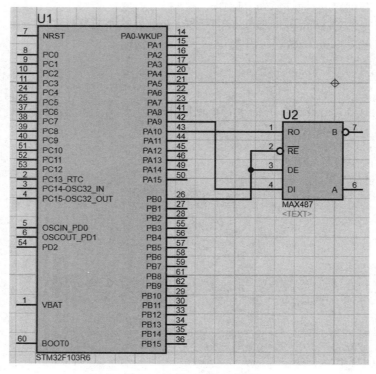

图 7.20 RS-485 接口电路

本电路采用两线制 RS-485 通信，因此是半双工通信模式，通过 PB0 控制 MAX487 芯片的 $\overline{RE}$ 和 DE 引脚是发送状态还是接收状态，当 $\overline{RE}$ 为低电平时为接收状态，当 DE 为高电平时为发送状态。

【例 7.5】电路如图 7.21 所示，STM32F103R6 芯片通过 RS-485 接口向接收端发送"Hello RS-485 2021"字符串。

代码和例 7.1 发送代码类似，只是在发送时，控制 PB0 引脚为高电平，主要代码如下。

（1）利用 STM32CubeMX 软件生成 gpio.c 中初始化 PB0 的代码：

```
/*Configure GPIO pin : PB0 */
GPIO_InitStruct.Pin = GPIO_PIN_0;
GPIO_InitStruct.Mode = GPIO_MODE_OUTPUT_PP;
GPIO_InitStruct.Pull = GPIO_NOPULL;
GPIO_InitStruct.Speed = GPIO_SPEED_FREQ_LOW;
HAL_GPIO_Init(GPIOB, &GPIO_InitStruct);
```

（2）在 main.c 中实现如下主要代码：

```
uint8_t txbuf[30];                                              //创建发送缓冲区
/* USER CODE BEGIN 2 */
HAL_GPIO_WritePin(GPIOB, GPIO_PIN_0, GPIO_PIN_SET);            //设置 DE 为高电平
memcpy(txbuf,"Hello RS-485 2021\r\n",30);                      //向发送缓冲区写入发送的字符串
HAL_UART_Transmit(&huart1,txbuf,strlen((char *)txbuf),1000);  //发送数据
/* USER CODE END 2 */
```

运行结果如图 7.21 所示。

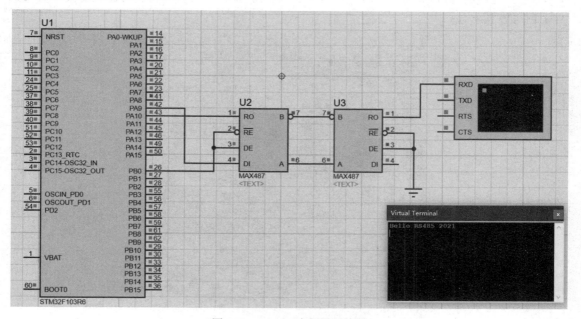

图 7.21　RS-485 实例运行结果

7.4　基于串口的无线通信

很多无线通信都可以通过串行 UART 接口和微控制器进行通信。程序开发过程都直接用串口通信程序代码就行，软件层不用做修改，主要是硬件模块不同。

7.4.1　移动通信

　　移动通信已走过 1G、2G、3G、4G，目前 5G 正在开展，并开始向 6G。1G 模拟通信，标准有 AMPS、TACS、NMT；2G 数字通信，标准有 GSM、D-AMPS；2.5G 数字通信，标准有 GPRS；2.75G 数字通信，标准有 EDGE；3G 数字通信，标准有 CDMA2000、WCDMA、TD-SCDMA；4G 数字通信，标准有 LTE、TD-LTE、FDD-LTE；5G 数字通信，标准有 NR 等。

　　较早的 GPRS 通信模块，如 MC35 模块，支持 GPRS 和短消息双通道传输数据，此模块将串口通信转为 GPRS 无线通信。利用运营商 GPRS 网络，为用户提供无线长距离数据传输功能，提供 TTL 串口和微控制器芯片连接。在微控制器芯片编写串口驱动，发送和接收相应的 AT 指令集，从而实现 GPRS 数据通信的功能。GPRS 模块连接示意图如图 7.22 所示。

图 7.22　GPRS 模块连接示意图

　　随着 2G 和 3G 退出主流通信市场，当前比较常采用 4G LTE 标准实现移动通信。例如，广和通 4G CAT1 通信模块 L610，通过模块上的串口和 STM32 芯片进行串行通信，实现微控制器通过通信网络进行数据收发。L610 通信模块如图 7.23 所示。L610 通信模块提供 TTL 串口和微控制器芯片连接。在微控制器芯片编写串口驱动，发送和接收相应的 AT 指令集，从而实现 4G LTE 数据通信的功能。

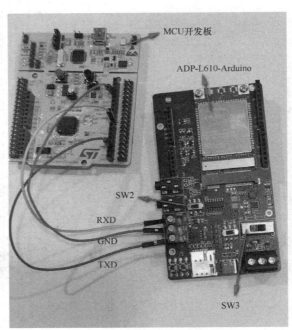

图 7.23　L610 通信模块

7.4.2　蓝牙串口

　　蓝牙（BlueTooth）串口是基于 SPP 协议（Serial Port Profile），能在蓝牙设备之间创建串口进行数据传输的一种设备。蓝牙串口的目的是保证在两个不同设备（通信的两端）上的应用之间提供一条完整的通信路径。典型蓝牙串口通信如图 7.24 所示。

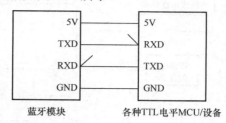

图 7.24　典型蓝牙串口通信

7.4.3　串口无线网络（WiFi）

串口转 WiFi 模块是新一代嵌入式 WiFi 模块，体积小，功耗低。采用 UART 接口，内置 IEEE802.11 协议栈及 TCP/IP 协议栈，能够实现用户串口到无线网络之间的转换。串口转 WiFi 模块 ESP8266 支持串口透明数据传输模式，并且具有安全多模能力，使传统串口设备更好地加入无线网络。ESP8266 串口转 WiFi 连接图如图 7.25 所示。

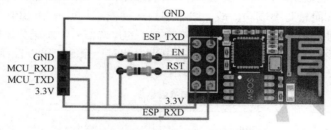

图 7.25　ESP8266 串口转 WiFi 连接图

7.4.4　ZigBee 通信

ZigBee 技术是一种短距离、低数据速率、低功耗、低成本的双向无线通信技术。ZigBee 技术适用于短距离的无线控制系统，为自动控制和远程控制领域的技术发展提供了有效的协议标准。目前微控制器芯片主要通过串口连接 ZigBee 模块，实现 ZigBee 无线组网和通信，在程序开发中主要通过串口发送和接收数据来完成。如图 7.26 所示为一款 ZigBee 通信模块，可以连接微控制器。

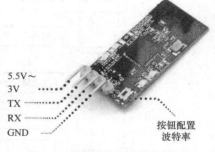

图 7.26　某款 ZigBee 通信模块

7.5　SPI 通信

SPI（Serial Peripheral Interface，串行外设接口）可以使微控制器与各种外设以串行方式进行通信。SPI 总线可直接与各个厂家生产的多种标准外设相连，包括 Flash、网络控制器、LCD 显示驱动器、A/D 转换器和微控制器等。

7.5.1　STM32 SPI 接口

STM32F103R6 芯片具有 1 个 SPI 接口，具体结构如图 7.27 所示。

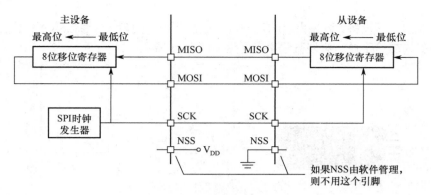

图 7.27　SPI 接口具体结构

SPI 有主、从两种模式，主模式在 SCK 引脚产生时钟，从模式 SCK 引脚用来接收从主设备传来的时钟。引脚含义：MISO，主设备输入从设备输出；MOSI，主设备输出从设备输入；SCK，由主设备输出从设备输入；NSS，从设备选择，用于作为"片选引脚"。

NSS 引脚有两种模式：硬件 NSS 模式和软件 NSS 模式。硬件 NSS 模式是指 SPI 自动控制 SPI 的片选信号，发送数据时，输出低电平；不发送数据时，输出高电平。由于硬件 NSS 模式需要自动置位和复位，而有时不成功，故一般不用，这种模式只能一个 SPI 接一个从设备。软件 NSS 模式就是用软件的方式（普通 I/O 口）控制 SPI 的片选信号，发送数据时，软件置片选引脚为低电平；结束传输时，软件置片选引脚为高电平。此时一个 SPI 可以控制多个从设备。

SPI 接口内部结构图如图 7.28 所示。

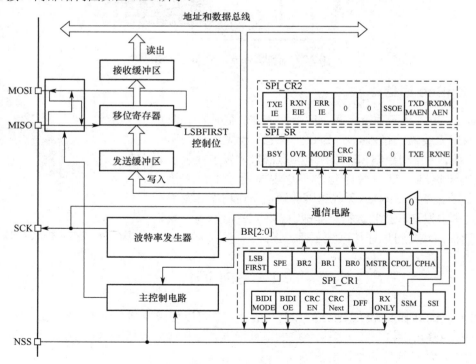

图 7.28　SPI 接口内部结构图

图 7.28 中，SPI_CR1 和 SPI_CR2 是 SPI 接口的控制寄存器，用来设置 SPI 接口；SPI_SR 是 SPI 接口的状态寄存器，用来读取 SPI 接口的状态。

NSS 有内部引脚和外部引脚，针对软件 NSS 模式，NSS 外部引脚和内部引脚断开，NSS 引脚上的 I/O 值将忽略；对于 SPI 主设备来说，需要设置 SPI_CR1 寄存器的 SSM 位为 1，SSM 位为 1 时使能软件管理，SSI 位在 SSM=1 时有意义，决定 NSS 引脚上的电平。这时 NSS 外部引脚留作他用，内部 NSS 引脚电平则通过 SPI_CRL 寄存器的 SSI 位来驱动，SSI 位为 1 时内部 NSS 引脚电平为高电平。针对软件 NSS 模式，对 SPI 从设备来说，需要设置 SPI_CR1 寄存器的 SSM 位为 1（软件管理使能）和 SSI 位为 0。

在对 SPI 接口初始化后，只需在 SPI 发送缓冲区中写入要发送的数据，STM32 芯片就会通过 SPI 接口发送此数据；同理，在 SPI 接收缓冲区也可以接收到从 SPI 输入引脚传送过来的数据。STM32F103R6 芯片 SPI 接口引脚说明见表 7.4。

表 7.4　SPI 接口引脚说明

接口	复用功能	默认引脚	重映射引脚	功能说明
SPI	SPI1_NSS	PA4	PA15	从设备选择
	SPI1_SCK	PA5	PB3	时钟
	SPI1_MISO	PA6	PB4	主设备输入从设备输出
	SPI1_MOSI	PA7	PB5	主设备输出从设备输入

7.5.2　SPI 接口应用实例

【例 7.6】STM32 芯片通过 SPI 接口连接串行转并行芯片 74HC595，并通过 SPI 接口发送数据"2021"给 74HC595，74HC595 并行输出驱动 4 位数码管显示"2021"。如图 7.29 所示。

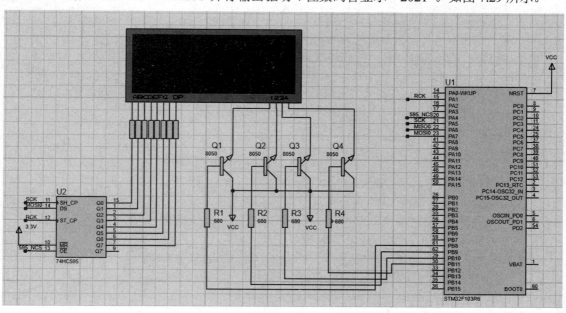

图 7.29　SPI 接口实例电路

其中，STM32 芯片的 NSS 引脚连接 74HC595 的引脚 $\overline{OE}$，SCK 引脚连接 74HC595 的移位寄存器时钟引脚 SH_CP，MISO 引脚连接 74HC595 芯片的串行数据输入引脚 DS，PA1 引脚连接 74HC595 芯片的存储寄存器时钟引脚 ST_CP，用于控制并行输出。

首先使用 STM32CubeMX 软件对 SPI 接口进行初始化配置，如图 7.30 所示。

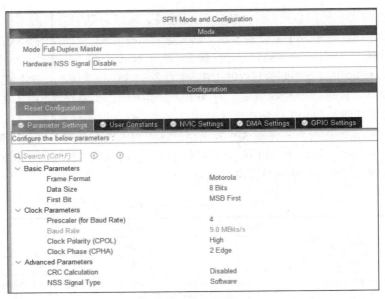

图 7.30　SPI 接口初始化配置

生成的初始化代码如下：

```
void MX_SPI1_Init(void)
{
    hspi1.Instance = SPI1;
    hspi1.Init.Mode = SPI_MODE_MASTER;                //设置 SPI 工作模式：设置为主 SPI
    hspi1.Init.Direction = SPI_DIRECTION_2LINES;
    //设置 SPI 单向或双向的数据模式：SPI 设置为双线双向全双工
    hspi1.Init.DataSize = SPI_DATASIZE_8BIT;          //设置 SPI 的数据大小：SPI 发送接收 8 位帧结构
    hspi1.Init.CLKPolarity = SPI_POLARITY_HIGH;       //选择串行时钟的稳态：时钟悬空
    hspi1.Init.CLKPhase = SPI_PHASE_2EDGE;            //数据捕获于第二个时钟沿
    hspi1.Init.NSS = SPI_NSS_SOFT;
    //NSS 信号由硬件（NSS 引脚）还是软件（使用 SSI 位）管理：内部 NSS 信号由 SSI 位控制
    hspi1.Init.BaudRatePrescaler = SPI_BAUDRATEPRESCALER_256;
    //定义波特率预分频值：波特率预分频值为 256
    hspi1.Init.FirstBit = SPI_FIRSTBIT_MSB;
    //指定数据传输从 MSB 位还是 LSB 位开始：数据传输从 MSB 位开始
    hspi1.Init.TIMode = SPI_TIMODE_DISABLE;
    hspi1.Init.CRCCalculation = SPI_CRCCALCULATION_DISABLE;
    hspi1.Init.CRCPolynomial = 7;      //CRC 值计算的多项式
    if (HAL_SPI_Init(&hspi1) != HAL_OK)
    {
        _Error_Handler(__FILE__, __LINE__);
    }
}
```

和 SPI 接口有关的程序如下：

```
/****************************************************************
 * 函数功能：写入 1 字节数据并接收 1 字节数据
```

```
  * 输入参数：byte，待发送数据
  * 返 回 值：uint8_t，接收到的数据
  * 说     明：无
  **********************************************************/
        uint8_t WriteByte(uint8_t byte)
        {
            uint8_t d_read,d_send=byte;
            if(HAL_SPI_TransmitReceive(&hspi1,&d_send,&d_read,1,0xFFFFFF)!=HAL_OK)
            return d_read;
        }
```

通过此程序把要发送的数据通过 SPI 接口传送给 74HC595 芯片，随后通过控制 PA1 引脚连接的 74HC595 芯片的移位寄存器时钟引脚 SH_CP，控制 SPI 输入转并行输出的数据传送到数码管段码的引脚上，并利用数码管的动态显示方式显示出来。完整代码可参见本书配套的实例代码。

主程序如下：

```
    int main(void)
{......
    MX_SPI1_Init();            //初始化 SPI1 接口
    while(1);
    {
        SEG_Display(2021,0);       //显示数字 2021
    }
}
```

习 题 7

1. 简述串行通信的种类及其特点。

2. 简述微控制器 USART 的串行通信方式。

3. 简述微控制器 SPI 的串行通信方式。

4. 简述 UART 串行通信数据帧格式的组成。

5. 简述 UART 查询方式下串行通信的过程。

6. 简述 UART 中断方式下串行通信的过程。

7. 简述 RS-232 接口及 MAX232 芯片的作用。

8. 简述 RS-485 接口及 MAX485 芯片的作用。

9. 编写程序使用 USART1 串口，实现可接收任意字节的串口通信程序，并可把接收到的数据显示在串口终端上。

第8章 定 时 器

8.1 定时器概述

微控制器在工作运行过程中都有定时或计数外部时钟信号的功能，因此常常被应用于时间控制、程序延时、对外部脉冲计数和检测等方面，例如，汽车轮速计算过程就是对一段时间内轮子转动产生的脉冲进行计数。微控制器的定时器其实是一个计数装置，用于对微控制器的机器周期或者外部输入的时钟信号进行计数：当对微控制器的机器周期进行计数时叫定时器，对外部输入的时钟信号进行计数时叫计数器。早期的微控制器的定时器主要就是用来进行定时和计数的，但随着一些应用方案的提出，在定时和计数的基础上，又发展出了输入捕获模式、输出 PWM 模式、输出比较模式和 PWM 输入捕获模式等功能。输入捕获是对输入信号进行捕获，可用于对外部输入信号脉冲宽度的测量；输出 PWM 将计数器的当前计数值和设定值进行比较，根据比较结果输出不同电平，从而在一个周期内可生成不同宽度的脉冲。本书所讲解的 STM32F103R6 芯片定时器就具有以上功能。

STM32F103R6 芯片具有 1 个高级定时器 TIM1 和 2 个通用定时器 TIM2、TIM3，这两种定时器的比较见表 8.1。

表 8.1 定时器功能比较

定时器	分辨率	计数器类型	预分频系数	产生 DMA 请求	捕获/比较通道	互补输出
TIM1	16 位	向上，向下，向上/向下	1~65536 之间的任意整数	可以	4	有
TIM2 TIM3	16 位	向上，向下，向上/向下	1~65536 之间的任意整数	可以	4	没有

同时 STM32F103R6 芯片也具有一些特定功能的定时器。

① 系统滴答定时器（SysTick）。Cortex-M3 在内核部分封装了一个滴答定时器 SysTick，主要是操作系统需要一个滴答定时器周期性地产生中断，以产生系统运行的节拍。在中断服务程序中，基于优先级调度的操作系统会根据进程优先级切换任务，基于时间片轮转，系统会根据时间片切换任务。总之，滴答定时器是一个操作系统的"心跳"。Cortex-M3 内核统一了这样的一个系统滴答定时器，移植操作系统时可以使用内核的定时器，而忽略不同厂商生产定时器带来的分歧。

② 看门狗定时器（WDT，WatchDog Timer）。由于微控制器的工作常常会受到来自外界电磁场的干扰，造成程序的跑飞，而陷入死循环；或者因为用户配置代码出现 Bug，导致芯片无法正常工作，出于对微控制器运行状态进行实时监测的考虑，便产生了一种专门用于监测程序运行状态的模块或者芯片，俗称"看门狗"（WatchDog）。在开启看门狗定时器功能后，通过不断的"喂狗"（清除某个寄存器的某位）操作来保证系统正常运行，当有一段时间没有"喂狗"，表明当前系统死机了，系统自动重新启动微控制器再次进入正常状态。

③ 实时时钟（RTC）。实时时钟为系统提供了一个可靠的时间，即使在断电的情况下，RTC 也可以通过电池供电，一直运行下去。RTC 之所以具有实时时钟功能，是因为其内部有一个独立的定时器，通过配置，可以让定时器准确地每秒中断一次。

8.1.1　通用定时器

STM32F103R6 的 TIM2 和 TIM3 是通用定时器，包括以下几个方面的功能。

① 16 位向上、向下、向上/向下自动装载计数器。

② 16 位可编程（可以实时修改）预分频器，计数器时钟频率的分频系数为 1～65536 之间的任意数值。

③ 4 个独立通道：输入捕获、输出比较、PWM 生成（边缘或中间对齐模式）和单脉冲模式输出。

④ 使用外部信号控制定时器和定时器互连的同步电路。

⑤ 如下事件发生时产生中断/DMA：

- 更新——计数器向上溢出/向下溢出，计数器初始化（通过软件或者内部/外部触发）；
- 触发事件（计数器启动、停止、初始化或者由内部/外部触发计数）；
- 输入捕获；
- 输出比较。

⑥ 支持针对定位的增量（正交）编码器和霍尔传感器电路。

⑦ 触发输入作为外部时钟或者按周期的电流管理。

通用定时器的内部结构图如图 8.1 所示。

8.1.2　高级定时器

高级定时器 TIM1 相对于通用定时器，主要增加了如下功能：

① 死区时间可编程的互补 PWM 输出，因此对应的 TIM1 引脚输出有 TIM1_CH1 和 TIM1_CH1N 正反互补输出，而通用定时器 TIM2 和 TIM3 只有 TIMx_CHx 正输出；

② 允许在指定数目的计数器周期之后更新定时器寄存器的重复计数器；

③ 电机刹车输入信号可以将定时器输出信号置于复位状态或者一个已知状态；

④ 电机刹车信号输入产生中断/DMA。

高级定时器多出来的功能主要是对三相电机控制的接口，有兴趣的读者可以去查询相关的知识。

高级定时器的内部结构图如图 8.2 所示。

8.1.3　高级/通用定时器接口

在通用定时器和高级定时器内部结构图中，输入/输出接口主要有如下功能。

TIMx_ETR 接口：外部触发输入接口，可用于外部计数。

左侧的 TIMx_CH1、TIMx_CH2、TIMx_CH3 和 TIMx_CH4 接口：可用于外部输入捕获，可以计算波形的脉宽。

TIMx_BKIN 接口：断路功能，主要用于保护由 TIM1 定时器产生的 PWM 信号所驱动的功率开关。

TRGO 内部输出通道：主要用于定时器级联、ADC 和 DAC 的定时器触发。

4 组输出比较单元 OC1～OC4：OC1～OC4 有对应的输出引脚，主要用于内部控制。

右侧的输出比较通道 TIMx_CH1、TIMx_CH1N、TIMx_CH2、TIMx_CH2N、TIMx_CH3、TIMx_CH3N 和 TIMx_CH4：主要用于 PWM 输出，注意 CH1 到 CH3 有互补输出，而 CH4 没有互补输出。

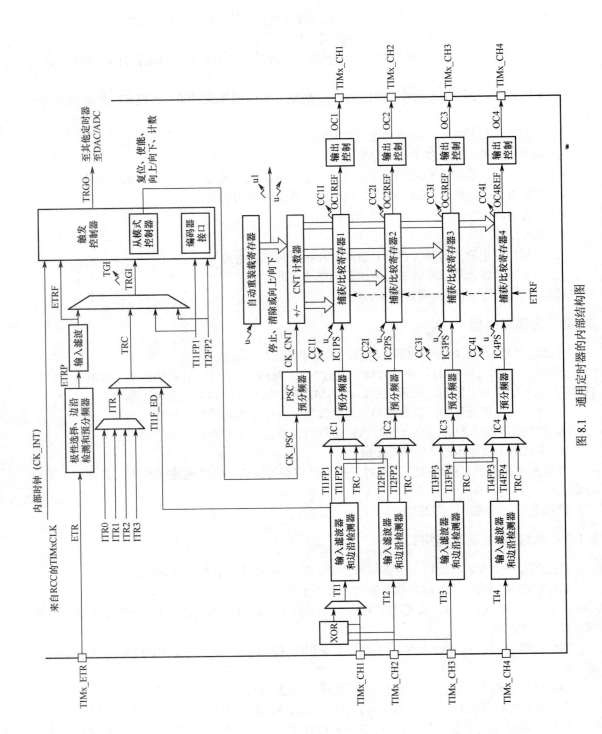

图 8.1　通用定时器的内部结构图

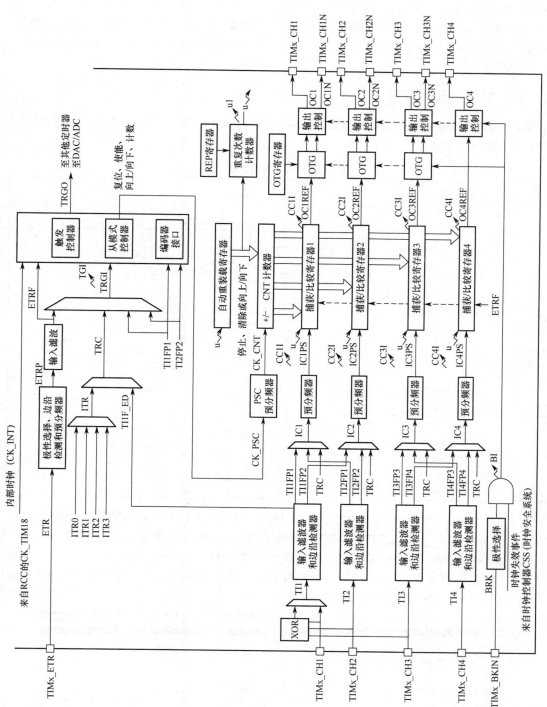

图 8.2 高级定时器的内部结构图

内部接口：CK_INT 为内部时钟；ITRx 为内部触发输入，可用于一个定时器作为另一个定时器的预分频器；ETRP 为分频后的外部触发输入；ETRF 为滤波后的外部触发输入；TI1F_ED 为 TI 的边沿检测器；TI1FP1/2 为滤波后定时器 TIM1/TIM2 的输入；TRGI 为触发输入；TRGO 为触发输出；CK_PSC 为分频器时钟输入；ICx 为输入比较通道；ICxPS 为分频后的 ICx；OCxREF 为输出参考信号。

8.1.4 定时器引脚和寄存器

TIMx_ETR、TIMx_CH1、TIMx_CH2、TIMx_CH3、TIMx_CH4、TIMx_BKIN 复用功能口对应的 I/O 口说明见表 8.2。

表 8.2 定时器 I/O 口说明

定时器	复用功能	默认引脚	重映射引脚	功能说明
TIM1	TIM1_ETR	PA12		TIM1 外部触发输入接口
	TIM1_CH1	PA8		TIM1 外部输入捕获 1/输出比较正通道 1
	TIM1_CH1N	PB13	PA7	TIM1 输出比较负通道 1
	TIM1_CH2	PA9		TIM1 外部输入捕获 2/输出比较正通道 2
	TIM1_CH2N	PB14	PB0	TIM1 输出比较负通道 2
	TIM1_CH3	PA10		TIM1 外部输入捕获 3/输出比较正通道 3
	TIM1_CH3N	PB15	PB1	TIM1 输出比较负通道 3
	TIM1_CH4	PA11		TIM1 外部输入捕获 4/输出比较正通道 4
	TIM1_BKIN	PB12	PA6	TIM1 断路功能口
TIM2	TIM2_CH1_ETR	PA0	PA15	TIM2 外部触发输入/外部输入捕获 1
	TIM2_CH2	PA1	PB3	TIM2 外部输入捕获 2
	TIM2_CH3	PA2	PB10	TIM2 外部输入捕获 3
	TIM2_CH4	PA3	PB11	TIM2 外部输入捕获 4
TIM3	TIM3_ETR	PD2		TIM3 外部触发输入
	TIM3_CH1	PA6	PC6/PB4	TIM3 外部输入捕获 1
	TIM3_CH2	PA7	PC7/PB5	TIM3 外部输入捕获 2
	TIM3_CH3	PB0	PC8	TIM3 外部输入捕获 3
	TIM3_CH4	PB1	PC9	TIM3 外部输入捕获 4

其中，TIM2_CH1_ETR 表示 TIM2_CH1 和 TIM2_ETR 公用一个引脚，但是不能同时使用，因此标记为 TIM2_CH1_ETR。TIM2_CH2 重映射引脚中的 PB3 是和下载有关的 JTDO 口，TIM3_CH1 重映射引脚中的 PB4 也是和下载有关的 NJTRST 口，因此在使用这两个引脚时需要配置下载功能失效，才能正常使用。CHx 和 ETR 接口在设置过程中，CHx 针对不同通道进行配置，ETR 从时钟源进行配置，如图 8.3 所示。

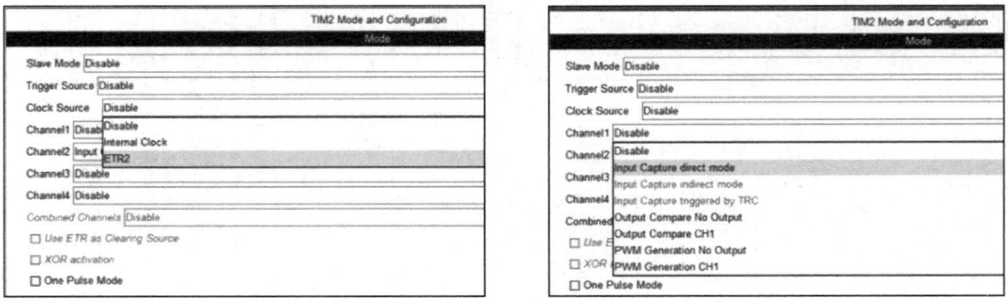

图 8.3 ETR 和 CHx 配置

有关定时器的主要寄存器说明见表 8.3。

表 8.3　定时器的主要寄存器说明

寄存器名称	功能
控制寄存器（TIMx_CR1、TIMx_CR2）	用于控制独立通用定时器
模式控制寄存器（TIMx_SMCR）	用于从模式控制
状态寄存器（TIMx_SR）	保存定时器状态
捕获/比较模式寄存器（TIMx_CCMR1、TIMx_CCMR2）	用于捕获/比较模式
捕获/比较使能寄存器（TIMx_CCER）	用于允许捕获/比较
计数器（TIMx_CNT）	用于保存计数器的计数值
预分频器（TIMx_PSC）	用于设置预分频器的值
自动重装载寄存器（TIMx_ARR）	保存计数器自动重装载的计数值
捕获/比较寄存器 1～4（TIMx_CCR1～TIMx_CCR4）	保存捕获/比较通道 1～4 的计数值

8.1.5　定时器时钟源

定时器的主要功能就是对时钟脉冲进行计数，从而获取一定定时时间和脉冲数，所以时钟源是定时器操作过程中的重要部分，定时器时钟可以由下述时钟源提供。

1．内部时钟源（CK_INT）

内部时钟源作为时钟时，定时器时钟不是直接来自 APB1 或 APB2，而是来自输入为 APB1 或 APB2 的一个倍频器。当 APB1 和 APB2 的预分频系数为 1 时，这个倍频器不起作用，定时器的时钟频率等于 APB1 和 APB2 的频率；当 APB1 和 APB2 的预分频系数为其他数值（预分频系数为 2、4、8 或 16）时，这个倍频器起作用，定时器的时钟频率等于 APB1 和 APB2 频率的 2 倍。例如，当微控制器的时钟频率为 72MHz 时，由于 APB1 的最高频率是 36MHz，因此 APB1 会二分频为 36MHz，但通过时钟源时钟单元，连接 APB1 的 TIM2 可自动 2 倍频至 72MHz。通过倍频器给定时器时钟的好处是：APB1 和 APB2 不但要给通用定时器提供时钟，还要为其他的外设提供时钟；设置这个倍频器可以保证在其他外设使用较低时钟频率时，通用定时器仍然可以得到较高的时钟频率。

2．外部时钟源

外部时钟源包括外部时钟模式 1(外部输入(TIx))和外部时钟模式 2(外部触发输入(ETR))。其中，通过外部输入（TIx）可以实现对外部输入脉冲的计数功能；外部触发输入（ETR）既可作为时钟输入（可用作外部时钟计数），也可作为触发输入，两者效果上是一样的，看起来好像外部时钟模式 2 没什么用处，实际上却不是的，它可以与一些从模式（复位、触发、门控）进行组合。

3．内部触发输入（ITRx）

内部触发输入（ITRx）使用一个定时器作为另一个定时器的预分频器，如可以配置一个定时器 Timer1 作为另一个定时器 Timer2 的预分频器。

8.1.6　定时器计数模式

STM32F103R6 芯片的定时器有 3 种计数模式，如图 8.4 所示。

1．向上计数模式

在向上计数模式中，计数器从 0 计数到自动加载的值（TIMx_ARR 计数器的值），然后重新从 0 开始计数，并且产生一个计数器溢出事件。

2．向下计数模式

在向下计数模式中，计数器从自动加载的值（TIMx_ARR 计数器的值）开始向下计数到 0，然后从自动加载的值重新开始，并且产生一个计数器向下溢出事件。

3．中央对齐模式（向上/向下计数）

在中央对齐模式中，计数器从 0 开始计数到自动加载的值（TIMx_ARR 寄存器的值）−1，产生一个计数器溢出事件，然后向下计数到 1，并且产生一个计数器下溢事件，之后从 0 开始重新计数。

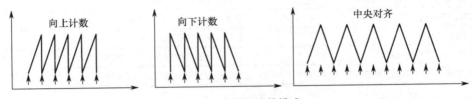

图 8.4　定时器计数模式

8.2　定时器操作

8.2.1　定时功能及实例

定时器具有定时的功能，即对内部的时钟脉冲进行计数，当达到设定数值时触发定时器更新事件，在更新事件处理程序中停止计数或者继续计数，根据更新事件的次数及设定数值可获得定时的时间。

下面通过一个定时功能的具体例子来说明此过程，采用查询和中断两种方式进行介绍。

【例 8.1】利用 TIM1 定时器实现定时 0.1s 延时，通过 PB0 引脚控制 LED 闪烁，即 0.1s 亮、0.1s 灭交替进行，电路图如图 8.5 所示。

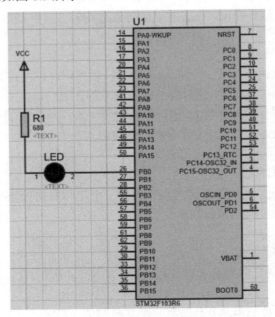

图 8.5　控制 LED 电路

定时器输入的时钟频率为 72MHz，为实现定时 0.1s，需要进行分频操作，并设置合适的周期值（计数更新值）。例如，7200 分频后结果为 72000000/7200=10000Hz，因此当周期值为 1000 时，可实现 0.1s 的定时。

利用 STM32CubeMX 软件实现对 TIM1 的配置，如图 8.6 所示。

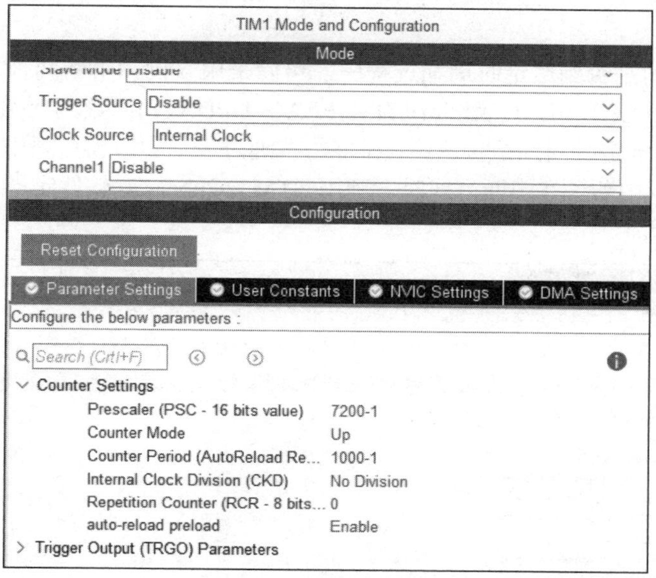

图 8.6　TIM1 配置图

其中，参数 Prescaler 设置时钟分频值，本实例根据计算设置为 7200。

Counter Mode 设置计数模式，有向上、向下和中央对齐模式，本实例设置为向上计数模式。

Counter Period 设置定时器周期即更新值，即计数到此数值时定时器产生更新事件，本实例根据计算设置为 1000。

Internal Clock Division(CKD)设置时钟分割，对时钟再次进行分频，若不使用则设置为 0。

Repetition Counter(RCR-8 bits value)设置重复计数，更改这个值可以改变进入 TIM1 中断的时间，避免在进入中断计算量较大时，在一个开关周期计算不完而出现错误。例如采用向上计数模式，Repetition Counter(RCR-8 bits value)设置为 2 时，2 倍的开关时间进行一次中断。本实例不使用重复计数功能，因此可以设置为 0。

auto-reload preload 设置是否自动装载定时器周期值，由于本实例是一个不断循环的过程，因此使能自动装载功能。

在 tim.c 中生成 TIM1 初始化的代码如下：

```
TIM_HandleTypeDef htim1;
/* TIM1 init function */
void MX_TIM1_Init(void)
{
    TIM_ClockConfigTypeDef sClockSourceConfig = {0};
    TIM_MasterConfigTypeDef sMasterConfig = {0};
    htim1.Instance = TIM1;
    htim1.Init.Prescaler = 7200-1;                           //分频设置
    htim1.Init.CounterMode = TIM_COUNTERMODE_UP;             //向上计数
```

```
    htim1.Init.Period = 1000−1;                                    //定时周期设置
    htim1.Init.ClockDivision = TIM_CLOCKDIVISION_DIV1;
    htim1.Init.RepetitionCounter = 0;
    htim1.Init.AutoReloadPreload = TIM_AUTORELOAD_PRELOAD_ENABLE;
    ……
}
```

在响应定时时间是否到达定时周期过程中，可以采用查询和中断两种方式来完成。查询方式通过__HAL_TIM_GET_FLAG(&htim1,TIM_FLAG_UPDATE)函数判断 TIM_FLAG_UPDATE 是否变为 1，从而确定定时周期是否达到；中断方式通过开启定时器更新中断，当达到定时周期时会触发定时器更新中断。在中断方式时，利用 STM32CubeMX 软件实现对 TIM1 的更新中断配置，如图 8.7 所示。

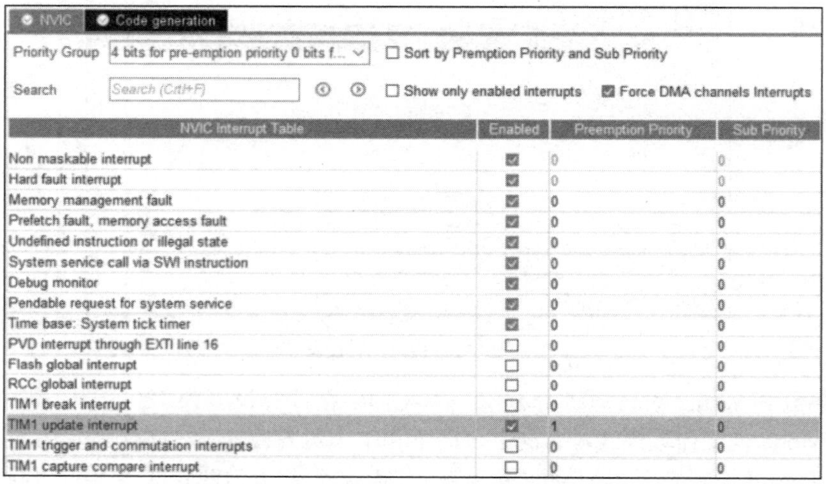

图 8.7　TIM1 更新中断配置

（1）查询方式

在主程序中通过__HAL_TIM_GET_FLAG(&htim1,TIM_FLAG_UPDATE)函数以一种阻塞的方式判断 TIM_FLAG_UPDATE 是否变为 1，从而确定定时周期是否达到，主要程序如下：

```
/* USER CODE BEGIN 3 */
if(__HAL_TIM_GET_FLAG(&htim1,TIM_FLAG_UPDATE))
    {
        HAL_GPIO_TogglePin(GPIOB,GPIO_PIN_0);          //控制 LED 接口翻转
        __HAL_TIM_CLEAR_FLAG(&htim1,TIM_FLAG_UPDATE);     //清除中断标志位
    }
```

（2）中断方式

开启 TIM1 更新中断，当达到 1s 的计数值时触发更新中断，在中断中控制 LED 状态翻转，并重新开始装载计数；配置抢占优先级为 1，响应优先级为 0。在 tim.c 中产生开启中断的代码，如下：

```
void HAL_TIM_Base_MspInit(TIM_HandleTypeDef* tim_baseHandle)
{
    if(tim_baseHandle->Instance==TIM1)
    {
```

```
    /* TIM1 clock enable */
    __HAL_RCC_TIM1_CLK_ENABLE();
    /* TIM1 interrupt Init */
    HAL_NVIC_SetPriority(TIM1_UP_IRQn, 1, 0);
    HAL_NVIC_EnableIRQ(TIM1_UP_IRQn);
  }
}
```

TIM1 更新中断通过调用__weak void HAL_TIM_PeriodElapsedCallback(TIM_HandleTypeDef *htim)函数实现中断处理程序，本实例在 main.c 中重写此函数：

```
void HAL_TIM_PeriodElapsedCallback(TIM_HandleTypeDef *htim)
{
    HAL_GPIO_TogglePin(GPIOB,GPIO_PIN_0);
}
```

进入中断后 PB0 进行翻转操作，从而控制 LED 0.1s 亮接着 0.1s 灭的闪烁。

8.2.2 计数功能及实例

STM32F103R6 芯片的定时器具有计数功能，在实际应用中可以用来对引脚上的外部输入信号进行计数，其输入信号作为计数时钟，输入引脚可以为 TIMx_ETR 引脚。下面通过一个实例来说明具体的实现过程。

【例 8.2】使用外部计数功能对按键引脚（TIM1_ETR(PA12)）的按下次数进行计数，并通过串口将按下次数发送出来，电路图如图 8.8 所示。

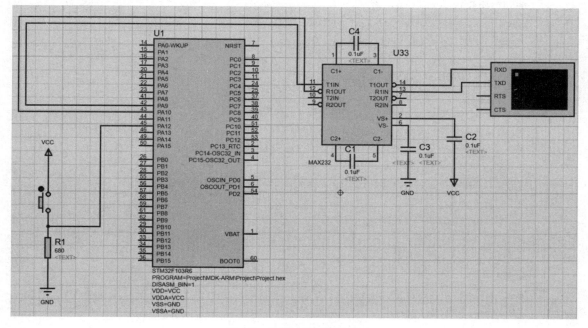

图 8.8　外部计数实例电路

本实例中采用 TIM1_ETR(PA12)引脚作为输入计数源，计数模式采用向上计数，并根据电路采用上升沿触发，输入源不进行分频和滤波处理，所以 STM32CubeMX 软件的配置如图 8.9 所示。

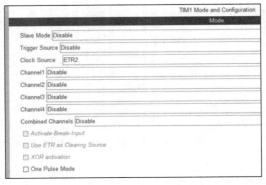

图 8.9 TIM1_ETR 作为输入源的配置

有关计数的主要程序如下：

```
void MX_TIM1_Init(void)
{
    TIM_ClockConfigTypeDef sClockSourceConfig;
    TIM_MasterConfigTypeDef sMasterConfig;
    htim1.Instance = TIM1;                                        //定时器 TIM1
    htim1.Init.Prescaler = 0;
    htim1.Init.CounterMode = TIM_COUNTERMODE_UP;                  //向上计数
    htim1.Init.Period = 65535;                                    //设置为最大计数值
    htim1.Init.ClockDivision = TIM_CLOCKDIVISION_DIV1;            //不用分频
    htim1.Init.RepetitionCounter = 0;
    htim1.Init.AutoReloadPreload = TIM_AUTORELOAD_PRELOAD_DISABLE;
    if (HAL_TIM_Base_Init(&htim1) != HAL_OK)
    {
        _Error_Handler(__FILE__, __LINE__);
    }
    sClockSourceConfig.ClockSource = TIM_CLOCKSOURCE_ETRMODE2;       //ETR 输入源
    sClockSourceConfig.ClockPolarity = TIM_CLOCKPOLARITY_NONINVERTED;  //上升沿触发
    sClockSourceConfig.ClockPrescaler = TIM_CLOCKPRESCALER_DIV1;
    sClockSourceConfig.ClockFilter = 0;                            //不需要滤波
    if (HAL_TIM_ConfigClockSource(&htim1, &sClockSourceConfig) != HAL_OK)
    {
        _Error_Handler(__FILE__, __LINE__);
    }

int main(void)
{   ……
    MX_TIM1_Init();                         //初始化 TIM1
    HAL_TIM_Base_Start(&htim1);             //启动 TIM1
    while (1)
    {
        HAL_Delay(1);
        printf("the_num=%d\r\n",htim1.Instance->CNT);      //输出计数器 1 计数值
```

```
        }
    }
```

8.2.3 捕获功能及实例

定时器可作为输入捕获使用，输入捕获模式可以用来测量脉冲宽度或频率。STM32F103R6 芯片的输入捕获，简单来说，就是通过检测 TIMx_CHx 上的边沿信号，在边沿信号发生跳变（如上升/下降）时，将当前定时器的值（TIMx_CNT）存放到对应通道的捕获/比较寄存器（TIMx_CCRx）中，完成一次捕获。同时，可以配置捕获时是否触发中断/DMA 等。下面通过一个具体的实例讲解捕获脉冲宽度的过程。

【例 8.3】使用外部捕获功能对按键引脚（TIM3_CH1(PA6)）的按下脉冲宽度进行计数，并通过串口将按下脉冲宽度发送出来，电路图如图 8.10 所示。

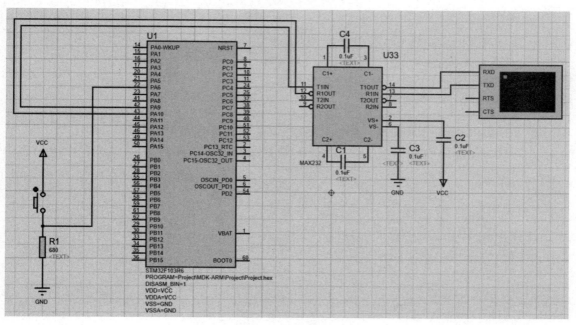

图 8.10 外部捕获实例电路

本实例中采用 TIM3_CH1(PA6)引脚作为输入捕获源，计数模式采用向上计数，并根据电路采用上升沿触发，输入源进行 72 分频，不进行滤波处理，所以 STM32CubeMX 软件的配置如图 8.11 所示。

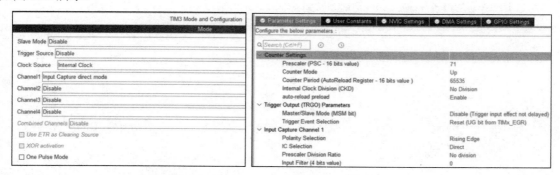

图 8.11 TIM3_CH1 作为捕获输入源的配置

图 8.11 TIM3_CH1 作为捕获输入源的配置（续）

有关捕获的主要程序如下：

（1）TIM3 初始化

```c
void MX_TIM3_Init(void)
{
    TIM_ClockConfigTypeDef sClockSourceConfig;
    TIM_MasterConfigTypeDef sMasterConfig;
    TIM_IC_InitTypeDef sConfigIC;

    htim3.Instance = TIM3;                                //定时器 TIM3
    htim3.Init.Prescaler = 72-1;                          //72 分频
    htim3.Init.CounterMode = TIM_COUNTERMODE_UP;          //向上计数
    htim3.Init.Period = 0x65535;                          //定时周期
    htim3.Init.ClockDivision = TIM_CLOCKDIVISION_DIV1;    //不分割
    htim3.Init.AutoReloadPreload = TIM_AUTORELOAD_PRELOAD_ENABLE;
    if (HAL_TIM_Base_Init(&htim3) != HAL_OK)
    {_Error_Handler(__FILE__, __LINE__);
    }

    sClockSourceConfig.ClockSource = TIM_CLOCKSOURCE_INTERNAL;
    if (HAL_TIM_ConfigClockSource(&htim3, &sClockSourceConfig) != HAL_OK)
    {_Error_Handler(__FILE__, __LINE__);
    }

    if (HAL_TIM_IC_Init(&htim3) != HAL_OK)
    {_Error_Handler(__FILE__, __LINE__);
    }

    sMasterConfig.MasterOutputTrigger = TIM_TRGO_RESET;
    sMasterConfig.MasterSlaveMode = TIM_MASTERSLAVEMODE_DISABLE;
    if (HAL_TIMEx_MasterConfigSynchronization(&htim3, &sMasterConfig) != HAL_OK)
    {_Error_Handler(__FILE__, __LINE__);
    }
    sConfigIC.ICPolarity = TIM_INPUTCHANNELPOLARITY_RISING;    //上升沿
    sConfigIC.ICSelection = TIM_ICSELECTION_DIRECTTI;          //直接连接
    sConfigIC.ICPrescaler = TIM_ICPSC_DIV1;                    //不分频
    sConfigIC.ICFilter = 0;                                    //不滤波
    if (HAL_TIM_IC_ConfigChannel(&htim3, &sConfigIC, TIM_CHANNEL_1) != HAL_OK)
    {_Error_Handler(__FILE__, __LINE__);
    }
}
```

（2）定时器更新中断回调函数（用于记录捕获脉宽过长而导致定时器计数溢出的次数）

```
void HAL_TIM_PeriodElapsedCallback(TIM_HandleTypeDef *htim)
{
    strCapture .usPeriod ++;
}
```

（3）定时捕获中断回调函数（用于记录当前捕获值）

```
void HAL_TIM_IC_CaptureCallback(TIM_HandleTypeDef *htim)
{
    ……
    //获取定时器捕获脉宽的计数值，存入 strCapture.usCtr 中
    strCapture .usCtr = HAL_TIM_ReadCapturedValue(&htim3,TIM_CHANNEL_1);
    ……
}
```

（4）主程序

```
int main(void)
{
    ……
    MX_TIM3_Init();
    HAL_TIM_Base_Start_IT(&htim3);                          //启动定时器
    //启动定时器通道输入捕获并开启中断
    HAL_TIM_IC_Start_IT(&htim3,TIM_CHANNEL_1);
    l_TmrClk = HAL_RCC_GetHCLKFreq()/TIM_PRESCALER;   //获取定时器时钟周期
    ……
    while (1)
        {
            if(strCapture.ucFinishFlag == 1 )               //完成测量高电平脉宽
            {//计算高电平计数值
                L_Time = strCapture .usPeriod * GENERAL_TIM_PERIOD +strCapture .usCtr
                //打印高电平脉宽时间
                printf ("%d.%d s\n", L_Time / l_TmrClk, L_Time % l_TmrClk );
                strCapture .ucFinishFlag = 0;
            }
        }
}
```

8.2.4 输出 PWM 模式及实例

　　PWM（Pulse Width Modulation，脉冲宽度调制）技术，通过对一系列脉冲的宽度进行调制，来等效地获得所需波形（含形状和幅值）。PWM 输出示意图如图 8.12 所示。

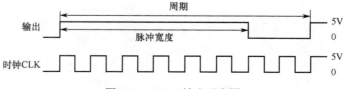

图 8.12　PWM 输出示意图

PWM 输出计算公式为：（脉冲宽度/周期）× 100%，图 8.12 中，PWM = 6/8 × 100%=75%。

脉宽调制（PWM）是利用微控制器的数字输出来对模拟电路进行控制的一种非常有效的技术，广泛应用在测量、通信、功率控制与变换的许多领域中。PWM 信号仍然是数字的，因为在给定的任何时刻，满幅值的直流供电要么完全有（ON），要么完全无（OFF）。电压或电流源是以一种通（ON）或断（OFF）的重复脉冲序列被加到模拟负载上去的。通的时候即是直流供电被加到负载上时，断的时候即是供电被断开时。只要带宽足够，任何模拟值都可以使用 PWM 进行编码。利用 PWM 可以控制直流电机的转速和灯的亮、灭等。PWM 的一个优点是从微控制器到被控系统信号都是数字形式的，无须进行数模转换。

许多微控制器内部都包含 PWM 控制器，其中 STM32 微控制器的每个通用定时器都有 4 路 PWM 输出 TIMx_CH1～TIMx_CH4，高级定时器有更多路 PWM 输出。

STM32F103R6 芯片的 PWM 配置过程：若配置脉冲计数器 TIMx_CNT 为向上计数，而重装载寄存器 TIMx_ARR 被配置为 N，即 TIMx_CNT 的当前计数值 X 在 TIMxCLK 时钟源的驱动下不断累加，当 TIMx_CNT 的数值 X 大于 N 时，会重置 TIMx_CNT 的数值为 0，重新计数。

而在 TIMx_CNT 计数的同时，TIMx_CNT 的计数值 X 会与比较寄存器 TIMx_CCR 预先存储的数值 A 进行比较，当 TIMx_CNT 的数值 X 小于 TIMx_CCR 的数值 A 时，输出高电平（或低电平），相反地，当 TIMx_CNT 的数值 X 大于或等于 TIMx_CCR 器的数值 A 时，输出低电平（或高电平）。如此循环，得到的输出脉冲周期就为重装载寄存器 TIMx_ARR 存储的数值（N+1）乘以触发脉冲的时钟周期，其脉冲宽度则为比较寄存器 TIMx_CCR 的数值 A 乘以触发脉冲的时钟周期，即输出 PWM 的占空比为 $A/(N+1)$。

下面通过一个具体的实例讲解捕获脉冲宽度的过程。

【例 8.4】利用 PWM 脉冲宽度功能通过 TIM3_CH2 (PA7)引脚控制电机的速度，电路如图 8.13 所示。

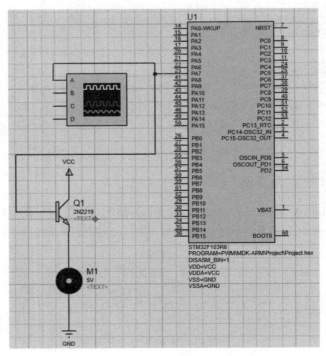

图 8.13　PWM 输出实例电路

本实例中采用 TIM3_CH2(PA7)引脚控制电机的速度，计数模式采用向上计数，输入源进行 36 分频，周期为 1000，输出 PWM1 模式，输出为正极性，所以 STM32CubeMX 软件的配置如图 8.14 所示。

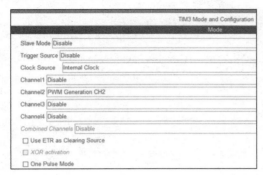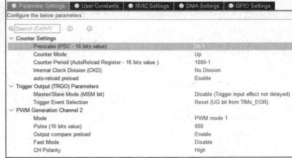

图 8.14　PWM 输出配置

有关 PWM 控制的主要程序如下：

（1）TIM3 初始化

```
void MX_TIM3_Init(void)
{
    TIM_ClockConfigTypeDef sClockSourceConfig = {0};
    TIM_MasterConfigTypeDef sMasterConfig = {0};
    TIM_OC_InitTypeDef sConfigOC = {0};
    htim3.Instance = TIM3;                              //定时器 TIM3
    htim3.Init.Prescaler = 36-1;                        //分频 36
    htim3.Init.CounterMode = TIM_COUNTERMODE_UP;        //向上计数
    htim3.Init.Period = 1000-1;                         //周期值 1000
    htim3.Init.ClockDivision = TIM_CLOCKDIVISION_DIV1;  //分割为 1
    htim3.Init.AutoReloadPreload = TIM_AUTORELOAD_PRELOAD_ENABLE;
    if (HAL_TIM_Base_Init(&htim3) != HAL_OK)
    {
        Error_Handler();
    }
    sClockSourceConfig.ClockSource = TIM_CLOCKSOURCE_INTERNAL;
    if (HAL_TIM_ConfigClockSource(&htim3, &sClockSourceConfig) != HAL_OK)
    {
        Error_Handler();
    }
    if (HAL_TIM_PWM_Init(&htim3) != HAL_OK)
    {
        Error_Handler();
    }
    sMasterConfig.MasterOutputTrigger = TIM_TRGO_RESET;
    sMasterConfig.MasterSlaveMode = TIM_MASTERSLAVEMODE_DISABLE;
    if (HAL_TIMEx_MasterConfigSynchronization(&htim3, &sMasterConfig) != HAL_OK)
    {
```

```
        Error_Handler();
    }
    sConfigOC.OCMode = TIM_OCMODE_PWM1;              //PWM1 模式
    sConfigOC.Pulse = 600;                          //宽度设置为 600
    sConfigOC.OCPolarity = TIM_OCPOLARITY_HIGH;     //正极性，正脉宽
    sConfigOC.OCFastMode = TIM_OCFAST_DISABLE;
    if (HAL_TIM_PWM_ConfigChannel(&htim3, &sConfigOC, TIM_CHANNEL_2) != HAL_OK)
    {
        Error_Handler();
    }
    HAL_TIM_MspPostInit(&htim3);

}
```

（2）主程序

```
int main(void)
{
    ……
    MX_TIM3_Init();                 //初始化 TIM3
    HAL_TIM_PWM_Start(&htim3,TIM_CHANNEL_2);    //TIM3 通道 2
    __HAL_TIM_SET_COMPARE(&htim3, TIM_CHANNEL_2,600);    //设置脉宽为 600
    ……
}
```

8.2.5　其他功能模式

1．定时器输出比较模式

此功能用来控制一个输出波形，或者指示一段给定的时间已到。当一个通道工作于输出比较模式时，用户程序将比较数值写入比较寄存器，定时器会不停地将该寄存器的内容与计数器的内容进行比较，一旦比较条件成立，则产生相应的输出。如果使能中断，则产生中断；如果使能引脚输出，则按照控制电路的设置产生输出波形。

2．PWM 输入捕获模式

输入捕获功能是指 TIMx 可以检测某个通道对应引脚上的电平边沿，并在电平边沿产生的时刻将当前定时器计数值写入捕获/比较寄存器中。PWM 输入捕获功能可以测量定时器某个通道上的 PWM 信号频率与占空比，是在基本输入捕获功能基础上进行升级扩展得到的功能。

3．编码器接口模式

编码器是进行小车测速必不可少的模块，下面从编码器的原理讲起，一直到用 STM32 F103R6 芯片的编码器接口模式，测出电机的转速与方向。

图 8.15 为编码器的示意图，中间是一个带光栅的码盘，光通过光栅，接收管接收到高电平，光没通过光栅，接收管接收到低电平。电机旋转一圈，码盘上有多少个光栅，接收管就会接收到多少个高电平。例如，371 电机中的码盘是 334 线码盘，具有较高的测速精度，也就是电机旋转一圈输出 334 个脉冲，码盘上已集成了脉冲整形触发电路，输出的是矩形波，直接接微控制器的 I/O 口即可。

增量式旋转编码器通过内部两个光敏接收管转化其角度码盘的时序和相位关系，得到角度码盘的角度位移量增加（正方向）或减少（负方向）。图 8.16 为增量式旋转编码器原理图。

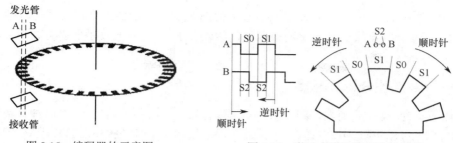

图 8.15　编码器的示意图　　　　图 8.16　增量式旋转编码器原理图

A、B 对应两个光敏接收管，A、B 间距为 S2，码盘的光栅间距分别为 S0 和 S1。S0+S1 的距离是 S2 的 4 倍，这样保证了 A、B 波形相位相差 90°。旋转的方向不同，A、B 先到达高电平的顺序就会不同，如图 8.16 左侧所示，顺序不同，就可以得到不同的旋转方向。

STM32F103R6 芯片定时器的两个输入 TI1 和 TI2 被用来作为增量式旋转编码器的接口，假定计数器已经启动（TIMx_CR1 寄存器中的 CEN=1），则计数器由每次在 TI1FP1 或 TI2FP2 上的有效跳变驱动。TI1FP1 和 TI2FP2 是 TI1 和 TI2 在通过输入滤波器和极性控制后的信号；如果没有滤波和变相，则 TI1FP1=TI1，TI2FP2=TI2。根据两个输入信号的跳变顺序，产生了计数脉冲和方向信号。然后通过读取所用的计数器信息，得到电机的速度，并通过读取控制寄存器 CR1 的 DIR 位来判断旋转方向。

4. 单脉冲模式

单脉冲模式（OPM）是前述众多模式的一个特例。这种模式允许计数器响应一个激励，并在一个程序可控的延时之后，产生一个脉宽可程序控制的脉冲。通过从模式控制器启动计数器，在输出比较模式或者 PWM 模式下产生波形。设置 TIMx_CR1 寄存器中的 OPM 位将选择单脉冲模式，这样可以让计数器在产生下一个更新事件 UEV 时自动停止。仅当比较值与计数器的初始值不同时，才能产生一个脉冲。启动之前（当定时器正在等待触发），必须进行如下配置：向上计数模式，$CNT < CCRx \leqslant ARR$（特别地，$0 < CCRx$）；向下计数模式，$CNT > CCRx$。

针对高级/通用定时器，还有强置输出模式、定时器输入异或功能及定时器和外部触发的同步模式；单独针对高级定时器，还有互补输出和死区插入、使用刹车功能、在外部事件时清除 OCxREF 信号、产生六步 PWM 输出和与霍尔传感器的接口模式。由于本书篇幅有限，这些模式的使用可以参考 STM32 芯片开发手册。

8.3　系统滴答定时器（SysTick）

SysTick 定时器被绑定在 NVIC 中，用于产生 SYSTICK 异常（异常号：15）。以前，大多数操作系统需要一个硬件定时器来产生操作系统需要的滴答中断，来作为整个系统的时基。例如，操作系统可以为多个任务许以不同数目的时间片，确保没有一个任务能霸占系统；或者把每个定时器周期的某个时间范围赐予特定的任务等，以及操作系统提供的各种定时功能，都与这个滴答定时器有关。因此，需要一个定时器来产生周期性的中断，而且最好还让用户程序不能随意访问它的寄存器，以维持操作系统"心跳"的节律。

Cortex-M3 的内核部分包含 SysTick，因此所有 Cortex-M3 芯片都带有这个定时器，该定时器的时钟源可以是内部时钟（FCLK，Cortex-M3 上的自由运行时钟），也可以是外部时钟（Cortex-M3 上的 STCLK 信号）。不过，STCLK 信号的具体来源则由芯片设计者决定，因此不同产品之间的时钟频率可能会大不相同，设计者需要阅读芯片的使用手册来决定选择什么作为时钟源。在 STM32 系列芯片中，SysTick 以 HCLK（AHB 时钟）或 HCLK/8 作为运行时钟。

由于 SysTick 定时器属于 Cortex 内核部件，所以 STM32 芯片开发手册讲得并不多，但读者可以参考 Cortex-M3 的相关文档。

8.3.1 SysTick 工作分析及配置

SysTick 是一个 24 位定时器，即一次最多可以计数 2^{24} 个时钟脉冲，这个脉冲计数值被保存到当前值寄存器 STK_VAL 中，只能向下计数，每接收到一个时钟脉冲，STK_VAL 的值就向下减 1，直至 0。当减至 0 时，由硬件自动把重装载寄存器 STK_LOAD 中保存的数据加载到 STK_VAL，重新向下计数。当 STK_VAL 的值被计数至 0 时，触发异常，就可以在中断服务函数中处理定时器事件。

要使 SysTick 完成以上工作，必须进行配置，主要配置寄存器 STK_CTRL：①ENABLE 位，为 1 时使能 SysTick 定时器，为 0 时关闭 SysTick 定时器；②TICKINT 位，为 1 时当 STK_VAL 计数到 0 时会触发异常，为 0 时不触发异常；③CLKSOURCE 位，为 1 时选择 AHB 为时钟，为 0 时选择 AHB/8 为时钟；④COUNTFLAG 位，计数时为 0，当计数为 0 时此标志位被置 1。

8.3.2 SysTick 功能实现

由于 SysTick 配置可以利用 STM32CubeMX 软件实现，使能 SysTick 配置如图 8.17 所示。

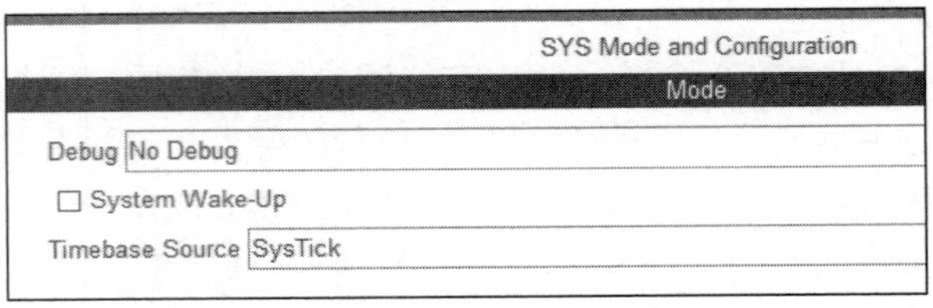

图 8.17　使能 SysTick 设置

在 STM32CubeMX 软件产生的函数中会有 SystemClock_Config()函数，对 SysTick 进行初始化如下：

```
void SystemClock_Config(void)
{
    RCC_OscInitTypeDef RCC_OscInitStruct = {0};
    RCC_ClkInitTypeDef RCC_ClkInitStruct = {0};
    /* Initializes the CPU, AHB and APB busses clocks */
    RCC_OscInitStruct.OscillatorType = RCC_OSCILLATORTYPE_HSE;
    RCC_OscInitStruct.HSEState = RCC_HSE_ON;
    RCC_OscInitStruct.HSEPredivValue = RCC_HSE_PREDIV_DIV1;
    RCC_OscInitStruct.HSIState = RCC_HSI_ON;
    RCC_OscInitStruct.PLL.PLLState = RCC_PLL_ON;
    RCC_OscInitStruct.PLL.PLLSource = RCC_PLLSOURCE_HSE;
    RCC_OscInitStruct.PLL.PLLMUL = RCC_PLL_MUL9;
    if (HAL_RCC_OscConfig(&RCC_OscInitStruct) != HAL_OK)
    {
        Error_Handler();
```

```
        }
        /* Initializes the CPU, AHB and APB busses clocks */
        RCC_ClkInitStruct.ClockType = RCC_CLOCKTYPE_HCLK|RCC_CLOCKTYPE_SYSCLK
                                  |RCC_CLOCKTYPE_PCLK1|RCC_CLOCKTYPE_PCLK2;
        RCC_ClkInitStruct.SYSCLKSource = RCC_SYSCLKSOURCE_PLLCLK;
        RCC_ClkInitStruct.AHBCLKDivider = RCC_SYSCLK_DIV1;
        RCC_ClkInitStruct.APB1CLKDivider = RCC_HCLK_DIV2;
        RCC_ClkInitStruct.APB2CLKDivider = RCC_HCLK_DIV1;
        if (HAL_RCC_ClockConfig(&RCC_ClkInitStruct, FLASH_LATENCY_2) != HAL_OK)
        {
            Error_Handler();
        }
    }
```

初始化时，STM32CubeMX 默认设置 SysTick 的中断优先级为最高优先级，中断周期由函数 HAL_SYSTICK_Config(SystemCoreClock/(1000U/uwTickFreq)确定，默认值为 1ms，STM32CubeMX 产生的代码如下：

```
    __weak HAL_StatusTypeDef HAL_InitTick(uint32_t TickPriority)
    {
        /* Configure the SysTick to have interrupt in 1ms time basis*/
        if (HAL_SYSTICK_Config(SystemCoreClock / (1000U / uwTickFreq)) > 0U)
        {
            return HAL_ERROR;
        }
        /* Configure the SysTick IRQ priority */
        if (TickPriority < (1UL << __NVIC_PRIO_BITS))
        {
            HAL_NVIC_SetPriority(SysTick_IRQn, TickPriority, 0U);
            uwTickPrio = TickPriority;
        }
        else
        {
            return HAL_ERROR;
        }
        /* Return function status */
        return HAL_OK;
    }
```

中断频率可以通过 HAL_TICK_FREQ_DEFAULT 参数修改，stm32f1xx_hal 中给出 10Hz、100Hz、1kHz 三种选项，如下所示：

```
    typedef enum
    {
        HAL_TICK_FREQ_10HZ      = 100U,
        HAL_TICK_FREQ_100HZ     = 10U,
```

```
        HAL_TICK_FREQ_1KHZ     = 1U,
        HAL_TICK_FREQ_DEFAULT= HAL_TICK_FREQ_1KHZ
    } HAL_TickFreqTypeDef;
```

根据以上配置，可以产生 HAL_Delay() 函数的时基为 1ms。HAL_Delay() 函数由 STM32CubeMX 产生如下代码：

```
    __weak void HAL_Delay(uint32_t Delay)
    {
        uint32_t tickstart = HAL_GetTick();
        uint32_t wait = Delay;
        /* Add a freq to guarantee minimum wait */
        if (wait < HAL_MAX_DELAY)
        {
            wait += (uint32_t)(uwTickFreq);
        }
        while ((HAL_GetTick() − tickstart) < wait)
        {
        }
    }
```

当使能 SysTick 功能后，STM32CubeMX 软件会自动产生以上代码，因此可以直接调用 HAL_Delay(1000)，产生 1000ms 的延时。

8.4 看门狗定时器（WDT）

看门狗定时器（WDT）是微控制器的一个组成部分，它实际上是一个计数器，一般给看门狗一个数字，程序开始运行后，看门狗开始倒计数。如果程序运行正常，过一段时间 CPU 应发出指令让看门狗复位，重新开始倒计数。如果看门狗减到 0，就认为程序没有正常工作，强制整个系统复位。

在 STM32F103 系列芯片中，看门狗模块包含独立看门狗（IWDG）和窗口看门狗（WWDG）。独立看门狗基于一个 12 位的递减计数器和一个 8 位的预分频器，由一个内部独立的 40kHz 的 RC 振荡器提供时钟。由于这个 RC 振荡器独立于主时钟，因此可以运行在停机和待机模式。窗口看门狗内包含一个 7 位的递减计数器，并可以设置成自由运行的模式。

8.4.1 独立看门狗

独立看门狗（IWDG）使用的是独立时钟。IWDG 由专用的 40kHz 的低速时钟来驱动，因此，即使主时钟发生故障它仍然有效。IWDG 最适合应用于那些需要看门狗作为一个在主程序之外能够完全独立工作，并且对时间精度要求较低的场合。独立看门狗的主要寄存器包括键值寄存器（IWDG_KR）、预分频寄存器（IWDG_PR）、重装载寄存器（IWDG_RLR）和状态寄存器（IWDG_SR）。

独立看门狗使能和开启的操作步骤如下：

① 向 IWDG_KR 写入 0x5555，取消 IWDG_PR 和 IWDG_RLR 的写保护，以便后面可以操

作这两个寄存器。设置 IWDG_PR 和 IWDG_RLR 的值，分别设置看门狗的分频系数和重装载的值。由此，就可以知道看门狗的喂狗时间，该时间的计算方式为：Tout = 40kHz/（4×2^rlr）。当然，这个值是粗略的计算值，因为时钟不准确，所以无法得到准确的喂狗时间。

② 向 IWDG_KR 写入 0xAAAA，将使 STM32 芯片重新加载 IWDG_RLR 的值到看门狗计数器中，即用该命令来喂狗。

③ 向 IWDG_KR 写入 0xCCCC，启动看门狗。

通过上面 3 步，就启动了 STM32 芯片的看门狗，使能了看门狗，在程序中就必须间隔一定时间来喂狗，否则将导致程序复位。

通过 STM32CubeMX 软件可以使能独立看门狗，如图 8.18 所示。

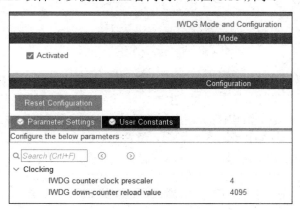

图 8.18　使能独立看门狗

其中，IWDG 时钟预分频系数为 4 分频，计数器重装载值（IWDG_RLR）为 4095，产生的 HAL_IWDG_Init(IWDG_HandleTypeDef *hiwdg)代码如下：

```
void MX_IWDG_Init(void)
{
    hiwdg.Instance = IWDG;
    hiwdg.Init.Prescaler = IWDG_PRESCALER_4;
    hiwdg.Init.Reload = 4095;
    if (HAL_IWDG_Init(&hiwdg) != HAL_OK)
    {
        Error_Handler();
    }
}
```

产生 HAL_IWDG_Refresh(IWDG_HandleTypeDef *hiwdg)函数，利用此函数可实现独立看门狗操作。

8.4.2　窗口看门狗

窗口看门狗与独立看门狗一样，也是一个递减计数器，不断向下递减计数，当减到一个固定值 0x3F 时，如果还不喂狗，会产生复位，这个值称为窗口下限。该值是固定的，不能改变。之所以称为窗口看门狗，就是因为其喂狗时间在一个有上、下限的范围内（计数器减到某个值～计数器减到 0x3F），在这个范围内才可以喂狗。通过设定相关寄存器，来设定其上限（但是下限是固定的 0x3F）。窗口看门狗运行示意图如图 8.19 所示。

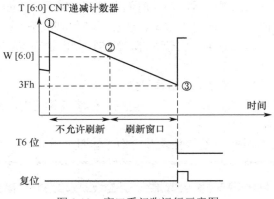

图 8.19   窗口看门狗运行示意图

在图 8.19 中，②是计数器的初始值，是我们设置的上窗口（W[6:0]）值，③是下窗口值（0x3F）；窗口看门狗计数器的值只有在②和③之间（上窗口和下窗口之间）才可以喂狗。窗口看门狗还可以使能中断，如果使能了提前唤醒中断，系统出现问题，喂狗函数没有生效，那么在计数器减到 0x40 (0x3F+1)时，便会先进入中断，之后才会复位，也可以在中断里面喂狗。

通过 STM32CubeMX 软件可以使能窗口看门狗，如图 8.20 所示。

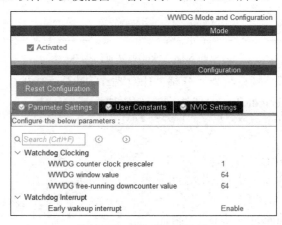

图 8.20   使能窗口看门狗

其中，WWDG 时钟预分频系数为 1，WWDG 上窗口值为 64，WWDG 计数器值为 64，使能窗口看门狗中断。产生的看门狗初始化 HAL_WWDG_Init(WWDG_HandleTypeDef *hwwdg)代码如下：

```
void MX_WWDG_Init(void)
{
    hwwdg.Instance = WWDG;
    hwwdg.Init.Prescaler = WWDG_PRESCALER_1;
    hwwdg.Init.Window = 64;
    hwwdg.Init.Counter = 64;
    hwwdg.Init.EWIMode = WWDG_EWI_ENABLE;
    if (HAL_WWDG_Init(&hwwdg) != HAL_OK)
```

```
        {
            Error_Handler();
        }
    }
}
```

产生代码喂狗操作函数 HAL_WWDG_Refresh(WWDG_HandleTypeDef *hwwdg)，利用此函数可实现看门狗操作。看门狗中断处理函数 HAL_WWDG_IRQHandler(WWDG_HandleTypeDef *hwwdg)判断中断是否正常，并进入中断回调函数。看门狗中断回调函数__weak HAL_WWDG_EarlyWakeupCallback(hwwdg)在 HAL 库中，每进行完一个中断，并不会立刻退出，而是会进入中断回调函数中。

8.4.3 独立看门狗与窗口看门狗的区别

独立看门狗与窗口看门狗的区别如下：
① 独立看门狗没有中断，窗口看门狗有中断。
② 独立看门狗有硬件、软件之分，窗口看门狗只能软件控制。
③ 独立看门狗只有下限，窗口看门狗有下限和上限。
④ 独立看门狗是 12 位递减的，窗口看门狗是 7 位递减的。
⑤ 独立看门狗用的是内部 40kHz 的 RC 振荡器，窗口看门狗用的是系统时钟 APB1ENR。
⑥ 独立看门狗独立于系统之外，因为有独立时钟，所以是不受系统影响的系统故障探测器，主要用于监视硬件错误；窗口看门狗是系统内部的故障探测器，时钟与系统相同。如果系统时钟不起作用，窗口看门狗也就失去作用了。窗口看门狗主要用于监视软件错误。

独立看门狗没有中断功能，只要在计数器减到 0（下限）之前，重新装载计数器的值，就不会产生复位。独立看门狗有硬件和软件之分，硬件通过烧写器的"设定选项"等配置。一旦开启了硬件看门狗，它就停不下来，只能再重新配置"设定选项"等才能关掉硬件看门狗。软件看门狗只需要设置 IWDG->KR=0XCCCC;，就可以启动看门狗了，软件看门狗可以在系统复位时关掉。如果在初始化时开启软件看门狗，那么就开启了软件看门狗。独立看门狗是 12 位递减的，使用片内的 RC 振荡器，这个振荡器是关不掉的。

窗口看门狗有中断，这个中断的作用是在计数器达到 0x40 时产生中断，以便喂狗，如果不喂狗，计数器的值变为 0x3F 时，将产生系统复位。即使是喂狗，也应该在中断期间快速喂狗，要不时间长了，计数器减 1 也会变成 0x3F，从而产生复位。这个时间根据芯片手册的公式进行计算即可得到。

8.5 实时时钟（RTC）

实时时钟（Real Time Clock，RTC）为操作系统提供了一个可靠的时间，并且在断电的情况下，RTC 也可以通过电池供电一直运行下去。STM32 芯片内的 RTC 模块之所以具有实时时钟功能，是因为它内部有一个独立的计数器，通过配置，可以让计数器准确地每秒中断一次。RTC 的简化框图如图 8.21 所示。

RTC 拥有一组 32 位可编程计数器，在相应软件配置下，可提供时钟日历的功能。修改计数器的值，可以重新设置系统当前的时间和日期。由于 RTC 只需要配置一次，下次开机不需要重新配置（开发板有电池的情况下），因此需要用到备份区域（BKP）寄存器来标记是否配置过 RTC。

BKP 寄存器是一组 42 个 16 位的寄存器，可用来存储 84 字节的用户应用程序数据。当 V_{DD}

电源被切断时，BKP 寄存器仍然由 V_{BAT} 维持供电。即使系统在待机模式下被唤醒，或系统复位或电源复位时，BKP 寄存器也不会被复位。此外，BKP 控制寄存器用来管理侵入检测和 RTC 校准功能。

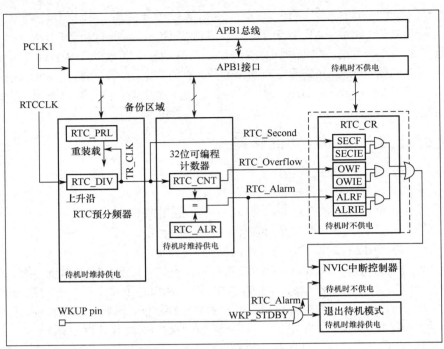

图 8.21　RTC 的简化框图

RTC 的特点如下：可编程的预分频系数，分频系数最高为 2^{20}；32 位可编程计数器，用于较长时间段的测量；2 个分离的时钟；3 种 RTC 时钟源（HSE/128、LSE 振荡器、LSI 振荡器）；2 个独立的复位类型（APB1 由系统复位、RTC 由备份区域复位）；3 个专门的可屏蔽中断（闹钟中断、秒中断（一个可编程周期，最长可达 1s）和溢出中断）。

PWR 为电源寄存器，我们需要用到的是电源控制寄存器（PWR_CR），通过使能 PWR_CR 的 DBP 位来取消备份区域（BKP）的写保护。

RTC 分成两个模块。第一个模块是 RTC 预分频模块，它可编程产生最长为 1s 的 RTC 时间基准（TR_CLK）。RTC 的预分频模块包含一个 20 位的可编程分频器，在 TR_CLK 周期中 RTC 产生一个中断（秒中断）。第二个模块是一个 32 位的可编程计数器，可被初始化为当前的系统时间。系统时间按 TR_CLK 周期累加并与存储在 RTC_ALR 寄存器中的可编程时间相比较，如果 RTC_CR 控制寄存器中设置了相应的允许位，比较匹配时，将产生一个闹钟中断。

RTC 相关寄存器说明：RTCCLK 经过 RTC_DIV 预分频，RTC_PRL 设置预分频系数，然后得到 TR_CLK 时钟信号，一般设置其周期为 1s；RTC_CNT 用于计数器计数，假如将 1970 设置为时间起点 0s，通过当前时间的秒数计算得到当前的时间。RTC_ALR 用于设置闹钟时间，RTC_CNT 计数到 RTC_ALR 就会产生计数中断，其中 RTC_Second 为秒中断（用于刷新时间），RTC_Overflow 是溢出中断。

（1）RTC 初始化，设置当前的时间

有关 RTC 初始化的 STM32CubeMX 软件设置如图 8.22 所示。

图 8.22　RTC 初始化配置

使能 RTC 时钟及日历功能，并初始化当前的年、月、日及时间，如图 8.22 所示，产生代码如下：

```
void MX_RTC_Init(void)
{
    RTC_TimeTypeDef sTime = {0};
    RTC_DateTypeDef DateToUpdate = {0};
    // 初始化 RTC
    hrtc.Instance = RTC;
    hrtc.Init.AsynchPrediv = RTC_AUTO_1_SECOND;
    hrtc.Init.OutPut = RTC_OUTPUTSOURCE_ALARM;
    if (HAL_RTC_Init(&hrtc) != HAL_OK)
    {
        Error_Handler();
    }
    // 设置 RTC 时间
    sTime.Hours = 0x0;
    sTime.Minutes = 0x0;
    sTime.Seconds = 0x0;
    if (HAL_RTC_SetTime(&hrtc, &sTime, RTC_FORMAT_BCD) != HAL_OK)
    {
        Error_Handler();
    }
    DateToUpdate.WeekDay = RTC_WEEKDAY_MONDAY;
    DateToUpdate.Month = RTC_MONTH_JANUARY;
    DateToUpdate.Date = 0x1;
    DateToUpdate.Year = 0x0;
    if (HAL_RTC_SetDate(&hrtc, &DateToUpdate, RTC_FORMAT_BCD) != HAL_OK)
```

```
    {
        Error_Handler();
    }
}
```

在上述代码中 HAL_RTC_Init()函数初始化 RTC；HAL_RTC_SetTime()函数设置具体时间；
HAL_RTC_SetDate()函数设置具体日期。

（2）读取时间和日期

在操作过程中，使用 HAL_RTC_GetTime()函数获取当前时间，使用 HAL_RTC_GetDate()函数获取当前日期。

（3）备份区域（BKP）寄存器操作

BKP 寄存器用来存储 RTC 配置的数据，可以让 RTC 在系统复位或待机模式下被唤醒后，
RTC 里面配置的数据维持不变。

在具体开发程序过程中，HAL_RTCEx_BKUPWrite()函数写数据到 BKP 寄存器，
HAL_RTCEx_BKUPRead()函数从 BKP 寄存器读取数据。

使能操作 BKP 寄存器如下：

```
// 使能 PWR 时钟和使能获取备份区域
    __HAL_RCC_PWR_CLK_ENABLE();
    HAL_PWR_EnableBkUpAccess();
// 使能 BKP 寄存器
    __HAL_RCC_BKP_CLK_ENABLE();
```

（4）RTC 闹钟功能使用

使用 STM32CubeMX 软件进行 RTC 闹钟功能配置，如图 8.23 所示。

图 8.23 RTC 闹钟功能配置

RTC 闹钟功能使用时，使能 RTC 外部输出，从而产生闹钟信号，并且在配置中可设置闹钟的时间。

（5）设置 RTC 中断

RTC 中断有计时秒中断、溢出中断和闹钟中断，若使能这些中断，配置如图 8.24 所示。

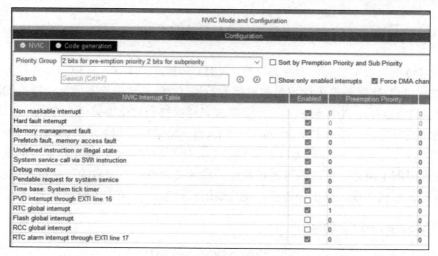

图 8.24　设置 RTC 中断

使用 HAL_RTCEx_SetSecond_IT(&hrtc)函数针对 hrtc 对应的 RTC 时钟进行设置，通过秒中断处理函数 HAL_RTCEx_RTCEventCallback(RTC_HandleTypeDef *hrtc)实现秒中断处理过程，通过闹钟中断处理函数 HAL_RTC_AlarmAEventCallback(RTC_HandleTypeDef*hrtc)实现闹钟处理过程。

习　题　8

1．简述嵌入式系统中定时器的作用。

2．简述 STM32F103 芯片通用定时器的功能。

3．简述定时器、SysTick 定时器、看门狗定时器和实时时钟的区别。

4．简述有关定时器、计数器、捕获和 PWM 输出功能的主要实现过程。

5．简述有关定时器、计数器、捕获和 PWM 输出功能的作用，针对这些功能分别描述一种应用实例。

6．编写利用 STM32F103 芯片的通用定时器精确延时 10ms 的主要代码。

7．编写利用 STM32F103 芯片的高级定时器实现外部计数功能的主要代码。

8．编写利用 STM32F103 芯片的通用定时器实现捕获功能的主要代码。

9．编写利用 STM32F103 芯片的 PWM 模块实现 PWM 输出的主要代码。

10．描述 PWM 的工作原理。

第9章 ADC

9.1 ADC 概述

将模拟量转换为数字量的过程称为模数（A/D）转换，完成这一转换的器件称为模数转换器（简称 ADC）；将数字量转换为模拟量的过程为数模（D/A）转换，完成这一转换的器件称为数模转换器（简称 DAC）。A/D 转换中通常要完成采样保持和量化编码两个方面，所以 A/D 转换需要一定的转换时间，一般 A/D 转换的时间在 μs 级。将采样后得到的样点幅值转换为数字量即为量化编码的过程。量化编码是 A/D 转换的核心。所谓量化编码，就是以一定的量化单位，把数值上连续而时间上离散的模拟信号通过量化装置转变为数值上离散的阶跃量的过程。常见的量化编码技术有计数式转换、双积分转换、逐次逼近式转换、并联式转换等。

9.1.1 STM32 的 ADC 功能

STM32F103 系列产品内嵌 2 个 12 位的 ADC，每个 ADC 公用多达 16 个外部通道，可以实现单次转换或扫描转换。

ADC 的分辨率为 12 位，工作电压为 2.4～3.6V，输入电压范围为 0～3.6V（$V_{REF-} \leqslant V_{IN} \leqslant V_{REF+}$）；采样时间是可编程的，采样一次至少要用 14 个 ADC 时钟周期，而 ADC 的时钟频率最高为 14MHz，也就是说，它的采样时间最短为 1μs，足以胜任中、低频数字示波器的采样工作。具体功能如下：

① 规则转换和注入转换均由外部触发选型。

② 在规则通道转换期间，可以产生 DMA 请求。

③ 自校准，在每次 ADC 开始转换前进行一次自校准。

④ 通道采样时间可编程。

⑤ 带内嵌数据一致性的数据对齐。

⑥ 可设置成单次、连续、扫描、间断模式。

⑦ 双 ADC 模式，有 2 个 ADC 模块 ADC1 和 ADC2。2 个 ADC 模块可以交替工作，从而提高 ADC 采样和处理的效率，有 8 种转换方式，转换结束、注入转换结束和发生模拟看门狗事件时产生中断。

9.1.2 STM32 的 ADC 结构

STM32 的 ADC 结构如图 9.1 所示。

其中，STM32 芯片的 A/D 转换可以由外部事件触发（如定时器捕获）。如果设置了 EXTTRIG 控制位，则外部事件就能够触发转换。EXTSEL[2:0]和 JEXTSEL2:0]控制位允许应用程序选择 8 个可能事件中的某一个，可以触发规则通道和注入的采样。当外部触发信号被选为 ADC 规则或注入转换时，只有它的上升沿可以启动转换。ADC1 和 ADC2 用于规则通道的外部触发见表 9.1，ADC1 和 ADC2 用于注入通道的外部触发见表 9.2。

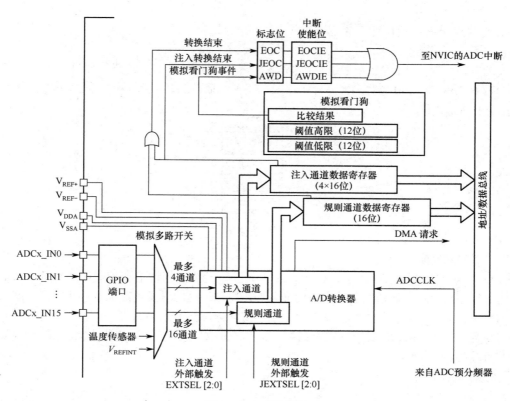

图 9.1 ADC 结构图

表 9.1 ADC1 和 ADC2 用于规则通道的外部触发

触发源	类型	EXTSEL[2:0]
TIM1_CC1 事件		000
TIM1_CC2 事件		001
TIM1_CC3 事件	来自片上定时器的内部信号	010
TIM2_CC2 事件		011
TIM3_TRGO 事件		100
TIM4_CC4 事件		101
EXTI 线 11/TIM8_TRGO 事件	外部引脚/来自片上定时器的内部信号	110
SWSTART	软件控制位	111

表 9.2 ADC1 和 ADC2 用于注入通道的外部触发

触发源	连接类型	JEXTSEL[2:0]
TIM1_TRGO 事件		000
TIM1_CC4 事件		001
TIM2_TRGO 事件		010
TIM2_CC1 事件	来自片上定时器的内部信号	011
TIM3_CC4 事件		100
TIM4_TRGO 事件		101
EXTI 线 15/TIM8_CC4 事件	外部引脚/来自片上定时器的内部信号	110
JSWSTART	软件控制位	111

ADC 硬件结构主要由如下 4 部分组成。

1．模拟信号通道

如图 9.2 所示，共有 18 个通道，可测 16 个外部信号源和 2 个内部信号源。其中，16 个外部通道对应 ADCx_IN0 到 ADCx_IN15；2 个内部通道连接到温度传感器和内部参考电压（V_{REFINT}=1.2V）。

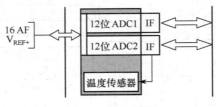

图 9.2　模拟通道

2．A/D 转换器

A/D 转换器的转换原理为逐次逼近型 A/D 转换，分为注入通道和规则通道。每个通道都有相应的触发电路，注入通道的触发电路为注入组，规则通道的触发电路为规则组；每个通道也有相应的转换结果寄存器，分别称为规则通道数据寄存器和注入通道数据寄存器。由时钟控制器提供的 ADCCLK 时钟和 PCLK2（APB2 时钟）同步。RCC 复位与时钟配置为 ADC 时钟提供一个专用的可编程预分频器。

3．模拟看门狗

模拟看门狗用于监控高、低电压阈值，可作用于一个、多个或全部转换通道，当检测到的电压低于或高于设定电压阈值时，可以产生中断。

4．中断电路

有 3 种情况可以产生中断，即转换结束、注入转换结束和模拟看门狗事件，见表 9.3。ADC1 和 ADC2 的中断映射在同一个中断向量上。

表 9.3　ADC 中断

中断事件	事件标志	使能控制位
转换结束	EOC	EOCIE
注入转换结束	JEOC	JEOCIE
模拟看门狗事件	AWD	AWDIE

9.1.3　STM32 芯片的 ADC 引脚

ADC 复用功能口对应的 I/O 口说明见表 9.4，因为引脚同时连接 2 个 ADC 模块，因此前缀定义为 ADC12。

表 9.4　ADC I/O 口说明

功能	复用功能	默认引脚	功能说明
ADC12	ADC12_IN0	PA0	ADC 外部输入 0 通道
	ADC12_IN1	PA1	ADC 外部输入 1 通道
	ADC12_IN2	PA2	ADC 外部输入 2 通道
	ADC12_IN3	PA3	ADC 外部输入 3 通道
	ADC12_IN4	PA4	ADC 外部输入 4 通道

功能	复用功能	默认引脚	功能说明
ADC12	ADC12_IN5	PA5	ADC 外部输入 5 通道
	ADC12_IN6	PA6	ADC 外部输入 6 通道
	ADC12_IN7	PA7	ADC 外部输入 7 通道
	ADC12_IN8	PB0	ADC 外部输入 8 通道
	ADC12_IN9	PB1	ADC 外部输入 9 通道
	ADC12_IN10	PC0	ADC 外部输入 10 通道
	ADC12_IN11	PC1	ADC 外部输入 11 通道
	ADC12_IN12	PC2	ADC 外部输入 12 通道
	ADC12_IN13	PC3	ADC 外部输入 13 通道
	ADC12_IN14	PC4	ADC 外部输入 14 通道
	ADC12_IN15	PC5	ADC 外部输入 15 通道

ADC 的相关引脚见表 9.5。

表 9.5 ADC 的相关引脚

引脚名称	信号类型	注解
V_{REF+}	输入，模拟参考正极	ADC 使用的高端/正极参考电压，$2.4V \leqslant V_{REF+} \leqslant V_{DDA}$
V_{DDA}	输入，模拟电源	等效于 V_{DD} 的模拟电源且 $2.4V \leqslant V_{DDA} \leqslant V_{DD}$（3.6V）
V_{REF-}	输入，模拟参考负极	ADC 使用的低端/负极参考电压，$V_{REF+} = V_{SSA}$
V_{SSA}	输入，模拟电源地	等效于 V_{SS} 的模拟电源地
ADCx_1N[15:0]	模拟输入信号	16 个模拟输入通道

引脚 V_{DDA} 和 V_{SSA} 应该分别连接到 V_{DD} 和 V_{SS}，传感器信号通过任意一个通道进入 ADC 并被转换成数字量，该数字量会被存入一个 16 位的数据寄存器中，在 DMA 使能的情况下，STM32 的存储器可以直接读取转换后的数据。ADC 必须在时钟 ADCCLK 的控制下才能进行 A/D 转换，ADCCLK 的值是由时钟控制器控制的，与高级外设总线 APB2 同步。时钟控制器为 ADC 时钟提供了一个专用的可编程预分频器，默认的分频值为 2。

9.1.4 STM32 的 ADC 工作模式

STM32 的每个 ADC 模块可以通过内部的模拟多路开关切换到不同的输入通道并进行转换。在任意多个通道上以任意顺序进行的一系列转换构成成组转换。例如，可以按如下顺序完成转换：通道 3、通道 8、通道 2、通道 2、通道 0、通道 2、通道 2、通道 15。

规则组由多达 16 个转换组成。规则通道和它们的转换顺序在 ADC_SQRx 寄存器中选择，规则组中转换的总数目应写入 ADC_SQR1 寄存器的 L[3:0] 位中。注入组由多达 4 个转换组成。注入通道和它们的转换顺序在 ADC_JSQR 寄存器中选择，注入组中转换的总数目应写入 ADC_JSQR 寄存器的 L[1:0] 位中。如果 ADC_SQRx 或 ADC_JSQR 寄存器在转换期间被更改，当前的转换被清除，一个新的启动脉冲将发送到 ADC，以转换新选择的组。

1. 单次转换模式

在单次转换模式下，ADC 只执行一次转换。该模式既可通过设置 ADC_CR2 寄存器的 ADON

位（只适用于规则通道）启动，也可通过外部触发启动（适用于规则通道或注入通道），这时 CONT 位为 0，然后 ADC 停止。

一旦选择通道的转换完成：如果一个规则通道被转换，转换数据被存储在 16 位 ADC_DR 寄存器中，EOC（转换结束）标志被设置，若设置了 EOCIE，则产生中断；如果一个注入通道被转换，转换数据被存储在 16 位的 ADC_DRJ1 寄存器中，JEOC（注入转换结束）标志被设置，若设置了 JEOCIE 位，则产生中断，然后 ADC 停止。单个通道单次转换模式如图 9.3 所示。

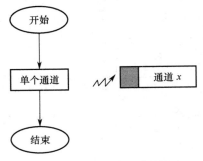

图 9.3　单个通道单次转换模式

2．连续转换模式

在连续转换模式中，前面的 ADC 转换一结束，马上就启动另一次转换。此模式可通过外部触发启动或设置 ADC_CR2 寄存器中的 ADON 位启动，此时 CONT 位为 1。每次转换后：如果一个规则通道被转换，转换数据被存储在 16 位的 ADC_DR 寄存器中，EOC（转换结束）标志被设置，若设置了 EOCIE，则产生中断；如果一个注入通道被转换，转换数据被存储在 16 位的 ADC_DRJ1 寄存器中，JEOC（注入转换结束）标志被设置，若设置了 JEOCIE 位，则产生中断。单个通道连续转换模式如图 9.4 所示。

图 9.4　单个通道连续转换模式

3．扫描模式

此模式用来扫描一组模拟通道，如图 9.5 所示。扫描模式可通过设置 ADC_CR1 寄存器的 SCAN 位来选择。一旦这个位被设置，ADC 扫描被 ADC_SQRx 寄存器（对规则通道）或 ADC_JSQR（对注入通道）选中的所有通道，在每个组的每个通道上执行单次转换。在每次转换结束时，同一组的下一个通道被自动转换。如果设置了 CONT 位，转换不会在选择组的最后一个通道上停止，而是再次从选择组的第一个通道继续转换。如果设置了 DMA 位，在每次 EOC 后，DMA 控制器把规则组通道的转换数据传输到 SRAM 中。而注入通道转换的数据总是存储在 ADC_JDRx 寄存器中。

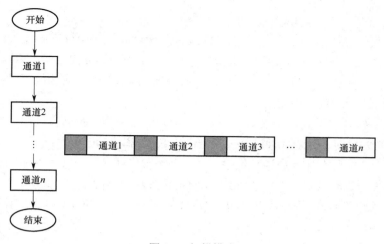

图 9.5　扫描模式

4．间断模式

STM32 有 16 个通道，可以把转换分成两组：规则组和注入组。规则组相当于程序正常运行，最多 16 个通道；注入组相当于中断，最多 4 个通道。也就是说，注入通道的转换可以打断规则通道的转换，当注入通道执行完以后继续执行规则通道。当只有规则通道时顺序执行（自行设置顺序），当加入注入通道后就相当于触发中断，执行完注入通道后再执行规则通道，如图 9.6 所示。

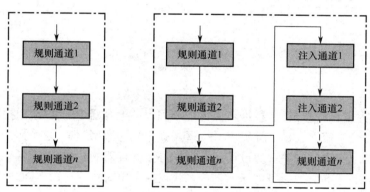

图 9.6　规则通道和注入通道工作示意图

（1）规则组

此模式通过设置 ADC_CR1 寄存器中的 DISCEN 位激活。它可以用来执行一个短序列的 n 次转换（$n \leqslant 8$），此转换是 ADC_SQRx 寄存器所选择的转换序列的一部分。数值 n 由 ADC_CR1 寄存器的 DISCNUM[2:0]位给出。一个外部触发信号可以启动 ADC_SQRx 寄存器中描述的下一轮 n 次转换，直到此序列所有的转换完成为止。总的序列长度由 ADC_SQR1 寄存器的 L[3:0]位定义。

例如，$n=3$，被转换的通道=0、1、2、3、6、7、9、10。第一次触发时，转换的序列为 0、1、2；第二次触发时，转换的序列为 3、6、7；第三次触发时，转换的序列为 9、10，并产生 EOC 事件；第四次触发时，转换的序列为 0、1、2。注意：当以间断模式转换一个规则组时，转换序列结束后不自动从头开始。当所有子组被转换完成时，下一次触发启动第一个子组的转换。在上面的例子中，第四次触发重新转换第一子组的通道 0、1 和 2。

（2）注入组

此模式通过设置 ADC_CR1 寄存器的 JDISCEN 位激活。在一个外部触发事件后，该模式按通道顺序逐个转换 ADC_JSQR 寄存器中选择的序列。一个外部触发信号可以启动 ADC_JSQR 寄存器选择的下一个通道序列的转换，直到序列中所有的转换完成为止。总的序列长度由 ADC_JSQR 寄存器中的 JL[1:0]位定义。

例如，n=1，被转换的通道= 1、2、3。第一次触发时，通道 1 被转换；第二次触发时，通道 2 被转换；第三次触发时，通道 3 被转换，并且产生 EOC 和 JEOC 事件；第四次触发时，通道 1 被转换。注意：当完成所有注入通道转换时，下一个触发启动第一个注入通道的转换。在上述例子中，第四个触发重新转换第一个注入通道 1。不能同时使用自动注入和间断模式，必须避免同时为规则组和注入组设置间断模式。间断模式只能作用于一组转换，如图 9.7 所示。

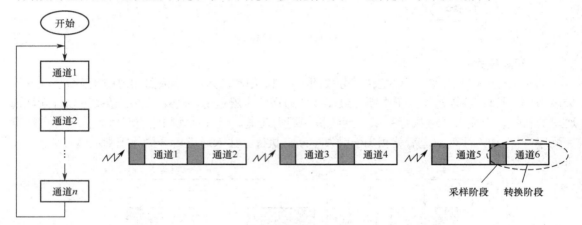

图 9.7　间断模式

5. 校准

ADC 有一个内置自校准模式。校准可大大减小因内部电容器组的变化而造成的精准度误差。在校准期间，在每个电容器上都会计算出一个误差修正码（数字值），这个码用于消除在随后的转换中每个电容器上产生的误差。通过设置 ADC_CR2 寄存器的 CAL 位可启动校准。一旦校准结束，CAL 位被硬件复位，可以开始正常转换。建议在上电时执行一次 ADC 校准，校准阶段结束后，校准码存储在 ADC_DR 寄存器中。

6. 数据对齐

ADC_CR2 寄存器中的 ALIGN 位选择转换后数据存储的对齐方式。数据可以左对齐或右对齐，如图 9.8 和图 9.9 所示。注入通道转换的数据值已经减去了在 ADC_JOFRx 寄存器中定义的偏移量，因此结果可以是一个负值。SEXT 位是扩展的符号值。对于规则通道，不需减去偏移值，因此只有 12 个位有效。

注入组

SEXT	SEXT	SEXT	SEXT	D11	D10	D9	D8	D7	D6	D5	D4	D3	D2	D1	D0

规则组

0	0	0	0	D11	D10	D9	D8	D7	D6	D5	D4	D3	D2	D1	D0

图 9.8　数据右对齐

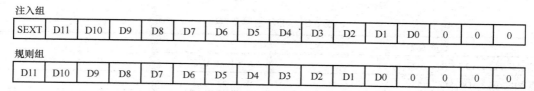

注入组															
SEXT	D11	D10	D9	D8	D7	D6	D5	D4	D3	D2	D1	D0	0	0	0

规则组														
D11	D10	D9	D8	D7	D6	D5	D4	D3	D2	D1	D0	0	0	0	0

图 9.9　数据左对齐

7. 可编程的通道采样时间

ADC 使用若干个 ADC_CLK 周期对输入电压采样，采样周期数目可以通过 ADC_SMPR1 和 ADC_SMPR2 寄存器中的 SMP[2:0]位更改。每个通道可以分别用不同的时间采样。总转换时间如下计算：TCONV = 采样时间+12.5 个周期。例如，当 ADCCLK=14MHz，采样时间为 1.5 个周期，则 TCONV = 1.5 +12.5 = 14 个周期= 1μs。

8. DMA 请求

因为规则通道转换的值存储在一个仅有的数据寄存器中，所以当转换多个规则通道时需要使用 DMA，这样可以避免丢失已经存储在 ADC_DR 寄存器中的数据。只有在规则通道的转换结束时才产生 DMA 请求，并将转换的数据从 ADC_DR 寄存器传输到用户指定的目的地址。注意：只有 ADC1 拥有 DMA 功能。由 ADC2 转化的数据可以通过双 ADC 模式，利用 ADC1 的 DMA 功能传输。有关 DMA 的内容会在后面章节介绍。

9. 双 ADC 模式

在有 2 个或以上 ADC 模块的产品中，可以使用双 ADC 模式。在双 ADC 模式中，根据 ADC1_CR1 寄存器中的 DUALMOD[2:0]位进行模式选择，转换的启动可以是 ADC 主和 ADC 从的交替触发或同步触发。注意：在双 ADC 模式中，当转换配置成由外部事件触发时，用户必须将其设置成仅触发主 ADC，从 ADC 设置成软件触发，这样可以防止意外地触发从转换。但是，主和从 ADC 的外部触发必须同时被激活。共有 6 种可能的模式：同步注入模式、同步规则模式、快速交叉模式、慢速交叉模式、交替触发模式和独立模式。还可以组合使用上面的模式：同步注入模式+同步规则模式、同步规则模式+交替触发模式和同步注入模式+快速交叉模式。注意：在双 ADC 模式中，为了在主数据寄存器上读取从转换数据，即使不使用 DMA 传输规则通道数据，必须使能 DMA 位。

10. 温度传感器

温度传感器可以用来测量器件周围的温度（TA）。温度传感器在内部与 ADC1_IN16 输入通道相连接，此通道把传感器输出的电压转换成数字值。温度传感器模拟输入推荐采样时间为 17.1μs。当没有被使用时，温度传感器可以置于关电模式。注意：必须设置 TSVREFE 位激活内部通道 ADC1_IN16（温度传感器）和 ADC1_IN17（VREFINT）的转换。温度传感器输出电压随温度线性变化，由于生产过程的变化，温度变化曲线的偏移在不同芯片上会有不同（最多相差 45℃）。内部温度传感器更适合于检测温度的变化，而不是测量绝对的温度。如果需要测量精确的温度，应该使用一个外置的温度传感器。

9.1.5　STM32 的 ADC 主要寄存器

有关 ADC 主要寄存器的说明见表 9.6。

表 9.6　ADC 主要寄存器

寄存器名称	功能
控制寄存器（ADC_CR1、ADC_CR2）	用于控制 ADC
状态寄存器（ADC_SR）	保存 ADC 状态
ADC 采样时间寄存器（ADC_SMPR1、ADC_SMPR2）	设置通道 x 的采样时间
ADC 注入通道数据偏移寄存器（ADC_JOFRx）（x=1,…,4）	注入通道 x 的数据偏移，当转换注入通道时，这些位定义了用于从原始转换数据中减去的数值
ADC 规则序列寄存器（ADC_SQR1、ADC_SQR2、ADC_SQR3）	设置规则通道序列长度和定义 16 个转换通道的编号（0～17）
ADC 注入序列寄存器（ADC_JSQR）	设置注入通道序列长度和定义 4 个转换通道的编号（0～3）
ADC 注入数据寄存器（ADC_JDRx）（x=1,…,4）	注入转换的数据
ADC 规则数据寄存器（ADC_DR）	位 31:16，ADC2 转换的数据；位 15:0，规则转换的数据

9.2　ADC 应用实例

利用滑动变阻器产生一定的电压，并通过 STM32 芯片的 PC0/ADC10 引脚采集这个电压，并把这个电压值通过数码管显示出来，如图 9.10 所示。

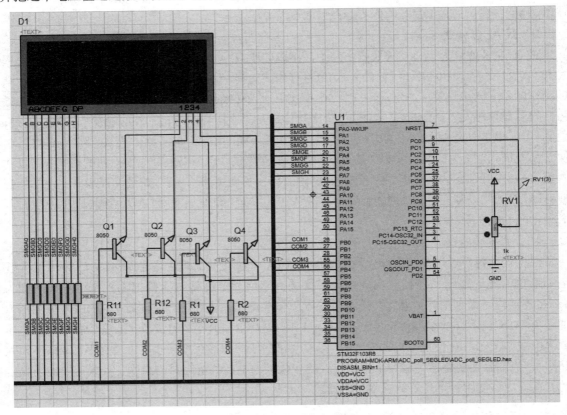

图 9.10　ADC 采集电路图

9.2.1　实例主要库函数说明

ADC 采集开始函数：HAL_ADC_Start(&hadc1)，&hadc1 为 A/D 设备类型句柄。

ADC 采集校准函数：HAL_ADCEx_Calibration_Start(&hadc1)。

ADC 初始化函数：HAL_ADC_Init(&hadc1)，可配置 ADC 采集的 ScanConvMode（扫描模式）、ContinuousConvMode（连续转换模式）、DiscontinuousConvMode（离散转换模式）、ExternalTrigConv（外部触发模式）、DataAlign（数据对齐方式）和 NbrOfConversion（转换的通道数）属性。

ADC 通道配置函数：HAL_ADC_ConfigChannel(&hadc1, &sConfig)，可配置 Channel（通道）、Rank（采集顺序）和 SamplingTime（采集时间）属性。

判断 ADC 采集是否完成：HAL_ADC_PollForConversion(&hadc1,100)，表示等待 ADC 转换完成，超时为 100ms。

判断 ADC 采集状态：HAL_ADC_GetState(&hadc1)，返回 HAL_ADC_STATE_REG_EOC 等状态信息。

读取 ADC 采集数值：HAL_ADC_GetValue(&hadc1)。

开启 ADC 采集中断：HAL_ADC_Start_IT(&hadc1)。

A/D 转换结束回调函数：HAL_ADC_ConvCpltCallback(hadc)。

9.2.2　ADC 查询和中断实例

ADC 采集的具体实现主要有两种思路：查询方式和中断方式。

【例 9.1】ADC 查询方式实例。

使用 STM32CubeMX 软件初始化 ADC 查询模式，如图 9.11 所示。

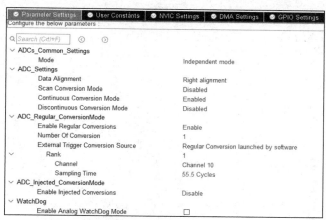

图 9.11　ADC 查询模式初始化配置

ADC 查询模式配置：采用独立工作模式、右对齐、连续模式、使能规则转换、1 路转换、通道 10、采集时间 55.5 个周期。产生的代码如下：

```
void MX_ADC1_Init(void)
{
    ADC_ChannelConfTypeDef sConfig = {0};
    /** Common config */
    hadc1.Instance = ADC1;
    hadc1.Init.ScanConvMode = ADC_SCAN_DISABLE;
    hadc1.Init.ContinuousConvMode = ENABLE;
    hadc1.Init.DiscontinuousConvMode = DISABLE;
```

```
    hadc1.Init.ExternalTrigConv = ADC_SOFTWARE_START;
    hadc1.Init.DataAlign = ADC_DATAALIGN_RIGHT;
    hadc1.Init.NbrOfConversion = 1;
    if (HAL_ADC_Init(&hadc1) != HAL_OK)
    {
        Error_Handler();
    }
    /** Configure Regular Channel */
    sConfig.Channel = ADC_CHANNEL_10;
    sConfig.Rank = ADC_REGULAR_RANK_1;
    sConfig.SamplingTime = ADC_SAMPLETIME_55CYCLES_5;
    if (HAL_ADC_ConfigChannel(&hadc1, &sConfig) != HAL_OK)
    {
        Error_Handler();
    }
}
```

通过查询方式读取 ADC 采集结果，主要代码如下：

```
uint16_t Get_ADC(){
    HAL_ADC_Start(&hadc1);              //开启 ADC1
    HAL_ADC_PollForConversion(&hadc1,100);    //等待 A/D 转换完成，超时为 100ms
    //判断 ADC 是否转换成功
    If (HAL_IS_BIT_SET(HAL_ADC_GetState(&hadc1), HAL_ADC_STATE_REG_EOC)){
        return HAL_ADC_GetValue(&hadc1);       //读取 ADC 值
    }
    return 0;
}
```

主程序 main 函数的主要代码如下：

```
int main(void)
{  .......
    MX_GPIO_Init();                      //GPIO 初始化，主要用于 LED 数码管显示
    MX_ADC1_Init();
    HAL_ADCEx_Calibration_Start(&hadc1);       //ADC 采集标定
    HAL_Delay(10);
    while (1)
    {
        HAL_Delay(10);
        ADC_Value=Get_ADC();            //读取 ADC 采集数值
        Value = (float)ADC_Value*3.3/4096; // 3.3V 为 A/D 转换的参考电压值，STM32 的 ADC 为 12 位，
                                    // 2^12=4096，即当输入为 3.3V 时，A/D 转换结果为 4096
        // LED 数码管显示数据代码
        ......
    }
}
```

【例9.2】ADC 中断方式实例。

使用 STM32CubeMX 软件初始化 ADC 中断模式，如图 9.12 所示。

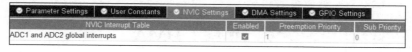

图 9.12　开启中断

有关 ADC 初始化配置和查询方式一样，只是针对中断方式需要开启中断。

void MX_ADC1_Init(void)和查询方式一样。

A/D 转换结束回调函数：

```
void HAL_ADC_ConvCpltCallback(ADC_HandleTypeDef* hadc)
{
    ADC_Value = HAL_ADC_GetValue(&hadc1);
}
```

主程序 main 函数的主要代码如下：

```
int main(void)
{ ……
    MX_GPIO_Init();                         //GPIO 初始化，主要用于 LED 数码管显示
    MX_ADC1_Init();
    HAL_ADCEx_Calibration_Start(&hadc1);          //ADC 采集标定
    HAL_Delay(10);
    HAL_ADC_Start_IT(&hadc1);             //开启 ADC 中断
    while (1)
    { ……
    HAL_Delay(12);
    Value =(float)ADC_Value*3.3/4096;      //3.3V 为 A/D 转换的参考电压值，STM32 的 ADC 为 12 位，
                                           // 2^12=4096，即当输入为 3.3V 时，A/D 转换结果为 4096

    // LED 数码管显示数据代码
        ……
    }
}
```

习　题　9

1. 简述 STM32 的 ADC 功能。
2. 简述 STM32 的 ADC 工作模式。
3. 简述 STM32 的 ADC 初始化过程及需要配置的参数。
4. 编写程序实现：使用 STM32 采用查询和中断两种方式采集 ADC1 通道 5 中的外部电压。
5. 计算当 STM32 芯片 ADC 的数字值为 819 时，对应的模拟电压是多少，写出计算过程。

第 10 章　DMA

10.1　DMA 概述

DMA（Direct Memory Access，直接存储器存取）是一种可以大大减轻 CPU 工作量的数据存取方式，因而被广泛地使用。早在 Intel 8086 中，就已有 DMA 控制器，而 STM32 的 DMA 则是以类似外设的形式添加在 Cortex-M3 内核之外的。

CPU 有转移数据、计算、控制程序转移等很多功能，但其实转移数据（尤其是转移大量数据）可以不需要 CPU 参与。比如，希望将外设 A 的数据复制到外设 B，只要给两种外设提供一条数据通路，再加上一些控制转移的部件就可以完成数据的复制。DMA 就是基于这种设想设计的，其作用就是解决大量数据转移过度消耗 CPU 资源的问题。有了 DMA，CPU 更专注于计算、控制等更加实用的操作。

DMA 的作用就是实现数据的直接传输，去掉了传统数据传输需要 CPU 参与的环节，主要涉及 4 种情况的数据传输，但本质上是一样的，都是从内存的某一区域传输到内存的另一区域（外设的数据寄存器本质上就是内存的一个存储单元）。4 种情况的数据传输如下：外设到内存、内存到外设、内存到内存、外设到外设。当用户将源地址、目标地址、传输数据量这 3 个参数设置好，DMA 控制器就会启动数据传输，传输的终点就是剩余传输数据量为 0。换句话说，只要剩余传输数据量不为 0，而且 DMA 呈启动状态，那么就会发生数据传输。

STM32 芯片采用 Cortex-M3 架构，总线结构有了很大的优化，DMA 占用另外的总线，并不会与 CPU 的系统总线发生冲突。也就是说，DMA 的使用不会影响 CPU 的运行速度。

10.1.1　STM32 的 DMA 特性

STM32 的 DMA 主要特性如下：

① 12 个独立的可配置的通道（请求），其中 DMA1 有 7 个通道，DMA2 有 5 个通道。

② 每个通道都直接连接专用的硬件 DMA 请求，每个通道都同样支持软件触发。这些功能通过软件来配置。

③ 优先级可以通过软件编程设置（共有 4 级，分别为很高、高、中等和低），假如在相等优先级，则由硬件决定（请求 0 优先于请求 1，其余类推）。

④ 独立的源和目标数据区的传输宽度（字节、半字、全字），模拟打包和拆包的过程。源和目标地址必须按数据传输宽度对齐。

⑤ 支持循环的缓冲器管理。

⑥ 每个通道都有 3 个事件标志（DMA 半传输、DMA 传输完成和 DMA 传输出错），这 3 个事件标志逻辑或成为一个单独的中断请求。

⑦ 支持内存和内存、外存和内存、内存和外设的传输。

⑧ 闪存 Flash、内部 SRAM、外部 SRAM、APB1 外设、APB2 外设和 AHB 外设均可作为

访问的源和目标。

⑨ 可编程的数据传输数目最大为 65536。

DMA1 有 7 个通道，如图 10.1 所示。

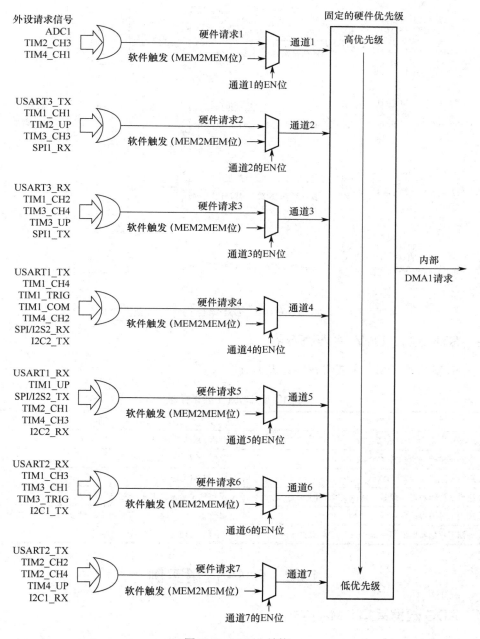

图 10.1 DMA1 结构

DMA2 有 5 个通道，如图 10.2 所示。

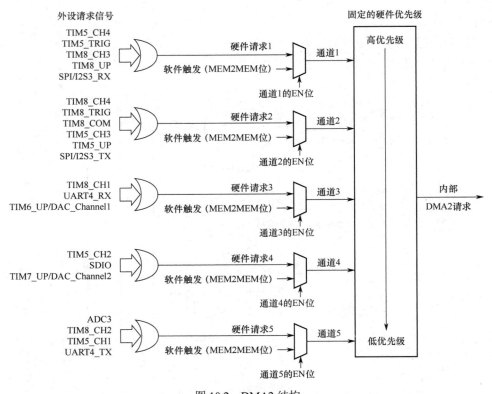

图 10.2　DMA2 结构

10.1.2　STM32 的 DMA 主要寄存器

有关 STM32 的 DMA 主要寄存器见表 10.1。

表 10.1　DMA 主要寄存器

寄存器名称	功能
DMA 中断状态寄存器（DMA_ISR）	保存 DMA 中断状态
DMA 中断标志清除寄存器（DMA_IFCR）	清除 DMA 中断标志
DMA 通道 x 配置寄存器（DMA_CCRx）（$x = 1\dots7$）	设置 DMA 通道 x
DMA 通道 x 传输数量寄存器（DMA_CNDTRx）（$x = 1,\dots,7$）	数据传输数量，为 0～65535
DMA 通道 x 外设地址寄存器（DMA_CPARx）（$x = 1,\dots,7$）	外设地址，外设数据寄存器的基地址，作为数据传输的源或目标
DMA 通道 x 存储器地址寄存器（DMA_CMARx）（$x = 1,\dots,7$）	当开启通道时，不能写该寄存器

10.2　DMA 应用实例

10.2.1　ADC 数据采集 DMA 方式

【例 10.1】以 DMA 方式对 ADC 的数据进行采集，利用 DMA 把数据从外设转移到内存。使用 STM32CubeMX 软件初始化 ADC 数据采集 DMA 方式，如图 10.3 所示。

配置内容：ADC 采集连接 DMA1 的通道 1；DMA 方向是外设到内存；优先级高；DMA 模式是 Circular，DMA 在配置为 Circular（循环）模式时循环进入中断；外设和内存的数据宽度为半字（Half Word）。相对于 Circular 模式，有表示单次模式的 Normal 模式。

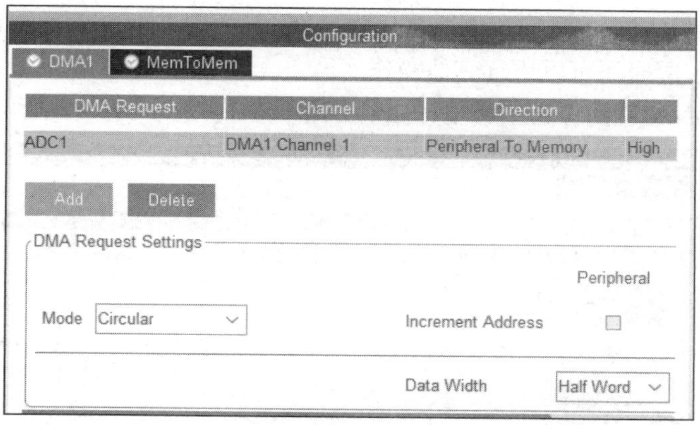

图 10.3　ADC 数据采集 DMA 方式初始化配置

生成的代码如下：

```
void MX_DMA_Init(void)
{
    /* DMA controller clock enable */
    _ _HAL_RCC_DMA1_CLK_ENABLE();
    /* DMA interrupt init *//* DMA1_Channel1_IRQn interrupt configuration */
    HAL_NVIC_SetPriority(DMA1_Channel1_IRQn, 0, 0);
    HAL_NVIC_EnableIRQ(DMA1_Channel1_IRQn);
}
```

主程序 main 中相关 DMA 的主要代码如下：

```
int main(void)
{ ......
    MX_GPIO_Init();          //初始化 ADC 相关的 GPIO
    MX_DMA_Init();           //初始化 ADC 相关的 DMA
    MX_ADC1_Init();          //初始化 ADC
    HAL_ADCEx_Calibration_Start(&hadc1);          //ADC 校准
    HAL_Delay(10);
    //开启 DMA 传输，传送一个字的数据到 ADC_Value 这个变量
    HAL_ADC_Start_DMA(&hadc1, (uint32_t*)&ADC_Value, 1);
    while (1)
    {
        HAL_Delay(12);
        Value =(float)ADC_Value*3.3/4096; //3.3V 为 A/D 转换的参考电压值，STM32 的 ADC 为 12 位，
                                //2^12=4096，即当输入为 3.3V 时，A/D 转换结果为 4096
    // LED 数码管显示数据代码
        ......
    }
}
```

10.2.2　串口发送 DMA 方式

【例 10.2】以 STM32 的 DMA 方式使用串口发送数据，串口发送电路和前面的串行通信实

例一样。此过程利用 DMA 把数据从内存转移到外设，这个过程是不需要内核干预的，所以在串口发送数据时，内核同时还可以进行其他操作。

使用 STM32CubeMX 软件初始化串行通信 DMA 方式，如图 10.4 所示。

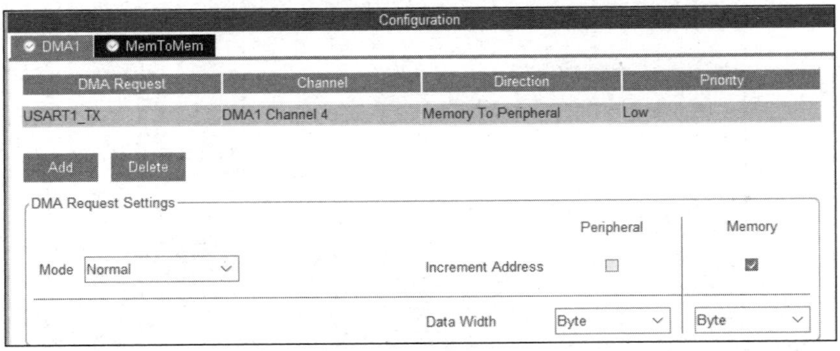

图 10.4　串行通信 DMA 方式初始化配置

配置内容：串口发送 USART1_TX 连接 DMA1 的通道 4；DMA 方向是内存到外设；优先级低；DMA 模式是 Normal，DMA 在配置为 Normal 模式时只能进入一次中断；外设和内存的数据宽度为 1 字节。

生成的代码如下：

```
void MX_DMA_Init(void)
{
    /* DMA controller clock enable */
    __HAL_RCC_DMA1_CLK_ENABLE();
    /* DMA interrupt init，DMA1_Channel4_IRQn interrupt configuration */
    HAL_NVIC_SetPriority(DMA1_Channel4_IRQn, 0, 0);
    HAL_NVIC_EnableIRQ(DMA1_Channel4_IRQn);
}
```

在 stm32f1xx_it.c 程序中生成相应的 DAM 函数，代码如下：

```
void DMA1_Channel4_IRQHandler(void)
{
    HAL_DMA_IRQHandler(&hdma_usart1_tx);
}
```

主程序 main 中相关 DMA 的主要代码如下：

```
int main(void)
{ ……
    uint8_t Senbuff[] = "UART DMA Test \r\n";   //定义数据发送数组
    MX_GPIO_Init();          //串行通信 GPIO 初始化
    MX_DMA_Init();           //DMA 初始化
    MX_USART1_UART_Init();     //串行通信初始化
    while (1)
    {
        HAL_UART_Transmit_DMA(&huart1, (uint8_t *)Senbuff, sizeof(Senbuff));
        HAL_Delay(1000);
```

```
        }
    }
```

习 题 10

1. 简述 DMA 的特点及与中断的区别。

2. STM32 的 DMA 支持哪些 DMA 传输方式?

3. 简述 STM32 的 DMA 循环模式和单次模式的特点。

4. STM32 的 DMA 有哪些通道?

5. 编写程序实现:利用 STM32 的 DMA 实现对 ADC 通道 5 外部电压的采集。

第11章 其 他 接 口

11.1 I²C 总线

11.1.1 I²C 总线介绍

I²C 总线是由 Philips 公司开发的一种简单、双向二线制同步串行总线,它只需要两根线 SDA (串行数据线)和 SCL (串行时钟线)即可在连接于总线上的器件之间传送信息。SDA 线和 SCL 线都是双向 I/O 线,接口电路为开漏输出,需通过上拉电阻接至电源 V_{CC}。当总线空闲时,两根线都呈高电平。连接总线的外部器件都是 CMOS 器件,输出级也是开漏电路,因此在总线上消耗的电流很小。总线上扩展的器件数量主要由电容负载来决定,因为每个器件的总线接口都有一定的等效电容,而线路中电容会影响总线的传输速度,当电容过大时,有可能造成传输错误。I²C 总线线接图如图 11.1 所示。

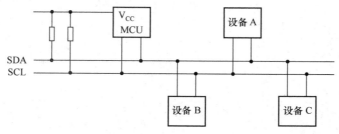

图 11.1 I²C 总线连接图

(1)数据的有效性

在传输数据时,SDA 线必须在时钟的高电平周期保持稳定,SDA 线的高或低电平状态只有在 SCL 线的时钟信号是低电平时才能改变。

(2)起始和停止条件

SCL 线为高电平时,SDA 线从高电平向低电平切换,这个情况表示起始条件;SCL 线为高电平时,SDA 线由低电平向高电平切换,这个情况表示停止条件。

(3)字节格式

发送到 SDA 线上的每个字节必须为 8 位,每次传输可以发送的字节数量不受限制,每个字节后必须处理 1 个应答位。

(4)应答响应

数据传输必须带响应,相关的响应时钟脉冲由主器件产生。在响应的时钟脉冲期间,发送器释放 SDA 线(高),接收器必须将 SDA 线拉低,使它在这个时钟脉冲的高电平期间保持稳定的低电平。也就是说,主器件发送完 1 字节数据后要接收 1 个应答位(低电平),从器件接收完 1 字节数据后要发送 1 个低电平。

(5)寻址方式(7 位地址方式)

1 字节的头 7 位组成了从器件地址,最低位(LSB)是第 8 位,它决定了传输的 7 位地址格式方向,其中,

0 表示主器件会写信息到被选中的从器件；1 表示主器件会从从器件读信息。

当发送了一个地址后，系统中的每个器件都在起始条件后将头 7 位与它自己的地址比较，如果一样，该器件会判定它被主器件寻址。至于是从接收器还是从发送器，则由 R/W 位决定。

（6）仲裁

I^2C 总线中，每个设备都可以成为主器件，但任一个时刻只能有一个主器件。

11.1.2 STM32 的 I^2C 总线

STM32 芯片至少有一个 I^2C 接口，可以实现所有 I^2C 总线的时序、协议、仲裁和定时功能，支持标准和快速传输两种模式，同时与 SMBus 2.0 兼容。其中，STM32F103R6 芯片有 2 路 I^2C 总线，其 I^2C 接口引脚见表 11.1。

表 11.1 I^2C 接口引脚

接口	复用功能	默认引脚	重映射引脚	功能说明
I2C1	I2C1_SMBA	PB5		SMBA 线用于 SMBus 的警告信号
	I2C1_SCL	PB6	PB8	I^2C 时钟线
	I2C1_SDA	PB7	PB9	I^2C 数据线
I2C2	I2C2_SCL	PB10		I^2C 时钟线
	I2C2_SDA	PB11		I^2C 数据线
	I2C2_SMBA	PB12		SMBA 线用于 SMBus 的警告信号

I^2C 接口可以下述 4 种模式中的一种运行：从发送器模式、从接收器模式、主发送器模式和主接收器模式，STM32 芯片的 I^2C 接口默认工作于从模式。在生成起始条件后，I^2C 接口自动地从从模式切换到主模式；当仲裁丢失或产生停止信号时，则从主模式切换到从模式。

主模式时，I^2C 接口启动数据传输并产生时钟信号。串行数据传输总以起始条件开始并以停止条件结束，起始条件和停止条件都是在主模式下由软件控制产生的。

从模式时，I^2C 接口能识别它自己的地址（7 位或 10 位）和广播呼叫地址，软件能够控制开启或禁止广播呼叫地址的识别。

数据和地址按 8 位/字节进行传输，高位在前。跟在起始条件后的 1 字节或 2 字节是地址（7 位模式为 1 字节，10 位模式为 2 字节）。地址只在主模式发送，在 1 字节传输的 8 个时钟后的第 9 个时钟期间，接收器必须回送 1 个应答位（ACK）给发送器。如图 11.2 所示。

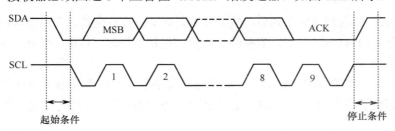

图 11.2 I^2C 总线协议

软件可以开启或禁止应答位（ACK），并可以设置 I^2C 接口的地址（7 位、10 位地址或广播呼叫地址）。I^2C 接口的功能框图如图 11.3 所示。

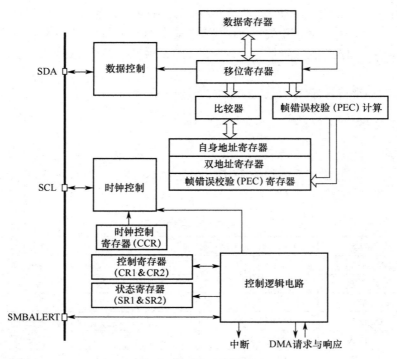

图 11.3 I^2C 接口的功能框图

1. I^2C 从模式

默认情况下，I^2C 接口总是工作在从模式。为了产生正确的时序，必须在 I2C_CR2 寄存器中设定输入时钟。输入时钟的频率必须至少是：标准模式下为 2MHz；快速模式下为 4MHz。

一旦检测到起始条件，在 SDA 线上接收到的地址被送到移位寄存器。然后与 STM32 芯片的地址 OAR1 和 OAR2（当 ENDUAL=1 时）或者广播呼叫地址（若 ENGC=1）相比较：①头段或地址不匹配，I^2C 接口将其忽略并等待另一个起始条件；②头段匹配（仅 10 位模式），如果 ACK 位被置 1，I^2C 接口产生 1 个应答脉冲并等待 8 位从地址；③地址匹配。I^2C 接口产生以下时序：①如果 ACK 位被置 1，则产生一个应答脉冲；②硬件设置 ADDR 位，如果设置了 ITEVFEN 位，则产生 1 个中断；③如果 ENDUAL=1，软件必须读 DUALF 位，以确认响应了哪个从地址。

在 10 位模式，接收到地址序列后，从器件总是处于接收器模式。在收到与地址匹配的头序列并且最低位为 1（11110xx1）后，当接收到重复的起始条件时，将进入发送器模式。

（1）从发送器

在接收到地址和清除 ADDR 位后，从发送器将字节从数据寄存器经由移位寄存器发送到 SDA 线上。从发送器保持 SCL 为低电平，直到 ADDR 位被清除并且待发送数据已写入数据寄存器。

（2）从接收器

在接收到地址并清除 ADDR 位后，从接收器通过移位寄存器将从 SDA 线接收到的字节存入数据寄存器。I^2C 接口在接收到每个字节后都执行下列操作：如果设置了 ACK 位，则产生一个应答脉冲；硬件设置 RxNE=1，如果设置了 ITEVFEN 和 ITBUFEN 位，则产生一个中断。

（3）关闭从通信

在传输完最后一个数据字节后，主器件产生一个停止条件，I²C 接口检测到这一条件时，设置 STOPF=1，如果设置了 ITEVFEN 位，则产生一个中断。然后 I²C 接口等待读 SR1 寄存器，再写 CR1 寄存器。

2. I²C 主模式

在主模式时，I²C 接口启动数据传输并产生时钟信号。串行数据传输总以起始条件开始并以停止条件结束。当通过 START 位在总线上产生了起始条件，器件就进入主模式。

主模式的操作顺序：①在 I2C_CR2 寄存器中设定输入时钟，以产生正确的时序；②配置时钟控制寄存器；③配置上升时间寄存器；④编程 I2C_CR1 寄存器，启动外设；⑤置 I2C_CR1 寄存器中的 START 位为 1，产生起始条件。

（1）起始条件

当 BUSY=0 时，设置 START=1，I²C 接口将产生一个开始条件并切换至主模式（M/SL 位置位）。

（2）从地址的发送

从地址通过移位寄存器被送到 SDA 线上。根据送出从地址的最低位，主器件决定进入发送器模式还是进入接收器模式。TRA 位指示主器件是在接收器模式还是发送器模式。

（3）主发送器

在发送了地址和清除了 ADDR 位后，主器件通过移位寄存器将字节从数据寄存器发送到 SDA 线上。主器件等待，直到 TxE 位被清除，当收到应答脉冲时，TxE 位被硬件置位，如果 TxE 被置位并且在上一次数据发送结束之前没有写新的数据字节到数据寄存器，则 BTF 位被硬件置位，在清除 BTF 位之前 I²C 接口将保持 SCL 为低电平；读出 I2C_SR1 之后，再写入 I2C_DR 寄存器将清除 BTF 位。

关闭通信：在数据寄存器中写入最后一个字节后，通过设置 STOP 位产生一个停止条件，然后 I²C 接口将自动回到从模式（M/S 位清除）。

（4）主接收器

在发送地址和清除 ADDR 位之后，I²C 接口进入主接收器模式。在此模式下，I²C 接口从 SDA 线接收数据字节，并通过移位寄存器送至数据寄存器。在每个字节后，I²C 接口依次执行以下操作：如果 ACK 位被置位，发出一个应答脉冲；硬件设置 RxNE=1，如果 RxNE 位被置位，并且在接收新数据结束前，数据寄存器中的数据没有被读走，硬件将设置 BTF=1，在清除 BTF 位之前 I²C 接口将保持 SCL 为低电平；读出 I2C_SR1 之后，再读出 I2C_DR 寄存器将清除 BTF 位。

关闭通信：主器件在从从器件接收到最后一个字节后发送一个 NACK。接收到 NACK 后，从器件释放对 SCL 和 SDA 线的控制，主器件就可以发送一个停止/重起始条件。

11.1.3 I²C 总线应用实例

由于 I²C 硬件接口通信对时钟准确度要求较高，不易于用仿真平台来实现，因此本实例采用模拟 I²C 硬件接口的方式进行实现。

【例 11.1】利用 PB6 和 PB7 引脚模拟 I2C_SCK 和 I2C_SDA 引脚，利用 I²C 协议向 EEPROM 芯片 24C02 写入数据，然后通过 I²C 总线协议读取写入的数据，并在数码管上显示出来。如图 11.4 所示。

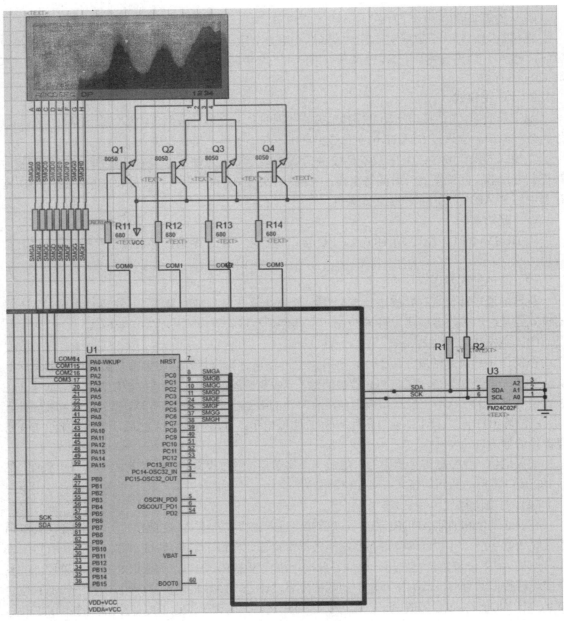

图 11.4　I²C 总线应用实例

（1）主程序

```
int main(void)
    {……
        Write_IIC(0X89,21);                    //向地址 0x89 写入数据 21
        Buff=Random_Read(0X89);                //读地址 0x89 数据
        //在数码管 0 和数码管 1 缓冲区存入读出的数据
        DisplayByte[0]=(Buff/10);
        DisplayByte[1]=(Buff%10);
        Write_IIC(0X78,20);                    //向地址 0x0078 写入数据 20
```

```
        Buff=Random_Read(0X78);              //读地址 0x0078 数据
        //在数码管 2 和数码管 3 缓冲区存入读出的数据
        DisplayByte[2]=(Buff/10);
        DisplayByte[3]=(Buff%10);
        //驱动数码管显示
        .......
        }
```

（2）写 I²C 操作

```
/*****************************************************************
* FunctionName       : Write_IIC(uchar addr,uchar dat)
* Description        : 向地址 ADDR 写 1 字节
* EntryParameter     : NO
* ReturnValue        : NO
*****************************************************************/
void Write_IIC(uchar addr,uchar dat)
{
    Start();
    Write_A_Byte(0xa0);
    Write_A_Byte(addr);
    Write_A_Byte(dat);
    Stop();
    DelayUs(100);
}
```

（3）读 I²C 操作

```
/*****************************************************************
* FunctionName       : Random_Read(uchar addr)
* Description        : 读取地址 Addr 内容
* EntryParameter     : NO
* ReturnValue        : NO
*****************************************************************/
uchar Random_Read(uchar addr)
{
    Start();
    Write_A_Byte(0xa0);
    Write_A_Byte(addr);
    Stop();
    return Read_Current();
}
```

（4）其他主要相关函数

```
void Start(void)
{
    SET_SDA(1);
    SET_SCK(1);
    delay(5);
```

```c
    SET_SDA(0);
    delay(5);
    SET_SCK(0);
}
void Stop(void)
{
    SET_SDA(0);
    delay(1);
    SET_SCK(0);
    delay(5);
    SET_SCK(1);
    delay(5);
    SET_SDA(1);
}
void Write_A_Byte(uchar b)
{
    uchar i;
for(i=0;i<8;i++)
{
    if(b&0x80)
    {
        SET_SDA(1);
    }
    else
        {
            SET_SDA(0);
        }
    DelayUs(1);
    SET_SCK(1);
    DelayUs(1);
    SET_SCK(0);
    b<<=1;
    DelayUs(1);
    }
    RACK();
}
uchar Read_Current()
{
    uchar d;
    Start();
    Write_A_Byte(0xa1);
    d=Receive_A_Byte();
    NO_ACK();
    Stop();
```

```
        return d;
    }
    uchar Receive_A_Byte()
    {
        uchar i,d=0;
        for(i=0;i<8;i++)
        {
            SET_SCK(1);
            d<<=1;
            d|=GET_SDA();
            SET_SCK(0);
            }
        return d;
    }
    void NO_ACK(void)
    {
        SET_SDA(1);
        delay(1);
        SET_SCK(1);
        delay(5);
        SET_SCK(0);
        delay(1);
        SET_SDA(0);
    }
```

11.2　CAN 总线

11.2.1　CAN 总线介绍

在汽车工业中，出于对安全性、舒适性、方便性、低公害、低成本的要求，各种各样的电子控制系统被开发了出来。由于这些系统之间通信所用的数据类型及对可靠性的要求不尽相同，由多条总线构成的情况很多，线束的数量也随之增加。为适应"减少线束的数量""通过多个 LAN 进行大量数据的高速通信"的需要，1986 年德国博世公司开发出面向汽车的 CAN（Controller Area Network）通信协议。此后，CAN 通过 ISO11898 及 ISO11519 进行了标准化，在欧洲已是汽车网络的标准协议。

现场总线是当今自动化领域技术发展的热点之一，被誉为自动化领域的计算机局域网。它的出现为分布式控制系统实现各节点之间实时、可靠的数据通信提供了强有力的技术支持。CAN 总线的高性能和可靠性已被认同，并被广泛地应用于工业自动化设备、船舶、医疗设备等方面。

CAN 协议是一个多主串行通信协议，能够有效地支持实时控制，有极高的安全性及高达 1Mbps 的比特率。

CAN 协议支持 4 种不同的帧类型。

数据帧：它负责把数据从一个发送节点传送到接收节点。对于标准帧，最大数据帧长度为 108 位；对于扩展帧，最大数据帧长度为 128 位。

远程帧：目的节点可以通过发送一个远程帧向源节点请求数据，该远程帧带有一个匹配所请求的数据帧标识的标识符。

错误帧：任何节点一旦检测到总线错误，便会产生一个错误帧。

超载帧：超载帧在前面的和后继的数据帧或远程帧之间提供一个额外的延时。

在当今的 CAN 应用中，CAN 网络的节点在不断增加，并且多个 CAN 常常通过网关连接起来，因此整个 CAN 网络中的报文数量（每个节点都需要处理）急剧增加。除应用层报文外，网络管理和诊断报文也被引入。因此，需要一个增强的过滤机制来处理各种类型的报文。此外，应用层任务需要更多的 CPU 时间，因此报文接收所需的实时响应程度需要减轻。接收 FIFO 的方案允许 CPU 花很长时间处理应用层任务而不会丢失报文。构筑在底层 CAN 驱动程序上的高层协议软件，要求与 CAN 控制器之间有高效的接口。

CAN 网络拓扑结构如图 11.5 所示。

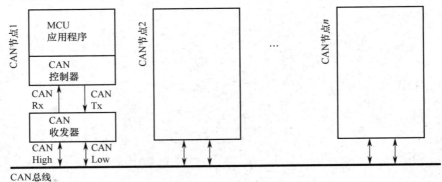

图 11.5　CAN 网络拓扑结构

从 OSI 模型的角度来看，CAN 只定义了物理层与数据链路层，而没有定义用户层，用户可根据自己的需要定义一些网络上的通信约定。

基于 CAN 总线的工业自动化应用中，越来越需要一个开放的、标准化的高层协议：这个协议支持各种 CAN 厂商设备的互用性、互换性，能够实现在 CAN 网络中提供标准的、统一的系统通信模式，提供设备功能描述方式，执行网络管理功能。因此在 CAN 标准的基础上，CANopen 通信协议被提出。同时 EtherCAT 也是一种常用的工业总线。

（1）CANopen

CANopen 是在 CAN 的基础上定义了用户层，即规定了用户、软件、网络终端等之间用来进行信息交换的约定。CANopen 包括通信子协议和设备子协议，常在嵌入式系统中使用，也是工业控制领域常用到的一种现场总线。

CANopen 实现了 OSI 模型中网络层以上（包括网络层）的协议，支持网络管理、设备监控及节点间的通信。除 CANopen 外，其他的通信协议（如 POWERLINK 及 EtherCAT）可视作 CANopen 的设备子协议。

（2）EtherCAT

EtherCAT（以太网控制自动化技术）是一个开放架构，是以太网为基础的现场总线系统，其名称的 CAT 为 Control Automation Technology 的首字母缩写。EtherCAT 是确定性的工业以太网，最早由德国倍福（Beckhoff）公司研发。自动化应用对通信的一般要求是较短的资料更新时间（或称为周期时间）、资料同步时的通信抖动量低、硬件的成本低，EtherCAT 开发的目的就是让以太网可以运用在自动化应用中。

EtherCAT 协议是针对程序资料而进行优化的，利用标准的 IEEE 802.3 以太网帧传递，其程序资料顺序和网站上设备的实体顺序无关，定址顺序也没有限制。主站可以和从站进行广播及多播等通信。若需要 IP 路由，EtherCAT 协议可以放入 UDP/IP 资料包中。EtherCAT 的周期时间短，是因为从站的微处理器不需要处理以太网的封包，所有程序资料都由从站控制器的硬件来处理。

11.2.2 STM32 的 CAN 总线

STM32 芯片支持 CAN2.0A 和 2.0B 协议，波特率最高可达 1Mbps，支持时间触发通信功能。

发送：3 个发送邮箱，发送报文的优先级特性可软件配置，记录发送 SOF 时刻的时间戳。

接收：3 级深度的 2 个接收 FIFO，可变的 14 个过滤器组，标识符列表，FIFO 溢出处理方式可配置，记录接收 SOF 时刻的时间戳。

时间触发通信模式：禁止自动重传模式，16 位自由运行定时器，可在最后 2 个数据字节发送时间戳。

管理：中断可屏蔽，邮箱占用单独一块地址空间，便于提高软件效率。

STM32 的 CAN 工作模式有：①初始化模式；②正常模式；③睡眠模式（低功耗）；④测试模式。

STM32F103R6 芯片的 CAN 接口引脚见表 11.2。

表 11.2 CAN 接口引脚

接口	复用功能	默认引脚	重映射引脚	功能说明
CAN	CAN_RX	PA11	PD0	CAN 接收
	CAN_TX	PA12	PD1	CAN 发送

11.3 USB

11.3.1 USB 简介

USB（Universal Serial Bus，通用串行总线）是一个外部总线标准，用于规范 PC 与外部设备的连接和通信，是应用在 PC 领域的接口技术。USB 接口支持设备的即插即用和热插拔功能。

USB 接口有以下几种类型。

（1）USB Host（USB 主设备）

USB Host 的意思是该设备可以作为 USB 主机连接 USB 外围设备，如连接 U 盘、键盘、鼠标等。一般地，PC 的 USB 接口都是 USB Host 模式。

（2）USB Slave（USB 从设备）

USB Slave 一般指 USB 外围设备，如 U 盘、键盘和鼠标等，用来与 USB Host 接口连接。

（3）USB OTG

USB 设备分为 USB Host（主设备）和 USB Slave（从设备），只有当一台 USB Host 与一台 USB Slave 连接时才能实现数据的传输。USB OTG 就是既能充当 USB Host，又能充当 USB Slave。USB OTG 两用设备完全符合 USB 2.0 标准，并可提供一定的主设备检测能力，支持至设备交换协议（HNP）和对话请求协议（SRP）。

USB 2.0 是向下兼容 USB 1.X 的，即 USB 2.0 支持高速、全速、低速的 USB 设备，而 USB1.X 不支持高速设备。因此，如果高速设备接在 USB 1.X 的 Hub 上，也只能工作在全速状态。USB 2.0 的最大传输速率为 480Mbps，而 USB 3.0 的最大传输速率高达 5.0Gbps。

11.3.2　STM32 的 USB 接口

USB 协议为 USB 设备定义了 4 种传输类型的通信流。

控制传输（Control）：用于在设备连接时对设备进行配置，还用于设备的一些其他专门用途，包括对设备的其他管道的控制。

批量数据传输（Bulk）：用于大批量数据传输及传输数据大小变化较大的情况。

中断数据传输（Interrupt）：用于及时可靠的数据传输。例如，字符传输、人为精确控制传输或用于交互响应的情况。

同步传输（Isochronous）：占用预先分配好的 USB 带宽并且传输满足预先算好的延迟（也被称作流实时传输）。

STM32F103R6 芯片的 USB 接口引脚见表 11.3。

表 11.3　USB 接口引脚

接口	复用功能	默认引脚	功能说明
USB	USBDM	PA11	数据负信号
	USBDP	PA12	数据正信号

STM32F103R6 的 USB 接口有如下特点：支持 USB 2.0 全速；支持双缓冲，最大程度地利用 USB 的带宽；支持 USB 挂起和恢复操作，还支持设备远程唤醒操作，即由设备发起唤醒请求（比如，鼠标移动后唤醒设备）；USB 和 CAN 共用 512 字节的缓存，也就是说，同一时刻只能有一个外设可以工作，可以通过软件在不同时刻使用不同的外设。

习　题　11

1. 简述 I^2C 总线的特点。
2. 简述 STM 32 的 I^2C 总线的工作模式。
3. 简述 CAN 总线的特点。
4. 简述 STM32 的 CAN 总线的工作方式。
5. 简述 USB 的接口类型。
6. 简述 STM 32 的 USB 接口的传输类型。

第 12 章　嵌入式操作系统

12.1　嵌入式操作系统概述

嵌入式操作系统是指用于嵌入式系统的操作系统。嵌入式操作系统是一种用途广泛的系统软件，通常包括与硬件相关的底层驱动软件、系统内核、设备驱动接口、通信协议、图形界面、标准化浏览器等。

当前嵌入式操作系统主要分为两大类型：①支持内存管理单元（MMU）的大型嵌入式操作系统，如 Linux、鸿蒙、Android、iOS、VXworks 和 WinCE 等。这类操作系统类似通用 PC 的操作系统，主要是在具有 MMU 单元的嵌入式微处理器（MPU）上运行，由于涉及较大的内存数据的操作，因此一般支持访问 DDR 大容量内存和大容量 NAND Flash，在启动时需要有 Bootloader 程序装载 DDR 内存和 NAND Flash 的驱动。此类操作系统自身及运行的流程都相对复杂，但是因为和通用操作系统具有良好的兼容性，所以具有良好的开发生态，例如，OpenCV 和 OpenCL 库函数等都直接支持此类嵌入式操作系统，方便开发人员进行程序开发。②可在微控制器上运行的小型嵌入式操作系统，如 RT-Thread、Amazon FreeRTOS、μC/OS、华为 Lite OS、AliOSThings、ARM mbed 和 Tencent OStiny 等，这类操作系统的内核较为简单，主要由任务管理、时间管理、互斥量、信号量和内存管理等操作系统最基本的元素组成，整个程序也很小，一般小于 4KB，因此可以直接部署在微控制器的静态存储器上，也可以通过地址总线直接运行访问。随着近年来物联网技术的发展，这些小型操作系统除提供操作系统的基本内核外，还提供了很多外扩软件包和网络通信模块，如 TCP、Web Socket、MQTT、文件系统和 UI 等。

由于本书主要介绍微控制器的内容，因此本章针对可在微控制器上运行的小型嵌入式操作系统展开讲解。同时嵌入式操作系统的实时性是其很重要的指标，因此也对这部分内容进行介绍。

12.1.1　传统小型嵌入式操作系统

比较早开始的基于嵌入式的操作系统主要是 μC/OS 和 FreeRTOS 等。

μC/OS-II 的前身是 μC/OS，1992 年美国嵌入式系统专家 Jean J.Labrosse 在《嵌入式系统编程》杂志上刊登文章，并把 μC/OS 的源码发布在该杂志的 BBS 上。μC/OS 和 μC/OS-II 是专门为计算机的嵌入式应用设计的，绝大部分代码是用 C 语言编写的，CPU 硬件相关部分是用汇编语言编写的，总量约 200 行的汇编语言部分被压缩到最低限度，为的是便于移植到任何一种其他的 CPU 上。用户只要有标准的 ANSI C 交叉编译器、汇编器、连接器等，就可以将 μC/OS-II 嵌入到开发的产品中。μC/OS-II 具有执行效率高、占用空间小、实时性能优良和可扩展性强等特点，最小内核可编译至 2KB。μC/OS-II 已经移植到了几乎所有知名的 CPU 上。μC/OS-II 只是一个实时操作系统内核，它仅仅包含任务调度、任务管理、时间管理、内存管理和任务间的通信与同步等基本功能，没有提供输入/输出管理、文件系统、网络等额外的服务。但由于 μC/OS-II 良好的可扩展性和源码开放，这些非必需的功能完全可以由用户自己根据需要分别实现。μC/OS-II 目标是实现一个基于优先级调度的、抢占式的实时内核，并在这个内核之上提供最基本的系统服务，如信号量、邮箱、消息队列、内存管理、中断管理等。μC/OS-II 以源码的形式发布，但并不是开源软件，可以将其用于教学和个人研究，但是如果将其用于商业用途，必须通过 Micrium 获得商用许可。μC/OS-II 虽然商业使用需要付费，但其内核的开源推动了微控制器嵌入式操作系统的发展，从学习微控制器嵌入式操作系统来说，它是一个经典的结构，通过对其内核的学习能帮助学习者对其他微控制器内核的学习。

英国人 Richard Barry 于 2003 年发布开源的实时内核——FreeRTOS，后续由 Real Time Engineers Ltd.公司开发和维护 FreeRTOS 代码。FreeRTOS 开放源码，并且完全可以免费用于商业产品，因此比 μC/OS-II 具有更强的吸引力。FreeRTOS 是一个相对较小的应用程序，最小化的 FreeRTOS 内核仅包括 3 个（.c）文件和少数头文件，总共不到 9000 行代码（包括了注释和空行）。FreeRTOS 核心组件主要有 3 个文件：list.c、queue.c、tasks.c，这 3 个文件是必须添加的；可扩展的部分 stream_buffer.c、croutine.c、event_group.c，用不到可以不添加。FreeRTOS 具有如下特性、灵活的任务优先级、灵活轻量级的任务通知机制、队列、二值/计数信号量、互斥/递归互斥量、软定时器、事件组、定时/空闲 Hook 函数、栈溢出检查、跟踪记录和任务时间统计。2017年，FreeRTOS 成为亚马逊（AWS）的开源项目，Richard Barry 成为亚马逊 AWS IoT（Internet of Things，物联网）首席架构师，亚马逊发布了 Amzon FreeRTOS1.0。Amazon FreeRTOS1.0 使用 FreeRTOSv10 内核，增加了 IoT 应用组件，如 OTA、TLS 和 MQTT 连接到亚马逊 AWS 云。

后续也有很多类似的小型嵌入式系统推出，甚至很多个人爱好者也写了自己的小型嵌入式操作系统，虽然这些嵌入式操作系统的具体代码不一样，但是实现的功能基本一样，都包括任务管理、实时调度、时间管理、中断管理、内存管理、消息队列、信号量、互斥锁、事件标志等，因此只要掌握一种嵌入式操作系统的使用思路即可。

12.1.2　嵌入式小型物联网操作系统

由于 Linux 和 Android 等面向嵌入式微处理器操作系统也会用于物联网操作系统，为了区别此类物联网操作系统，本书把面向微控制器的物联网操作系统称为嵌入式小型物联网操作系统。

目前常见的嵌入式小型物联网操作系统主要有 RT-Thread、亚马逊 FreeRTOS、华为 Lite OS、AliOSThings、ARM mbed 和腾讯 Tencent OStiny 等。这些操作系统可以分为 3 种类型：①专门为物联网应用开发的操作系统，如 ARM mbed 等；②以嵌入式操作系统为基础，扩展支持物联网应用，如 FreeRTOS、μC/OS-III 和 RT-Thread 等；③从云端布局，拓展支持 IoT 应用的操作系统，如 AliOSthings、亚马逊 FreeRTOS、华为 Lite OS 和腾讯 Tencent OStiny 等。

嵌入式小型物联网操作系统主要是在小型物联网操作系统的基础上添加了网络和软件模块，从而使整个系统更有利于物联网应用开发。所有的嵌入式小型物联网操作系统的实现功能都类似，因此下面以 RT-Thread 为例来说明一个完整的嵌入式小型物联网操作系统。

RT-Thread，全称是 Real Time-Thread，顾名思义，它是一个嵌入式实时多线程操作系统，基本属性之一是支持多任务，允许多个任务同时运行并不意味着处理器在同一时刻确实执行了多个任务。事实上，一个处理器在某一时刻只能运行一个任务，由于每次对一个任务的执行时间很短，且任务与任务之间通过任务调度器能非常快速地切换（调度器根据优先级决定此刻该执行的任务），给人造成多个任务在一个时刻同时运行的错觉。在 RT-Thread 系统中，任务通过线程实现，RT-Thread 中的线程调度器就是以上提到的任务调度器。RT-Thread 主要采用 C 语言编写，浅显易懂，方便移植。它把面向对象的设计方法应用到实时系统设计中，使得代码风格优雅、架构清晰、系统模块化且可裁剪性非常好。针对资源受限的微控制器系统，可通过方便易用的工具，裁剪出仅需要 3KB Flash、1.2KB RAM 资源的 NANO 版本（NANO 是 RT-Thread 官方于 2017 年 7 月发布的一个极简版内核）；而对于资源丰富的物联网设备，RT-Thread 又能使用在线的软件包管理工具，配合系统配置工具实现直观快速的模块化裁剪，无缝地导入丰富的软件功能包，实现类似 Android 的图形界面及触摸滑动效果、智能语音交互效果等复杂功能。

近年来，物联网（IoT）概念广为普及，物联网市场发展迅猛，嵌入式设备的联网已是大势所趋。终端联网使得软件复杂性大幅增加，传统的 RTOS 内核已经越来越难满足市场的需求，在这种情况下，物联网操作系统（IoT OS）的概念应运而生。物联网操作系统是指以操作系统内核（可以是 RTOS、Linux 等）为基础，包括如文件系统、图形库等较为完整的中间层组件，具备低功耗、安全、通信协议支持和云端连接能力的软件平台，RT-Thread 就是一个 IoT OS。作为物联网操作系统，RT-Thread 不仅仅是一个实时内核，还具备丰富的中间层组件，如图 12.1 所示。

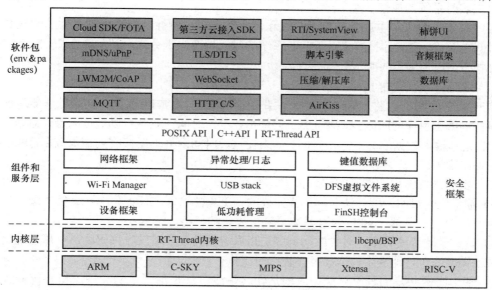

图 12.1　RT-Thread 内部结构图

RT-Thread 具体包括以下部分。

内核层：RT-Thread 内核，是 RT-Thread 的核心部分，包括内核系统中对象的实现，例如多线程及其调度、信号量、邮箱、消息队列、内存管理、定时器等；libcpu/BSP（芯片移植相关文件/板级支持包）与硬件密切相关，由外设驱动和 CPU 移植构成。

组件和服务层：组件是基于 RT-Thread 内核之上的上层软件，例如 DFS 虚拟文件系统、FinSH 控制台、网络框架、设备框架等。采用模块化设计，做到组件内部高内聚，组件之间低耦合。

RT-Thread 软件包：运行于 RT-Thread 物联网操作系统平台上，面向不同应用领域的通用软件组件，由描述信息、源代码或库文件组成。RT-Thread 提供了开放的软件包平台，这里存放了官方提供或开发者提供的软件包，该平台为开发者提供了众多可重用软件包的选择，这也是 RT-Thread 生态的重要组成部分。软件包生态对于一个操作系统的选择至关重要，因为这些软件包具有很强的可重用性，模块化程度很高，极大地方便应用开发者在最短时间内打造出自己想要的系统。RT-Thread 支持的软件包数量已经达到 60 多个，举例如下。

物联网相关的软件包：Paho MQTT、WebClient、mongoose、WebTerminal 等。

脚本语言相关的软件包：目前支持 JerryScript、MicroPython。

多媒体相关的软件包：Openmv、mupdf。

工具类软件包：CmBacktrace、EasyFlash、EasyLogger、SystemView。

系统相关的软件包：RTGUI、Persimmon UI、lwext4、partition、SQLite 等。

外设库与驱动类软件包：RealTek RTL8710BN SDK。

12.1.3　嵌入式操作系统实时性特点

大多数的通用操作系统不具备实时性能，它们的反应时间通常为几秒，或几分钟。而具有控制用途的嵌入式操作系统往往具有较高的实时性能，因此嵌入式操作系统的一个重要指标就是实时性。

有关实时性有如下内容。

（1）实时系统的属性

实时系统有两个基本属性：可预测性和可靠性。可预测性是指对外部事件的响应必须在规定的时间内完成。实时计算模式对于实时系统的可靠性要求十分高，因为它要求实时系统随时处于就绪状态，以便能及时响应外部事件。

（2）实时系统的性能指标

实时系统的实时性能主要根据 3 个主要指标来衡量。①响应时间。它是处理器从识别一个外部事件到做出反应的时间。②吞吐量。它是指在给定时间内系统可以处理的事件总数。③生存时间。它是指输入数据的有效等待时间。如果在这段时间内处理器接收到输入数据，就能够给出有用的输出数据。

（3）实时系统常用的调度方法

① 基于优先级的调度算法。基于优先级的调度算法给每个任务分配一个优先级，在每次任务调度时，调度器总是让 CPU 执行具有最高优先级的任务。

② 时钟驱动调度算法。时钟驱动调度是指系统调度程序通过时钟驱动，在事先确定的某些时刻做出调度决策，即决定什么任务在什么时候执行。

③ 基于比例共享的调度算法。时间片轮转调度算法是最简单的一种操作系统任务调度算法。它以相同的比例为每个任务分配一个时间片，并且在没有优先级的情况下处理所有进程。

④ 非周期性任务的调度算法。在嵌入式系统运行时，会随即出现大量的非周期性任务。非周期性任务被实时系统用来响应外部触发事件，如系统模式改变、系统显示操作、外来通信访问等。这种非周期性任务完成得越快，系统的响应性能越好。

（4）临界资源和代码临界区

临界资源指的是一段时间只容许一个进程访问的资源。共享临界资源的各个进程必须互相访问临界资源。代码临界区是指处理时不可分割的代码。一旦这部分代码开始执行，则不容许任何中断介入。为确保临界区代码的执行，在进入临界区之前必须关中断，执行完临界区代码后要立即开中断。

（5）优先级反转和对策

有时候会出现一种比较奇怪的现象：由于多进程共享资源，具有最高优先级的进程被低优先级进程阻塞，反而使具有中优先级的进程先于高优先级的进程执行，从而导致系统崩溃。这就是优先级反转。目前通常使用两种方法来解决优先级反转，一种方法是采用优先级封顶协议，另一种方法是采用优先级继承协议。

12.2　μC/OS-II 嵌入式操作系统

源码开放（C 代码）的免费嵌入式操作系统 μC/OS-II 简单易学，它提供了嵌入式操作系统的基本功能，其核心代码短小精悍，如果针对硬件进行优化，还可以获得更高的执行效率。由于嵌入式操作系统核心处理的内容相似，因此学习 μC/OS-II 有助于理解一个嵌入式操作系统完整的开发过程。

12.2.1　μC/OS-II 特性

μC/OS-II 嵌入式操作系统具有如下特性。

① 公开源码。

② 可移植性：绝大部分 μC/OS-II 的源码是用移植性很强的 ANSI C 编写的，和微处理器硬件相关的那部分是用汇编语言编写的。汇编语言编写的部分已经压到最低限度，使得 μC/OS-II 便于移植到其他微处理器上。μC/OS-II 可以在绝大多数 8 位、16 位、32 位乃至 64 位微处理器、微控制器、数字信号处理器（DSP）上运行。

③ 可固化：μC/OS-II 是为嵌入式应用而设计的，这就意味着，只要用户有固化手段（C 编译、连接、下载和固化），μC/OS-II 可以嵌入到用户的产品中成为产品的一部分。

④ 可裁剪：可以只使用 μC/OS-II 中应用程序需要的那些系统服务。也就是说，某产品可以只使用很少几个 μC/OS-II 功能调用，而另一个产品则使用几乎所有 μC/OS-II 的功能，这样可减少产品中 μC/OS-II 所需的存储器空间（RAM 和 ROM）。这种可剪裁性是靠条件编译实现的。

⑤ 占先式：μC/OS-II 是完全可剥夺型的实时内核，μC/OS-II 总是运行就绪条件下优先级最高的任务。

⑥ 多任务：μC/OS-II 可以管理 64 个任务，应用程序最多可以有 256 个任务。

⑦ 可确定性：全部 μC/OS-II 的函数调用与服务的执行时间具有可确定性。

⑧ 任务栈：每个任务有自己单独的栈，μC/OS-II 允许每个任务有不同的栈空间，以便压低应用程序对 RAM 的需求。

⑨ 系统服务：μC/OS-II 提供很多系统服务，如邮箱、消息队列、信号量、块大小固定的内存的申请与释放、时间相关函数等。

⑩ 中断管理：中断可以使正在执行的任务暂时挂起，如果优先级更高的任务被该中断唤醒，则高优先级的任务在中断嵌套全部退出后立即执行，中断嵌套层数可达 255 层。

⑪ 稳定性与可靠性：μC/OS-II 是基于 μC/OS 的，μC/OS 自 1992 年以来已经有数百个商业应用。μC/OS-II 与 μC/OS 的内核是一样的，只是提供了更多的功能。

12.2.2　μC/OS-II 主要代码说明

（1）OS_CORE.C

核心调度代码，包括系统初始化、启动多任务调度、任务创建管理与调度、TCB 初始化、就绪表初始化、ECB 初始化、任务事件就绪表、空闲任务等。

（2）OS_FLAG.C

事件标志管理，包括标志创建、删除、检查和查询等。

（3）OS_MBOX.C

邮箱管理，包括邮箱的创建和删除、邮箱的各种消息处理。

（4）OS_MEM.C

内存管理，包括创建分区、获得存储块等。

（5）OS_MUTEX.C

互斥信号量管理，包括创建、删除、检测、挂起、发送和查询互斥信号量。

（6）OS_Q.C

消息队列管理，包括从队列中检测消息，创建、刷新或删除消息队列，挂起队列等待消息，发送消息到一个队列等。

（7）OS_SEM.C

信号量管理，包括创建、检查、挂起、释放一个信号量。

（8）OS_TASK.C

任务管理，包括改变任务的优先级、创建或删除任务、挂起任务、恢复被挂起的任务等。

（9）OS_TIME.C

时间管理，包括延时若干时钟节拍（或者一个特定时间）执行任务、恢复被延时的任务、获得任务时间等。

（10）μCOS_II.C

与应用无关的宏定义常量，包括条件编译数据结构、宏定义结构型变量。

（11）μCOS_II.H

与应用无关的宏定义常量，包括条件编译数据结构、宏定义结构型变量。

（12）OS_CFG.H

宏定义 μC/OS-II 的各种参数常量值或者参数开关。

（13）INCLUDE.H

μC/OS-II 的总包含文件，包含所有需要的*.H 文件，它本身又被各个.C 文件所包含。

（14）OS_CPU.H

数据类型定义、开中断和关中断的宏定义等。

（15）OS_CPU_C.C

创建任务的自用栈空间、定义用户接口 HOOK 函数原型等。

（16）OS_CPU_A.ASM

符合特定硬件平台的汇编语言程序。

在整个 μC/OS-II 程序架构中，和 CPU 有关的程序是 OS_CPU.H、OS_CPU_C.C、OS_CPU.H，所以移植也主要和这几个程序有关。μC/OS-II 软硬件架构如图 12.2 所示。

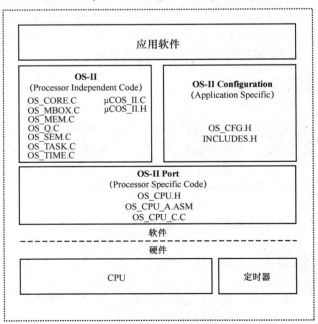

图 12.2　μC/OS-II 软硬件架构

12.2.3 μC/OS-II 的启动过程

Bootloader 执行完毕后，调用应用程序主文件（通常是 main.c）里的 main() 函数。main() 函数在执行过程中，除硬件初始化函数和用户函数外，按以下次序执行 3 个函数：①操作系统初始化函数 OSInit()；②任务创建函数 OSTaskCreate；③任务调度开始函数 OSStart()。

一旦 OSStart() 函数开始执行，就标志着 μC/OS-II 进入了多任务调度的正常运行状态。

12.3 μC/OS-II 操作系统移植

所谓移植，就是使一个实时内核能在某个微处理器或微控制器上运行。为了方便移植，大部分的 μC/OS-II 代码是用 C 语言编写的；但仍需要用 C 和汇编语言编写一些与处理器相关的代码，这是因为 μC/OS-II 在读/写处理器寄存器时只能通过汇编语言来实现。由于 μC/OS-II 在设计时就已经充分考虑了可移植性，因此 μC/OS-II 的移植相对来说是比较容易的。

要使 μC/OS-II 正常运行，处理器必须满足以下要求：①处理器的 C 编译器能产生可重入代码；②用 C 语言就可以打开和关闭中断；③处理器支持中断，并且能产生定时中断（通常在 10～100Hz 之间）；④处理器支持能够容纳一定量数据（可能是几 KB）的硬件堆栈；⑤处理器有将堆栈指针和其他 CPU 寄存器读出与存储到堆栈或内存中的指令。

STM32 微控制器满足以上的条件，因此可以把 μC/OS-II 移植到此芯片中。要移植一个操作系统到一个特定的 CPU 体系结构上并不是一件容易的事情，因此对移植者有以下要求：①对目标体系结构要有很深了解；②对操作系统原理要有较深入的了解；③对所使用的编译器要有较深入的了解；④对需要移植的操作系统要有相当的了解；⑤对具体使用的芯片也要一定的了解。

12.3.1 移植规划

根据 μC/OS-II 的要求，移植 μC/OS-II 到一个新的体系结构上需要提供 2 个或 3 个文件：OS_CPU.H（C 语言头文件）、OS_CPU_C.C（C 程序源文件）及 OS_CPU_A.ASM（汇编程序源文件），其中 OS_CPU_A.ASM 在某些情况下不需要，但极其罕见。不需要 OS_CPU_A.ASM 的必须满足以下苛刻条件：①可以直接使用 C 语言打开和关闭中断；②可以直接使用 C 语言编写中断服务程序；③可以直接使用 C 语言操作堆栈指针；④可以直接使用 C 语言保存 CPU 的所有寄存器。

同时支持以上 4 个条件的 C 语言编译器几乎不存在，即使存在，移植代码往往也会使用部分汇编语言来提高移植代码的效率。移植 μC/OS-II 需要在 OS_CPU.H 包含几个类型的定义和几个常数的定义；在 OS_CPU_C.C 和 OS_CPU_A.ASM 中包含几个函数的定义和时钟节拍中断服务程序的代码。实际上，还有一个 includes.h 文件需要关注，因为每个应用都包含独特的 includes.h 文件。移植文件说明见表 12.1。

表 12.1 移植文件说明

移植内容	类型	所属文件	描述
BOOLEAN、INT8U、INT8S、INT16U、INT16S、INT32U、INT32S、FP32、FP64	数据类型	OS_CPU.H	与编译器无关的数据类型
OS_STK	数据类型	OS_CPU.H	堆栈的数据类型
OS_ENTER_CRITICAL() 和 OS_EXIT_CRITICAL()	宏	OS_CPU.H	打开和关闭中断的代码

移植内容	类型	所属文件	描述
OS_STK_GROWTH	常量	OS_CPU.H	定义堆找的增长方向
OS_TASK_SW	函数	OS_CPU.H	任务切换时执行的代码
OSTaskStkInit()	函数	OS_CPU_C.C	任务堆栈初始化函数
OSInitHookBegin()、OSInitHookEnd()、OSTaskCreateHook()、OSTaskDelHook()、OSTaskSwHook()、OSTaskStatHook()、OSTCBInitHook()、OSTimeTickHook()、OSTaskIdleHook()、	函数	OS_CPU_C.C	μC/OS-II 在执行某些操作时调用的用户函数，一般为空
OSStartHighRdy()	函数	*OS_CPU_A.ASM	进入多任务环境时运行优先级最高的任务
OSIntCtxSw()	函数	*OS_CPU_A.ASM	中断退出时的任务切换函数
OSTickISR()	中断服务程序	*OS_CPU_A.ASM	时钟节拍中断服务程序

12.3.2　编写 OS_CPU.H

1．不依赖于编译的数据类型

μC/OS-II 不使用 C 语言中的 short、int、long 等数据类型的定义，因为它们与处理器类型有关，隐含着不可移植性。代之以移植性强的整数数据类型，这样，既直观又可移植，不过这就成了必须移植的代码。

不依赖于编译器的数据类型定义：

```
typedef unsigned cha       BOOLEAN;        //注意:不要使用 bit 定义，因为在结构体里无法使用
typedef unsigned char      INT8U;          //无符号 8 位数
typedef signed char        INT8S;          //有符号 8 位数
typedef unsigned int       INT16U;         //无符号 16 位数
typedef signed int         INT16S;         //有符号 16 位数
typedef unsigned long      INT32U;         //无符号 32 位数
typedef signed long        INT32S;         //有符号 32 位数
typedef float              FP32;           //单精度浮点数
typedef double             FP64;           //双精度浮点数
typedef unsigned char      OS_STK;         //栈单元宽度为 8 位
```

2．OS_STK_GROWTH

μC/OS-II 使用结构常量 OS_STK_GROWTH 指定堆栈的生长方式：OS_STK_GROWTH 为 0，表示堆栈从下往上长。OS_STK_GROWTH 为 1，表示堆栈从上往下长。

虽然 ARM 处理器对于两种方式均支持，但 RealView MDK 的 C 语言编译器仅支持一种方式，即从上往下长，并且必须是满递减堆栈，所以 OS_STK_GROWTH 的值为 1，代码如下：

```
#define OS_STK_GROWTH    1        /* Stack grows from HIGH to LOW memory on ARM */
```

3．打开和关闭中断方式

在 μC/OS-II 中，有些代码在执行过程中不容许被打断，这部分代码称为临界区代码。在执行临界区代码的过程中，一定要关闭中断；在执行后要打开中断。打开和关闭中断有 3 种方式，所以在这部分代码中要选择所使用的方式。例如：

```
#define    OS_CRITICAL_METHOD      3
```

我们选择第三种方式。在 µC/OS-II 中，可以通过 OS_ENTER_CRITICAL()和 OS_EXIT_CRITICAL()来控制系统关闭或者打开中断。

```
#if        OS_CRITICAL_METHOD == 3
#define OS_ENTER_CRITICAL() (cpu_sr = OSCPUSaveSR()) /* Disable interrupts*/
#define   OS_EXIT_CRITICAL() (OSCPURestoreSR(cpu_sr)) /* Restore   interrupts*/
#endif
```

12.3.3　编写 OS_CPU_C.C

1．OSTaskStkInit()

在编写此函数前，必须先确定任务的堆栈结构。而任务的堆栈结构与 CPU 的体系结构、编译器有密切的关联。本移植的堆栈结构如图 12.3 所示。

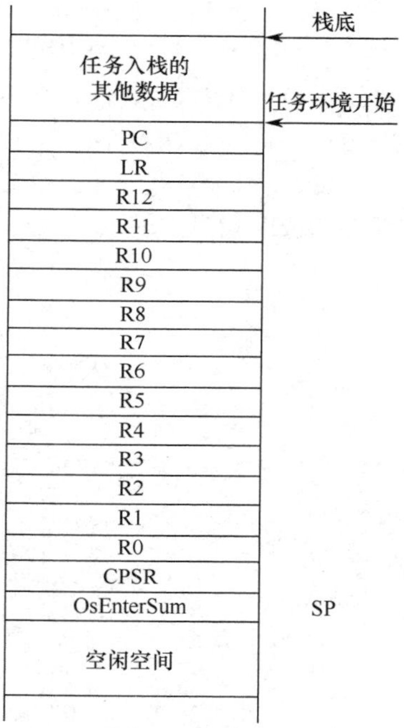

2．…Hook()函数

µC/OS-II 有很多由用户编写的…Hook()函数，它在本移植中全为空函数，用户可以按照 µC/OS-II 的要求修改。

12.3.4　编写 OS_CPU_A.ASM

1．OSStartHighRdy()函数

此函数是在 OSStart()多任务启动之后，负责从最高优先级任务的 TCB 控制块中获得该任务的堆栈指针（SP），通过 SP 依次将 CPU 现场恢复，这时系统就将控制权交给用户创建的该任务进程，直到该任务被阻塞或者被其他更高优先级的任务抢占 CPU。

该函数仅仅在多任务启动时被执行一次，用来启动第一个也就是最高优先级的任务执行，之后多任务的调度和切换就由下面的函数来实现。

2．void OSCtxSw(void)函数

任务级的上下文切换，它是当任务因为被阻塞而主动请求 CPU 调度时被执行，由于此时的任务切换都是在非异常模式下进行的，因此区别于中断级别的任务切换。它的工作是先将当前任务的 CPU 现场保存到该任务堆栈中，然后获得最高优先级任务的堆栈指针，从该堆栈中恢复此任务的 CPU 现场，使之继续执行，这样就完成了一次任务切换。

图 12.3　堆栈结构图

3．void OSIntCtxSw(void)函数

中断级的任务切换，它在时钟中断 ISR（中断服务例程）中发现有高优先级任务等待的时钟信号到来，则需要在中断退出后并不返回被中断任务，而是直接调度就绪的高优先级任务执行。这样做的目的主要是能够尽快地让高优先级的任务得到响应，保证系统的实时性能。它的原理基本上与任务级的上下文切换相同，但是由于进入中断时已经保存过了被中断任务的 CPU 现场，因此这里就不用再进行类似的操作，只需要对堆栈指针做相应的调整，原因是函数的嵌套。

4．OSPendSV()函数

OSPendSV()是 PendSV Handler 的中断处理函数名称，它实现了上下文切换。这种实现方式对于 ARM Cortex-M3 来说是强烈推荐的。这是因为对于任何异常，ARM Cortex-M3 可以自动保存（进入异常）和恢复上下文（退出异常）的一部分内容。因此，PendSV Handler 只需要保存

和恢复 R4～R11 和堆栈指针这些剩余的上下文。使用 PendSV 的异常机制意味着，无论是由任务触发还是由中断或异常触发的上下文切换都可以用同一种方法实现。

12.4 μC/OS-II 内核结构

μC/OS-II 的各种服务都是以任务的形式出现的。在 μC/OS-II 中，每个任务都有一个唯一的优先级。μC/OS-II 基于优先级可剥夺型内核，适合应用在对实时性要求较高的场合。

12.4.1 μC/OS-II 的任务状态

μC/OS-II 可以定义的最大任务数是 64 个，最高优先级为 0，最低优先级取为实际定义的最大任务数减 1。μC/OS-II 中的一个任务是一个简单的程序。作为软件实体的任务建立之后，拥有优先级、执行函数、自用栈空间和任务控制块（TCB），在运行时能够完全控制 CPU 的操作及全部用户可访问寄存器操作。

μC/OS-II 的每个任务都是一个无限的循环。每个任务都处在休眠态、就绪态、运行态、挂起态和被中断态中的某种状态。如图 12.4 所示。

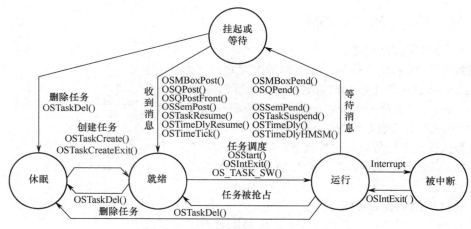

图 12.4 任务状态

（1）休眠（DOEMANT）

指任务驻留在程序空间之中，还没有交给 μC/OS-II 管理。把任务交给 μC/OS-II 通过调用下述两个函数之一实现：OSTaskCreate()或 OSTaskCreateExt()。任务一旦建立，这个任务就进入就绪态准备运行。

（2）就绪（READY）

在这种状态下意味着该任务已经准备好，可以运行了，但由于该任务的优先级比正在运行的任务的优先级低，因此还暂时不能运行。

（3）运行（RUNNING）

指得到了 CPU 控制权正在运行之中的任务状态。因为 μC/OS-II 是抢占式内核，所以处于运行态的任务一定是当前就绪任务集中优先级最高的任务。

（4）挂起（PENDING）或等待（WAITING）

这是指正在运行的任务由于调用延时函数 OSTimeDly()，或等待事件信号量而将自身挂起的状态。

（5）被中断（INTERRUPT）

发生中断时，CPU 提供相应的中断服务，原来正在运行的任务暂时停止运行，从而进入被中断状态。

12.4.2　任务控制块 OS_TCB

内核对任务的管理通过任务控制块 OS_TCB（Task Control Block）进行。任务控制块是一个数据结构，在任务创建时内核会申请一个空白 TCB，然后进行初始化，将创建的任务信息填入该 TCB 的各个字段。当任务的 CPU 使用权被剥夺时，μC/OS-II 用 TCB 来保存该任务的状态。当任务重新得到 CPU 使用权时，通过 TCB 就能确保任务从被中断处继续执行。OS_TCB 全部驻留在 RAM 中。

μC/OS-II 任务控制块结构如下：

```
typedef struct os_tcb {
    OS_STK          *OSTCBStkPtr;           //指向任务独立堆栈的栈顶指针
#if OS_TASK_CREATE_EXT_EN
    void            *OSTCBExtPtr;           //指向用户定义的任务控制块扩展
    OS_STK          *OSTCBStkBottom;        //指向任务栈区栈底的指针
    INT32           OSTCBStkSize;           //栈区可容纳的指针元数目
    INT1            OSTCBOpt;               //创建 TCB 时的类型选择
    INT16U          OSTCBId;                //任务识别号
#endif
    struct os_tcb   *OSTCBNext;             //指向 OS_TCB 链表中下一个元素
    struct os_tcb   *OSTCBPrev;             //指向 OS_TCB 链表中前面一个元素
#if (OS_Q_EN && (OS_MAX_QS >= 2)) || OS_MBOX_EN || OS_SEM_EN
    OS_EVENT        *OSTCBEventPtr;         //指向事件控制块指针
#endif


#if (OS_Q_EN && (OS_MAX_QS >= 2)) || OS_MBOX_EN
    void            *OSTCBMsg;              //指向传给任务的消息的指针
#endif
    INT16U          OSTCBDly;               //任务容许等待事件发生的最多时钟节拍数
    INT8U           OSTCBStat;              //任务状态字
    INT8U           OSTCBPrio;              //任务优先级
    INT8U           OSTCBX;                 //任务就绪表位图矩阵的 X 坐标值（bit 序号）
    INT8U           OSTCBY;                 //任务就绪表位图矩阵的 Y 坐标值（byte 序号）
    INT8U           OSTCBBitX;              //任务就绪表位图矩阵的 X 坐标操作掩码
    INT8U           OSTCBBitY;              //任务就绪表位图矩阵的 Y 坐标操作掩码
#if OS_TASK_DEL_EN                          //表示该任务是否删除
    BOOLEAN         OSTCBDelReq;
#endif
} OS_TCB;
```

① OSTCBX、OSTCBY、OSTCBBitX、OSTCBBitY 这 4 个变量用于加速任务进入就绪态的过程或进入等待事件发生状态的过程（用于空间换时间，加速内核对就绪表的处理）。这 4 个变量是根据任务的优先级 OSTCBPrio 计算得出的，计算公式为

[OSTCBY = OSTCBPrio >> 3

[OSTCBBitY = OSMapTbl[OSTCBY]

[OSTCBX = OSTCBPrio & 0x07

[OSTCBBitX = OSMapTbl[OSTCBX]

OSMapTbl[]给出一个特定的位元坐标（0～7）的单字节位操作模式串（掩码），其作用是对单字节的二进制变量进行位逻辑运算，见表 12.2。

表 12.2　单字节位操作掩码表

位元坐标	掩码二进制数	位元坐标	掩码二进制数
0	00000001	4	00010000
1	00000010	5	00100000
2	00000100	6	01000000
3	00001000	7	10000000

例如，优先级 29 的二进制数表示为 00011101，由此可算出上述 4 个变量值分别为：

OSTCBY = 011

OSTCBBitY = OSMapTbl[3]=0x00001000

OSTCBX = 101

OSTCBBitX = OSMapTbl[5]=0x00100000

② μC/OS-II 任务标识号（OSTCBId）通常可以认为 OSTCBId = OSTCBPrio。

③ OS_TCB 数据结构中的第 1 个字段是*OSTCBStkPtr，它是指向任务独立堆栈的栈顶指针。由于它位于 OS_TCB 的零偏移地址位置，因此找到任务的 TCB 之后，再以它为地址取数，就能得到任务的自用堆栈栈顶指针。这种设计加速了任务的上下文切换，是 μC/OS-II 的设计技巧。

12.4.3　μC/OS-II 的任务调度

1. μC/OS-II 的任务就绪表

μC/OS-II 的任务记录在任务就绪表中，任务就绪表由变量 OSRdyGrp 和 OSRdyTbl[ ]构成。OSRdyGrp 是一个单字节整数变量，OSRdyTbl[OS_LOWEST_PRIO/8+1]是单字节整数数组，其元素个数定义为最低优先级除以 8 加 1，最多可有 8 个元素（字节）。实质上，OSRdyTbl[ ]是任务就绪表的位图矩阵，每一位代表一个优先级任务的就绪状态，称为就绪位。如图 12.5 所示，每个就绪位用一个方格表示，方格中的数是优先级数，该矩阵最多可有 64 位。

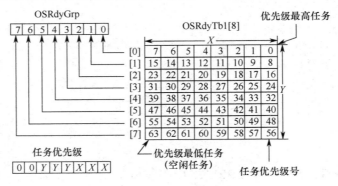

图 12.5　任务就绪表

任务按照优先级分组，8 个任务为一组。OSRdyGrp 中的每一位表示各组任务中的 8 个任务是否有任何一个进入就绪态，可以称其为组状态字节。任务进入就绪态时，按照优先级登记在任务就绪表 OSRdyTbl[ ]中，相应位被置 1，并且在 OSRdyGrp 的组位上置 1。

2．任务就绪表的操作

（1）登记一个新就绪任务

```
OSRdyGrp |= OSMapTbl | [prio>>3];
OSRdyTbl[prio>>3] |= OSMapTbl[prio & 0x07];
```

例如，下面操作详细说明如何把优先级为 42 的任务登记在任务就绪表中。

```
INTU8 prio = 42
prio >> 3 = 00000101;                          //得到 Y 值
OSMapTbl[prio>>3] = OSMapTbl[101] = 0b00100000  //得到 Y 值的位模式字节
OSRdyGrp |= 0b00100000                          //OSRdyGrp 的第 5 位置 1
prio & 0x07 = 0b00000010                        //得到 X 值
OSMapTbl[prio & 0x07] = 0b00000100              //得到 X 值的位模式字节
OSRdyTbl[101] = 0b00000100                      //OSRdyTbl[5]的第 2 位置 1
```

（2）删除不再处于就绪态任务的指令段

```
if((OSRdyTbl[prio >> 3] &= ~OSMapTbl[prio & 0x07]) ==0)
OSRdyGrp &= ~OSMapTbl[prio >> 3];
```

（3）从任务就绪表中找到最高优先级的任务

以变量 OSRdyGrp 的值为入口，从常量型的优先级判定表 OSUnMapTbl[ ]中得到一个就绪表位图矩阵的 Y 值，然后以 Y 值为入口再一次查找 OSUnMapTbl[ ]，这样就获得了任务就绪表位图矩阵的 X 值，则最高优先级=$8*Y+X$。

12.4.4　μC/OS-II 的任务切换

任务切换也称为上下文切换，实质是指任务的 CPU 寄存器内容的切换。当 μC/OS-II 内核决定运行另一个任务时，它保存正在运行任务的上下文（也称为工作现场，这就是全部 CPU 控制寄存器中的内容，有时还包括通用寄存器中的内容）。这些内容保存在任务的自用堆栈中。上下文入栈工作完成后，把下一个将要运行的任务的上下文从该任务自用堆栈中装入 CPU 寄存器，然后开始运行该任务。

程序如下：

```
stmfd sp!,{pc};              //保存当前任务 pc 到任务栈区
stmfd sp!,{lr};              //保存当前任务 lr 即当前程序的返回地址到任务栈区
stmfd sp!,{r0-r12,lr};       //保存 r0～r12 寄存器到任务栈区
mrs r4,cpsr;                 //r4 寄存器用作中间暂存 cpsr 寄存器值
stmfd sp!,{r4} ;             //把 cpsr 压入堆栈中
mrs r4,spsr;                 //r4 寄存器用作中间暂存 spsr 寄存器值
stmfd sp!,{r4};              //把 spsr 压入堆栈中
ldr r4,=OSPrioCur ;          //把当前任务优先级变量的地址 OSPrioCur 复制到 r4
ldr r5,=OSPrioHighRdy;       //把最高优先级变量的地址 OSPrioHighRdy 复制到 r5
ldrb r6,[r5];                //把就绪任务的最高优先级存入 r6
strb r6,[r4];                //把就绪任务的最高优先级赋给当前任务优先级变量
ldr r4,=OSTCBCur;            //将指向当前任务 TCB 的指针地址存入 r4 寄存器
ldr r5,[r4];                 //将当前任务 TCB 的指针存入 r5 寄存器
str sp,[r5];                 //将处理器栈区指针寄存器（r13）的值存入当前任务 TCB 的起始地址
```

ldr r6,=OSTCBHighRdy;	//把任务就绪表中最高优先级任务 TCB 指针地址赋给 r6
ldr r6,[r6];	//将任务就绪表中最高优先级任务 TCB 指针存入 r6 寄存器
ldr sp,[r6];	//将最高优先级任务 TCB 指针所指向的内存字单元的值送入 sp 寄存器;
	//也就是将最高优先级任务 TCB 中的指针存入 sp（r13）寄存器
str r6,[r4];	//将最高优先级任务 TCB 指针赋给当前任务 TCB 指针变量，实现
	//TCB 指针赋值：OSTCBCur = OSTCBHighRdy
ldmfd sp!,{r4} ;	//栈顶的元素弹出到 r4 寄存器
msr SPSR_cxsf,r4;	//弹出字是原先保存的 SPSR_IRQ，从 r4 寄存器进行恢复
ldmfd sp!,{r4};	//栈顶的元素弹出到 r4 寄存器
msr CPSR_cxsf,r4;	//弹出字是原先保存的 CPSR，从 r4 寄存器进行恢复
ldmfd sp!,{r0-r12,lr,pc};	//恢复 r0～r12 通用寄存器、lr、pc

上下文切换过程增加了应用程序的负担，CPU 的内部寄存器越多，额外负担就越重。

12.4.5　μC/OS-II 的中断处理

μC/OS-II 的中断服务程序主要用汇编语言编写而成。中断服务程序在执行前将被中断任务的执行现场保存在自用堆栈中，其中断服务过程中有可能释放某些任务所需要的资源，从而使这些任务处于就绪态。当中断服务程序返回时，如果中断嵌套已经全部退出并且有更高优先级的任务就绪，则优先级最高的就绪任务投入执行。μC/OS-II 容许中断嵌套，嵌套层数可达 255 层。

中断服务程序执行事件处理有两种方法：一种方法是通过 OSMBoxPost()、OSQPost()、OSSemPost()等函数去通知真正执行事件处理的任务，让该任务完成中断事件的处理；另一种方法是由中断服务程序本身完成处理。这两种方法只能选择一种。

12.5　μC/OS-II 任务、时间及事件控制块

12.5.1　任务管理

1．创建任务函数

（1）OSTaskCreate (void (*task)(void *pd), void *pdata, OS_STK *ptos, INT8U prio) OSTaskCreate()需要 4 个参数：task 是任务代码的指针，pdata 是当任务开始执行时传递给任务参数的指针，ptos 是分配给任务的堆栈的栈顶指针，prio 是分配给任务的优先级。

（2）INT8U OSTaskCreateExt (void (*task)(void *pd), void *pdata, OS_STK *ptos, INT8U prio, INT16U id, OS_STK *pbos, INT32U stk_size, void *pext, INT16U opt)

前 4 个参数和 OSTaskCreate()的 4 个参数完全相同。id 参数为要建立的任务创建一个特殊的标识符。pbos 是指向任务的堆栈栈底的指针，用于堆栈的检验。stk_size 用于指定堆栈成员数目的容量，用于堆栈的检验。pext 是指向用户附加的数据域的指针，用来扩展任务的 OS_TCB。opt 用于设定 OSTaskCreateExt()的选项，指定是否允许堆栈检验、是否将堆栈清零、任务是否要进行浮点操作等。

2．任务堆栈

每个任务都有自己的堆栈空间。堆栈必须声明为 OS_STK 类型，并且由连续的内存空间组成。用户可以静态分配堆栈空间（在编译时分配），也可以动态分配堆栈空间（在运行时分配）。

（1）静态堆栈申明

```
static OS_STK    MyTaskStack[stack_size];
```

或

```
OS_STK    MyTaskStack[stack_size];
```
（2）用 C 编译器提供的 malloc()函数来动态地分配堆栈空间

```
OS_STK    *pstk;
pstk = (OS_STK *)malloc(stack_size);
If (pstk != (OS_STK *)0) {              //确认 malloc()能得到足够的内存空间
Create the task;    }
```

（3）堆栈检验函数 OSTaskStkChk()

有时候决定任务实际所需的堆栈空间大小是很有必要的。因为这样用户就可以避免为任务分配过多的堆栈空间，从而减少自己的应用程序代码所需的 RAM（内存）数量。μC/OS-II 提供的 OSTaskStkChk()函数可以为用户提供这种有价值的信息。

（4）删除任务函数 OSTaskDel()

有时候删除任务是很有必要的。删除任务，是说任务将返回并处于休眠态，并不是说任务的代码被删除了，只是任务的代码不再被 μC/OS-II 调用。

（5）请求删除任务函数 OSTaskDelReq()

如果任务 A 拥有内存缓冲区或信号量之类的资源，而任务 B 想删除该任务，这些资源就可能由于没被释放而丢失。在这种情况下，用户可以想法让拥有这些资源的任务在使用完资源后先释放资源，再删除自己。用户可以通过 OSTaskDelReq()函数来完成该功能。

（6）改变任务的优先级函数 OSTaskChangePrio()

在用户建立任务时会分配给任务一个优先级。在程序运行期间，用户可以通过调用 OSTaskChangePrio()函数来改变任务的优先级。换句话说，就是 μC/OS-II 允许用户动态改变任务的优先级。

（7）挂起任务函数 OSTaskSuspend()和恢复任务函数 OSTaskResume()

挂起任务可通过调用 OSTaskSuspend()函数来完成，被挂起的任务只能通过调用 OSTaskResume()函数来恢复。任务挂起是一个附加功能。也就是说，如果任务在被挂起的同时也在等待延时的期满，那么，挂起操作需要被取消，而任务继续等待延时期满，并转入就绪态。任务可以挂起自己或者其他任务。

（8）获得有关任务的信息函数 OSTaskQuery()

用户的应用程序可以通过调用 OSTaskQuery()函数来获得自身或其他应用任务的信息。

3．任务管理示例

创建一个 LEDTask()任务，程序如下：

```
OS_STK    LEDStk[TASK_STK_SIZE];        //定义任务 LED 的堆栈
int main(void) {
OSInit();                                //函数初始化 μC/OS-II 内部变量
OSTaskCreate(LEDTask, (void *)0, &LEDStk[TASK_STK_SIZE - 1], 0);    //创建 LED 任务
OSStart();                               //函数启动多任务环境
}
```

12.5.2　时间管理

μC/OS-II 能够提供周期性的时钟信号——时钟节拍，用于实现任务的正确延时和超时确认。

1．时钟节拍中断

时钟节拍是由 CPU 的一个定时器中断来提供的，用户必须在多任务系统启动以后也就是调

用 OSStart()之后，做的第一件事是初始化定时器中断。通常容易犯的错误是，在 OSinit()执行之后 OSStart()执行之前就容许时钟节拍中断。这种做法潜在的危险是时钟节拍中断有可能在 μC/OS-II 启动第一个任务之间发生，此时 μC/OS-II 处于一种不确定的状态之中，用户的应用程序有可能崩溃。

例如，在 MDK 开发环境下，产生时钟信号的定时器中断处理程序。在本例中用的是 Timer0 中断。

```
void    IRQCTimer0(void) {
    #if OS_CRITICAL_METHOD == 3        //临界区操作选择方式 3
        OS_CPU_SR    cpu_sr;
    #endif
        OS_ENTER_CRITICAL();            //进入临界区
        ......                          //复位中断，重新开启中断
        ......                          //通知中断控制器中断结束
        OS_EXIT_CRITICAL();             //退出临界区
        OSTimeTick();
    }
```

每当硬件定时器发出节拍中断请求，μC/OS-II 就要响应这个中断。

2. 时钟管理函数

（1）任务延时函数 OSTimeDly()

μC/OS-II 提供了这样一个系统服务：申请该服务的任务可以延时一段时间，这段时间的长短是用时钟节拍的数目来确定的。实现这个系统服务的函数称为 OSTimeDly()。调用该函数会使 μC/OS-II 进行一次任务调度，并且执行下一个优先级最高的就绪态任务。

（2）按时分秒延时函数 OSTimeDlyHMSM()

OSTimeDly()虽然是一个非常有用的函数，但用户的应用程序需要知道延时时间对应的时钟节拍的数目。增加了 OSTimeDlyHMSM()函数后，用户就可以按小时（h）、分（m）、秒（s）和毫秒（ms）来定义时间了。

（3）让处在延时期的任务结束延时函数 OSTimeDlyResume()

延时的任务可以不等待延时期满，而是通过其他任务取消延时来使自己处于就绪态。这可以通过调用 OSTimeDlyResume()和指定要恢复的任务的优先级来完成。

（4）系统时间函数 OSTimeGet()和 OSTimeSet()

用户可以通过调用 OSTimeGet()来获得该计数器的当前值，也可以通过调用 OSTimeSet()来改变该计数器的值。

例如，控制一个 LED 以 2 个时钟节拍的时间闪烁。

```
//实现 LEDTask 函数
void    LEDTask (void *pdata) {
    pdata = pdata;                     //*pdata 用于传递数据甚至函数
    Timer0_init();                     //硬件初始化，开 Timer0 中断，使时钟节拍正常工作
    LED_init();                        //设置 LED 为输出
        for(;;) {
        LED_lighton;                   //点亮 LED
            OSTimeDly(2);              //延时 2 个时钟节拍
        LED_lightoff;                  //熄灭 LED
```

```
                OSTimeDly(2);           //延时 2 个时钟节拍
            }
        }
```

12.5.3 事件控制块

1．概述

一个任务或者中断服务程序（ISR）可以通过事件控制块 ECB（Event Control Blocks）来向另外的任务发信号。这里，所有的信号都被看成是事件（Event）。在 μC/OS-II 中，利用事件控制块作为任务通信的数据结构。如图 12.6 所示。

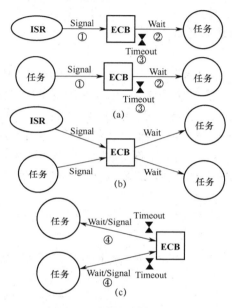

图 12.6　事件控制块的使用

事件控制块是信号量管理、互斥型信号量管理、消息邮箱管理和消息队列管理的基本数据结构。

2．事件控制块 ECB 数据结构

ECB 数据结构如下：

```
typedef struct {
    void      *OSEventPtr;                      //指向消息或者消息队列的指针
    INT8U     OSEventTbl[OS_EVENT_TBL_SIZE];    //等待任务列表
    INT16U    OSEventCnt;                       //计数器（当事件是信号量时）
    INT8U     OSEventType;                      //时间类型
    INT8U     OSEventGrp;                       //等待任务所在的组
} OS_EVENT;
```

OSEventPtr：只有在所定义的事件是邮箱或者消息队列时才使用。当所定义的事件是邮箱时，它指向一个消息；而当所定义的事件是消息队列时，它指向一个数据结构。

OSEventTbl[]和 OSEventGrp：很像前面讲到的 OSRdyTbl[]和 OSRdyGrp，只不过 OSEventTbl[]和 OSEventGrp 包含的是等待某事件的任务，而 OSRdyTbl[]和 OSRdyGrp 包含的是系统中处于就绪态的任务。

OSEventCnt：当事件是一个信号量时，OSEventCnt 是用于信号量的计数器。

OSEventType：定义了事件的具体类型。它可以是信号量（OS_EVENT_SEM）、邮箱（OS_EVENT_TYPE_MBOX）或消息队列（OS_EVENT_TYPE_Q）中的一种。用户要根据该域的具体值来调用相应的系统函数，以保证对其进行操作的正确性。

12.6　互斥信号量（Mutex）

12.6.1　互斥信号量介绍

在嵌入式应用中，互斥信号量（Mutex）的作用主要是：

① 实现对资源的独占式访问（二值信号量）；

② 解决优先级反转问题。

解决优先级反转一般要求内核支持同优先级下的多任务。但 μC/OS-II 不满足这个条件，因此 μC/OS-II 使用一些约定来实现互斥信号量。μC/OS-II 要求用户使用互斥信号量时必须为每个互斥信号量留出一个空闲的优先级，这个优先级在建立互斥信号量时提供，这个优先级必须高于所有使用这个互斥信号量任务的优先级。当低优先级的任务获得互斥信号量后而未发送互斥信号量前，高优先级任务又等待互斥信号量时，低优先级的任务获得的优先级提升到互斥信号量保留的优先级。当发送互斥信号量后，优先级恢复，这样可以防止优先级反转。

互斥信号量的操作如下：

① 在嵌入式应用中经常使用互斥信号量访问共享资源，以实现资源的同步，通过 OSMutexCreate() 函数实现互斥信号量的创建。

② 发送互斥信号量函数 OSMutexPost() 与等待互斥信号量函数 OSMutexPend() 必须成对出现在同一个任务调用的函数中。

③ 互斥信号量最好在系统初始化时创建，不要在系统运行的过程中动态创建和删除。在确保成功创建互斥信号量之后，才可对互斥信号量进行接收和发送操作。

任务与互斥信号量之间的关系如图 12.7 所示。

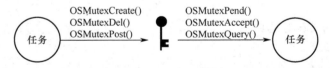

图 12.7　任务与互斥信号量之间的关系

在互斥信号量操作中，涉及如下函数：互斥信号量创建函数 OSMutexCreate()；互斥信号量删除函数 OSMutexDel()；发送互斥信号量函数 OSMutexPost()；等待互斥信号量函数 OSMutexPend()；查看互斥信号量函数 OSMutexAccept()；取得互斥信号量状态函数 OSMutexQuery()。

12.6.1　互斥信号量实例

用下面的示例来说明使用互斥信号量访问共享资源实现资源同步。

【例 12.1】有两个任务 Task1 和 Task2，它们都调用 SendBuf() 函数向串口发送出 "hello/r/n"（/r/n 表示换行符）。在这个过程中需要用到互斥信号量。

（1）在程序中没有用到互斥信号量和用到互斥信号量的两种结果分别如图 12.8 和图 12.9 所

示。从图可看出，如果没有用互斥信号量，访问共享资源时没有同步，出现了想不到的结果。

图 12.8　没用互斥信号量的结果　　　　图 12.9　用互斥信号量的结果

（2）具体程序如下：

```
#define MUTEX_PRIO      5                      //互斥信号量的优先级
#define TASK_STK_SIZE   80                     //任务的栈大小
#define USE_MUTEX       1                      //是否使用互斥信号量
OS_STK      Stk1[TASK_STK_SIZE];               //定义 Task1 堆栈
OS_STK      Stk2[TASK_STK_SIZE];               //定义 Task2 堆栈
OS_EVENT *pmutex;                              //定义互斥信号量指针
/**
@brief  不断调用函数 send_buf
@param pdata  创建任务时传入的数据
@retval None
@note   这是一个私有函数
*/
    static void task_1(void *pdata){
        INT8U err;
        pmutex=OSMutexCreate(MUTEX_PRIO,&err);          //创建互斥信号量
        while(1){
            send_buf();
            OSTimeDly(1);
        }
    }
/**
@brief  不断调用函数 send_buf
@param pdata  创建任务时传入的数据
@retval None
@note   这是一个私有函数*/
    static void task_2(void *pdata){
    while(1){
        send_buf();
        OSTimeDly(1);
    }
}
    /**
    @brief 通过串口向上位机发送 "Hello\n"
```

```
@param None
@retval None
@note 这是一个私有函数*/
static void send_buf(void){
INT8U err;
OSMutexPend(pmutex,0,&err);                    //等待互斥信号量
usart_send_char('H');
OSTimeDly(10);                                 //因为延时导致系统切换到另一个任务
usart_send_char('e');
OSTimeDly(10);
usart_send_char('l');
OSTimeDly(10);
usart_send_char('l');
OSTimeDly(10);
usart_send_char('o');
OSTimeDly(10);
usart_send_char('\r');
usart_send_char('\n');
OSTimeDly(1);
OSMutexPost(pmutex);                           //发送互斥信号量
}
/**
@brief  创建 task_1 和 task_2
@param None
@retval 如果程序正常，结束返回 0
*/
int main(void){
    systick_config();
    usart_config();
    OSInit();
    OSTaskCreate(task_1,(void*)0,Stk1+(TASK_STK_SIZE-1),6);    //创建 task_1
    OSTaskCreate(task_2,(void*)0,Stk2+(TASK_STK_SIZE-1),8);    //创建 task_2
    OSStart();
    return 0;
}
```

12.7 信 号 量

12.7.1 概述

在实时多任务系统中，信号量被广泛用于任务间对共享资源的互斥、任务和中断服务程序之间的同步及任务之间的同步。

μC/OS-II 中的信号量由两部分组成：一是信号量的计数值，它是一个 16 位的无符号整数（0～65535）；二是由等待该信号量的任务组成的等待任务表。用户要在 OS_CFG.H 中将 OS_SEM_EN

开关量常数置为 1，这样 μC/OS-II 才能支持信号量。

μC/OS-II 提供了 5 个对信号量进行操作的函数，分别是：建立一个信号量 OSSemCreate()、等待一个信号量 OSSemPend()、发送一个信号量 OSSemPost()、无等待地请求一个信号量 OSSemAccept() 和查询一个信号量的当前状态 OSSemQuery() 函数。图 12.10 说明了任务、中断服务程序和信号量之间的关系。

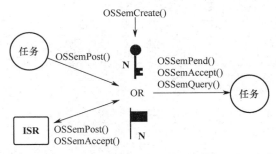

图 12.10　任务、中断服务程序和信号量的关系

在使用一个信号量之前，首先要建立该信号量，也即调用 OSSemCreate() 函数。当任务调用 OSSemPost() 函数发送信号时，信号量加 1。

如果 OSSemPend() 函数接收信息时信号量大于 0，即信号量有效，则信号量的值减 1，等待信号量的任务执行。如果 OSSemPend() 函数接收信息时信号量等于 0，则等待信号量的任务处于等待状态。

信号量最好在系统初始化时创建，不要在系统运行过程中动态地创建和删除。另外，μC/OS-II 不容许在中断服务程序中等待信号量。

互斥信号量和信号量的区别：互斥信号量是一个二值信号，因此只能为 0 和 1，仅用于资源同步以实现对共享资源的独占。信号量的取值范围为 0～65535，不仅可以用于资源同步以实现对共享资源的独占，而且还可以实现任务间及中断与任务间的同步，这就是互斥信号量与信号量的最大区别，其共同特点是只能提供行为同步时刻的信息，但不能传递数据。

12.7.2　信号量任务同步实例

在实际的应用中，常用信号量实现任务间的同步，OSSemPend() 函数和 OSSemPost() 函数会出现在不同任务的不同函数中，但不一定成对出现。一对一是最典型、最常见的工作方式。

【例 12.2】创建两个任务，一个任务向串口分别发送"A"和"B"，另一个任务向串口发送"C"和"D"。这两个任务分别不用信号量同步和使用信号量同步实现。

在程序中没有用到信号量和用了信号量的两种结果分别如图 12.11 和图 12.12 所示。

图 12.11　没有使用信号量实现同步

图 12.12　用信号量实现同步

用信号量实现同步的程序清单：

```
OS_STK    Stk1[TASK_STK_SIZE];  //<定义 task_1 堆栈
OS_STK    Stk2[TASK_STK_SIZE];  //<定义 task_2 堆栈
```

```
OS_EVENT *psem;                    //<定义信号量指针

/**
@brief    向串口发送 "A" 和 "B"
@param    pdata 创建任务时传入的数据
@retval    None
@note     这是一个私有函数；根据 USE_SEM 的值对应生成使用信号量和不使用信号量的代码
*/
static void task_1(void *pdata){
    INT8U err;
    psem=OSSemCreate(1);               //创建信号量，初始化为 1
    while(1){
        OSSemPend(psem,0,&err);
        usart_send_char('A');
        OSTimeDly(1);
        usart_send_char('B');
        OSTimeDly(1);
        OSSemPost(psem);
    }
  }
/**
@brief    向串口发送 "C" 和 "D"
@param    pdata 创建任务时传入的数据
@retval    None
@note     这是一个私有函数；根据 USE_SEM 的值对应生成使用信号量和不使用信号量的代码
*/
static void task_2(void *pdata){
    INT8U err;
    while(1){
        OSSemPend(psem,0,&err);
        usart_send_char('C');
        OSTimeDly(2);
        usart_send_char('D');
        OSTimeDly(2);
        OSSemPost(psem);
    }
  }
/**
@brief    创建 task_1 和 task_2
@param    None
@retval    如果程序正常，结束返回 0
*/
int main(void){
    systick_config();
```

```
        usart_config();
        OSInit();
        OSTaskCreate(task_1,(void*)0,Stk1+(TASK_STK_SIZE-1),6);          //创建 task_1
        OSTaskCreate(task_2,(void*)0,Stk2+(TASK_STK_SIZE-1),8);          //创建 task_2
        OSStart();
        return 0;
    }
```

12.7.3　信号量资源共享实例

发送信号量函数OSSemPost()与等待信号量函数OSSemPend()必须成对出现在同一个任务调用中，才能实现资源共享。

【例12.3】有两个任务 Task1 和 Task2，它们都调用 SendBuf()函数向串口发送"hello/r/n"（/r/n 表示换行符）。在这个过程中需要用到信号量，程序结果同例 12.1。

程序清单：

```
OS_STK        Stk1[TASK_STK_SIZE];              //定义 task_1 堆栈
OS_STK        Stk2[TASK_STK_SIZE];              //定义 task_2 堆栈
OS_EVENT *psem;                                  //定义信号量指针

/**
@brief    不断调用函数 send_buf
@param pdata    创建任务时传入的数据
@retval None
@note    这是一个私有函数；根据 USE_SEM 的值生成使用信号量和不使用信号量的代码
*/
static void task_1(void *pdata){
    INT8U err;
    psem=OSSemCreate(1);              //创建信号量，初始化为 1
    while(1){
    send_buf();
    OSTimeDly(1);
    }
  }
/**
@brief    不断调用函数 "send_buf"
@param pdata    创建任务时传入的数据
@retval None
@note    这是一个私有函数；根据 USE_SEM 的值生成使用信号量和不使用信号量的代码
*/
static void task_2(void *pdata){
    while(1){
        send_buf();
        OSTimeDly(1);
    }
  }
```

```
/**
@brief#，通过串口向上位机发送"Hello\n"
@param None
@retval None
@note   这是一个私有函数；根据 USE_SEM 的值生成使用信号量和不使用信号量的代码
*/
static void send_buf(void){
        INT8U err;
        OSSemPend(psem,0,&err);                 //等待信号量
        usart_send_char('H');
        OSTimeDly(1);                           //因为延时导致系统切换另一个任务
        usart_send_char('e');
        OSTimeDly(1);
        usart_send_char('l');
        OSTimeDly(1);
        usart_send_char('l');
        OSTimeDly(1);
        usart_send_char('o');
        usart_send_char('\r');
        usart_send_char('\n');
        OSTimeDly(1);
        OSSemPost(psem);                        //发送信号量
}
/**
@brief   创建 task_1 和 task_2
@param None
@retval   如果程序正常，结束返回 0
*/
int main(void){
        systick_config();
        usart_config();
        OSInit();
        OSTaskCreate(task_1,(void*)0,Stk1+(TASK_STK_SIZE-1),6);     //创建 task_1
        OSTaskCreate(task_2,(void*)0,Stk2+(TASK_STK_SIZE-1),8);     //创建 task_2
        OSStart();
        return 0;
}
```

12.7.4 中断服务程序与任务同步实例

【例 12.4】按钮接到 STM32 芯片的引脚 PD2，如图 12.13 所示。当按钮按下时，产生外部中断，在外部中断响应程序中写数据到 Buf。本例是把从 0 开始每次按下按钮累加 1 的数据写到 Buf（当数据大于或等于 256 时，又从 0 开始累加），同时创建一个任务 Task1，不停地通过串口发送 Buf 中的数据。

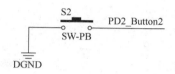

图 12.13　按钮电路

在程序中没有用到信号量和用了信号量的两种结果分别如图 12.14 和图 12.15 所示。

图 12.14　没有用到信号量的结果

图 12.15　用了信号量的结果

从图 12.14 可看出，因为没有使用信号量使中断服务程序与任务同步，所以送出的数据根据按下按钮的情况是不定的。并且在没有按下按钮时，串口会不停地发送数据。

从图 12.15 可看出，在中断服务程序中发送信号量，串口只有在接收到了中断发过来的信号量才可以发送数据。只要按下按钮的频率慢于串口发送的速度，完全可以达到同步，即按下一次按钮发送一个累加后的数据。但在这种情况下也有特例，就是按下按钮的速度快于串口的发送速度，相当于在串口还没有发送数据时中断已经响应了几次，这时可能会漏发一些数据，而有的数据会根据在一次串口发送中中断的次数重复发送，如图中 07 09 09，漏发了 08，而 09 发送了 2次，就是这个原因。要解决这个问题，需在中断中做获得信号量的操作。

1. 主要程序

```
OS_EVENT   *psem1;                //定义在中断中使用的信号量指针 OS_STK
OS_STK   Stk1[TASK_STK_SIZE];     //定义 task_1 堆栈
/**
@brief   将变量 buf 发送给串口
@param pdata   创建任务时传入的数据
@retval None
@note   上位机的串口调试助手需要以十六进制才能正常显示数据
*/
static void task_1(void *pdata){
        INT8U err;
        psem1=OSSemCreate(1);     //创建信号量，并初始化为 1
        psem=OSSemCreate(0);      //创建信号量，并初始化为 0
        while(1){
            OSSemPend(psem,0,&err);       //等待外部中断发送信号量
            usart_send_char(buf);
            OSTimeDly(1);
            OSSemPost(psem1);             //发送信号量给外部中断
        }
    }
/**
@brief   配置系统滴答定时器，串口，外部中断，并创建任务
@param None
```

```
@retval    如果程序正常，结束返回 0
*/
int main(void){
        systick_config();
        usart_config();
        exti_config();
        OSInit();
        OSTaskCreate(task_1,(void*)0,Stk1+(TASK_STK_SIZE-1),6);    //创建任务 1，优先级为 6
        OSStart();
        return 0;
}
```

2. 中断处理程序

配置 EXTI_Line2 与前面配置按钮输入中断过程类似，可参见具体实例程序，其中中断处理程序如下：

```
extern INT8U buf;                 //定义 buf 变量
extern OS_EVENT *psem;            //定义信号量指针
extern OS_EVENT *psem1;           //定义在中断中使用的信号量指针
/**
@brief    This function handles EXTI5 Handler
@param None
@retval None
*/
void EXTI2_IRQHandler(void){
        EXTI_ClearITPendingBit(EXTI_Line2);
        if(OSSemAccept(psem1)<=0)
        return;
        ++buf;
        OSSemPost(psem);
}
```

在中断中获得信号量，虽然同步问题解决了，但中断的快速特性被掩杀了。本例中主要是为了说明信号量操作的过程，在实际中并不常常这样做。

12.8   事件标志组

12.8.1   概述

当任务要与多个事件同步时，就要使用时间标志。若任务需要与任何事件之一发生同步，可称为独立型同步（逻辑"或"关系）。任务也可以与若干事件都发生同步，称之为关联型同步（逻辑"与"关系）。

可以用多个事件的组合发信号给多个任务，典型的有 8 个、16 个或 32 个事件组合在一起。每个事件占 1 位（bit），以 32 位的情况较多。任务或中断服务可以给某一位置位或复位，当任务所需的事件都发生了，该任务继续执行，至于哪个任务该继续执行，是在一组新的事件发生时判定的，也就是在事件位进行置位时做判断。事件标志组与任务、中断关系图如图 12.16 所示。

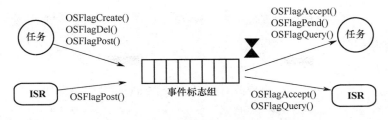

图 12.16　事件标志组与任务、中断关系图

事件标志组相关函数有：建立并初始化一个事件标志组 OSFlagCreate()函数，设置事件标志位 OSFlagPost()函数，用于取得事件标志组的状态 OSFlagQuery()函数，等待事件标志组的指定事件标志 OSFlagPend()函数，删除事件标志组 OSFlagDel()函数和无等待地获取标志组中的指定事件标志 OSFlagAccept()函数。

12.8.2　事件标志组操作

1．标志"与"操作

以下例来说明如何使用事件标志组实现任务与若干个事件都发生同步。注意：在用事件标志组操作时，要在 OS_CFG.H 文件中#define　OS_FLAG_EN　1　。

```
#define task1Flag (1<<0)    //定义任务 1 标志
#define task2Flag (1<<1)    //定义任务 2 标志
#define task3Flag (1<<2)      //定义任务 3 标志
分别在 task1、task2、task3 任务函数中创建标志：
void task1(void *pdata)
{   ……
    //满足一定条件下执行
    OSFlagPost(flag,task1Flag,OS_FLAG_SET,&err);      //发送标志，第 0 位，1 有效
    ……
}
void task2(void *pdata)
{   ……
    //满足一定条件下执行
    OSFlagPost(flag,task2Flag,OS_FLAG_SET,&err);      //发送标志，第 1 位，1 有效
    ……
    }
    void task3(void *pdata)
    {   ……
        //满足一定条件下执行
        OSFlagPost(flag,task3Flag,OS_FLAG_SET,&err);      //发送标志，第 3 位，1 有效
        ……
    }
    int main(void)
    {   ……
    //只有等待 3 个任务的标志位全为 1 时，才跳过 OSFlagPend()
        OSFlagPend(flag,task1Flag|task2Flag | task3Flag,      //等待标志位，最低 3 位
                    OS_FLAG_WAIT_SET_ALL |      //全为 1
```

```
                            OS_FLAG_CONSUME,0,&err);      //复位标志，一直等待
        ……
    }
```

2. 标志"或"操作

如果采用标志"或"操作，只需修改对应 OSFlagPend()函数的参数如下：

```
OSFlagPend(flag,task1Flag|task2Flag | task3Flag,          //等待标志位，最低 3 位
                    OS_FLAG_WAIT_SET_ANY|            //任意为 1
                            OS_FLAG_CONSUME,0,&err);      //复位标志，一直等待
```

12.9 消 息 邮 箱

12.9.1 概述

消息是任务之间的一种通信手段，当同步过程需要传输具体内容时，就不能使用信号量了，此时可以选择消息邮箱，即通过内核服务给任务发送消息。

1. 内核一般提供的邮箱服务

① 邮箱内消息内容初始化，此时邮箱内是否有消息并不重要。

② 将消息放入邮箱（POST）。

③ 等待有消息进入邮箱（PEND）。

④ 如果邮箱内有消息，则任务将消息从邮箱中取走。

μC/OS-II 提供了 5 种对邮箱的操作：OSMboxCreate()，OSMboxPend()，OSMboxPost()，OSMboxAccept()和 OSMboxQuery()。消息邮箱和任务、中断之间关系图如图 12.17 所示。

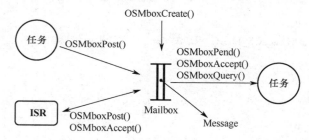

图 12.17 消息邮箱和任务、中断之间关系图

2. 消息邮箱的状态

① 空状态。消息邮箱中没有消息。

② 非空状态。消息邮箱中存放了消息。

3. 消息邮箱的工作方式

① 一对一工作方式。即一个任务发送消息到消息邮箱，而另一个任务从消息邮箱中读取消息。

② 多对一工作方式。即多个任务发送消息到同一个消息邮箱，而另一个任务从这个邮箱中读取消息。

③ 一对多工作方式。即只有一个任务发送消息到消息邮箱，而另外多个任务从这个消息邮箱中读取消息。

消息邮箱函数有：建立并初始化一个消息邮箱 OSMboxCreate()函数、任务等待消息

OSMboxPend()函数、取得消息邮箱的信息 OSMboxQuery()函数，通过消息邮箱向任务发送消息 OSMboxPost()函数，查看指定的消息邮箱是否有需要的消息 OSMboxAccept()函数，删除消息邮箱 OSMboxDel()函数和 OSMboxPost()的扩展 OSMboxPostOpt()函数。

12.9.2　消息邮箱操作

下面用一个一对多的消息邮箱通信实例来描述消息邮箱操作的过程。

【例 12.5】通过一个按钮（引脚连接 PD2，电路类似例 12.4）控制 LED，当按钮按下时，点亮 LED，并向串口发送 0x55；当按钮弹起时，熄灭 LED，并向串口发送 0x88。

本例中有控制 LED、串口发送数据及检测按钮 3 个任务，其中检测按钮的任务向控制 LED 和串口发送数据发送邮箱消息。

主要程序如下：

```
#define TASK_STK_SIZE      80                    //任务栈的大小
#define LED_ON             0x55                  //表示打开 LED
#define LED_OFF            0x88                  //表示关闭 LED
OS_STK switch_stk[TASK_STK_SIZE];               //检测开关任务栈
OS_STK led_stk[TASK_STK_SIZE];                  //控制 LED 任务栈
OS_STK usart_stk[TASK_STK_SIZE];                //串口任务栈
OS_EVENT *pmailbox;                             //消息邮箱指针
/**
@brief   创建任务
@param None
@retval   如果程序正常，结束返回 0
*/
int main(void){
    systick_config();
    OSInit();
    OSTaskCreate(led_task,(void*)0,led_stk+(TASK_STK_SIZE-1),5);
    OSTaskCreate(switch_task,(void*)0,switch_stk+(TASK_STK_SIZE-1),6);
    OSTaskCreate(usart_task,(void*)0,usart_stk+(TASK_STK_SIZE-1),7);
    OSStart();
    return 0;
}

/**
@brief   检测开关 PD2 是否按下，并群邮消息
@param pdata    创建任务时传入的数据
@retval None
*/
static void switch_task(void *pdata){
    INT8U data;
    GPIO_InitTypeDef gpio_init;
    RCC_APB2PeriphClockCmd(RCC_APB2Periph_GPIOD,ENABLE);
```

```
        gpio_init.GPIO_Mode=GPIO_Mode_IPU;
        gpio_init.GPIO_Pin=GPIO_Pin_2;
        gpio_init.GPIO_Speed=GPIO_Speed_50MHz;
        GPIO_Init(GPIOD,&gpio_init);
    while(1){
    if(GPIO_ReadInputDataBit(GPIOD,GPIO_Pin_2)){              //按钮没按下
            data=LED_OFF;
        }else{                                                //按钮按下
            data=LED_ON;
        }
    OSMboxPostOpt(pmailbox,&data,OS_POST_OPT_BROADCAST);      //群邮消息
    OSTimeDly(1);
        }
}
/**
@brief  根据收到的邮箱消息，控制 LED 的亮、灭
@param pdata   创建任务时传入的数据
@retval None
*/
static void led_task(void *pdata){
INT8U err;
INT8U *pd;
GPIO_InitTypeDef gpio_init;
RCC_APB2PeriphClockCmd(RCC_APB2Periph_GPIOA,ENABLE);
gpio_init.GPIO_Mode=GPIO_Mode_Out_PP;
gpio_init.GPIO_Pin=GPIO_Pin_1;
gpio_init.GPIO_Speed=GPIO_Speed_50MHz;
GPIO_Init(GPIOA,&gpio_init);
GPIO_SetBits(GPIOA,GPIO_Pin_1);
pmailbox=OSMboxCreate(NULL);
while(1){
    pd=(INT8U*)OSMboxPend(pmailbox,0,&err);
    if(*pd==LED_ON){
        GPIO_ResetBits(GPIOA,GPIO_Pin_1);
    }else{
        GPIO_SetBits(GPIOA,GPIO_Pin_1);
    }
    OSTimeDly(1);
    }
}
/**
@brief  通过串口向上位机发送接收到的邮箱消息
@param pdata   创建任务时传入的数据
```

```
@retval None
*/
static void usart_task(void *pdata){
INT8U err;
INT8U *pd;
usart_config();
while(1){
    pd=(INT8U*)OSMboxPend(pmailbox,0,&err);
    usart_send_char(*pd);
    OSTimeDly(1);
  }
}
```

12.10　消　息　队　列

12.10.1　概述

通过消息队列实现任务与任务、任务与 ISR 之间发送和接收消息，从而实现数据的通信和同步。消息队列具有一定的容量，可以容纳多条消息，因此可以看成是多个邮箱的组合。

消息队列的使用方法类似于邮箱，遵循先进先出（FIFO）的原则，μC/OS-II 也容许使用后进先出方式（LIFO），即提高该消息在队列中的优先级。

1．内核提供的消息队列服务

① 消息队列初始化，队列初始化时总是清为空。

② 将消息放入队列中去（POST）。

③ 等待消息的到来（PEND）。

2．消息队列的状态

① 空状态。消息队列中没有任何消息。

② 满状态。消息队列中的每个存储单元都存放了消息。

③ 正常状态。消息队列中有消息但又没有到满的状态。

3．消息队列工作方式

① 一对一工作方式。即一个任务发送消息到消息队列，而另一个任务从消息队列中读取消息。

② 多对一工作方式。即多个任务发送消息到同一个消息队列，而另一个任务从这个消息队列中读取消息。

③ 一对多工作方式。即只有一个任务发送消息到消息队列，而另有多个任务从这个消息队列中读取消息。

消息队列的主要函数有：建立一个消息队列 OSQCreate()函数，任务等待消息 OSQPend()函数，通过消息队列向任务发送消息 OSQPost()函数，通过消息队列以 LIFO 方式向任务发送消息 OSQPostFront()函数，检查消息队列中是否已经有需要的消息 OSQAccept()函数，清空消息队列 OSQFlush()函数，取得消息队列的信息 OSQQuery()函数和删除消息队列 OSQDel()函数。消息队列和任务、中断之间关系图如图 12.18 所示。

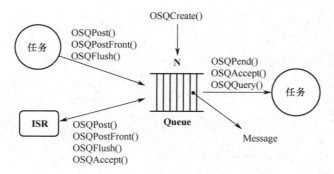

图 12.18　消息队列和任务、中断之间关系图

12.10.2　消息队列操作

【例 12.6】利用按钮控制串口的输出，当按钮（引脚连接 PD2，见图 12.13）按下时，串口发送 AA BB 两个字节；当按钮弹起时，串口发送 11 22 两个字节。

设计按钮检测和串口发送两个任务，按钮检测任务通过队列向串口发送任务，发送 AA BB 或 11 22 数据。

主要程序如下：

```
OS_STK   SwitchStk[TASK_STK_SIZE];                    //定义任务 Switch 的堆栈
OS_STK   SciStk[TASK_STK_SIZE];                       //定义串口发送任务
OS_EVENT *q;                                          //定义消息队列指针
void *msg[2];                                         //定义消息指针数组
void   SwitchTask(void *pdata)                        //按钮任务
{
    INT8U data[2];
    ……                                               //定义按钮为输入
    pdata = pdata;
  while(1)
    {
    if(GPIO_ReadInputDataBit(GPIOD,GPIO_Pin_2))       //判断按钮状态
        {
            data[0] = 0x11;                           //按钮没有按下，为高电平
            data[1] = 0x22;
        }
        else
        {                                             //按钮按下，为低电平
            data[0] = 0xAA;
            data[1] = 0xBB;
        }
            OSQPost(q,&data[0]);                      //发送 data[0]数据
            OSQPost(q,&data[1]);                      //发送 data[1]数据
            OSTimeDly(1);
    }
}
void   SciTask(void *pdata)                           //串口发送任务
```

```
{
    INT8U    err;
    INT8U *pd;
    pdata = pdata;
    usart_config();                          //串口初始化
    q=OSQCreate(msg,2);                      //创建队列
    while(1)
    {
        pd = (INT8U *)OSQPend(q,0,&err);      //等待接收消息队列的内容
        usart_send_char (*pd);
        pd = (INT8U *)OSQPend(q,0,&err);      //等待接收消息队列的内容
        usart_send_char (*pd);
        OSTimeDly(2);
    }
}
int main(void) {
OSInit();
OSTaskCreate(SwitchTask, (void *)0, &SwitchStk[TASK_STK_SIZE - 1], 7); //创建按钮任务
OSTaskCreate(SciTask, (void *)0, &SciStk[TASK_STK_SIZE - 1], 5);       //创建串口任务
OSStart();
}
```

12.11 动态内存管理

12.11.1 概述

在 ANSI C 中可以用 malloc()和 free()两个函数动态地分配内存和释放内存。但是，在嵌入式实时操作系统中，多次这样做会把原来很大的一块连续内存区域，逐渐地分割成许多非常小且彼此又不相邻的内存区域，也就是内存碎片。由于这些碎片的大量存在，使得程序到后来连非常小的内存也分配不到。

μC/OS-II 设计了一套动态内存分配系统。μC/OS-II 对 malloc()和 free()函数进行了改进，使得它们可以分配和释放固定大小的内存块。这样一来，malloc()和 free()函数的执行时间也是固定的。内存块的大小可以由用户来定义，且可以管理多个堆，每个堆中的块的大小可以不一样。

动态内存管理函数主要有：建立并初始化一块内存区 OSMemCreate()函数，释放一个内存块 OSMemPut()函数，从内存区分配一个内存块 OSMemGet()函数，得到内存区的信息 OSMemQuery()函数。

12.11.2 动态内存管理操作实例

【例 12.7】使用动态内存管理来实现数据通信。

1. 初始化

```
OS_MEM *mem;                        //定义内存分区指针
INT8U data[2];                      //申明 data 数组
mem = OSMemCreate(data,2,sizeof(INT8U),&err);     //创建内存分区，用于保存消息
```

2．申请内存

```
void *tp;
tp = OSMemGet(mem,&err);        //申请一个内存块
```

3．释放内存

```
OSMemPut(mem,pd);              //释放内存块
```

习　题　12

1．简述常见的传统小型嵌入式操作系统。

2．简述嵌入式小型物联网操作系统的特点。

3．简述嵌入式操作系统实时性特点。

4．简述 μC/OS-II 嵌入式操作系统的特点。

5．简述 μC/OS-II 嵌入式操作系统的主要代码。

6．简述 μC/OS-II 嵌入式操作系统的任务状态。

第13章 综合设计实例

13.1 嵌入式系统开发流程

1. 需求分析阶段

① 功能：这是用户首先提出的，涉及产品的用途、应用领域、主要功能等方面。

② 性能：体现在处理器的处理速度上，产品采用的处理器速度越高，性能越好，而成本就越高，性能和成本相互矛盾。

③ 成本：产品的成本包含开发成本和制造成本两部分。

④ 规格：包括产品的尺寸、重量、功耗等。

2. 方案设计阶段

（1）体系结构设计

体系结构设计包括系统是硬实时系统还是软实时系统、软件组成、主要元器件选择、系统的成本、尺寸和耗电量、硬件与软件的划分。

（2）硬件设计

主要完成硬件目标板的设计、调试、测试工作，包括将整个硬件目标板根据功能分成子系统，每个子系统用一个模块完成其功能；进行元器件选型；设计电路原理图；给出硬件的编程参数。

（3）软件设计

软件设计应采用 Top-Down 的设计方法，具体为：软件的总体功能设计；模块划分；把模块分解成函数或子程序，定义函数的原型、输入/输出参数和算法，规定函数之间的接口和调用关系；设计出错处理方案。

3. 科研开发阶段

科研开发阶段主要是根据设计方案，选择开发平台进行软件和硬件开发，完成系统样机。

① 选择开发平台：硬件平台、软件平台（嵌入式操作系统）、编程语言和开发工具。

② 硬件开发：根据硬件目标板的设计方案，进行电路原理图设计、印制电路板设计、制作、焊接、调试、测试等工作。

③ 软件开发：包括准备交叉开发环境，代码编号，编译、链接和定位，下装到目标板，调试和测试、代码优化等。

4. 系统测试阶段

（1）硬件测试

要完成硬件目标板电路的功能和指标的测试，重点在于指标的测试。

（2）软件测试

① 正确性测试：找到软件中的错误和缺陷并加以修改，以降低产品的维护成本，减少风险。测试方法有黑盒测试、白盒测试、灰盒测试。

② 性能测试有从统计学方面测试其运行时间。

（3）软件和硬件协同工作测试

硬件测试、软件测试完成后，进行软件和硬件协同工作测试。

13.2 嵌入式系统开发实例

本书以一个小车系统作为实例，介绍嵌入式系统整体的开发过程。小车是一个电动车，通过直流电机模拟车轮转动，由电位器调节电压控制速度、红外对管进行电机测速、DS18B20 检测车内温度、中控 OLED 显示屏（128×64）显示车辆信息、蜂鸣器模拟小车喇叭、超声波测距模块用作倒车雷达。

13.2.1 小车系统及整体设计

小车系统整体硬件电路如图 13.1 所示。

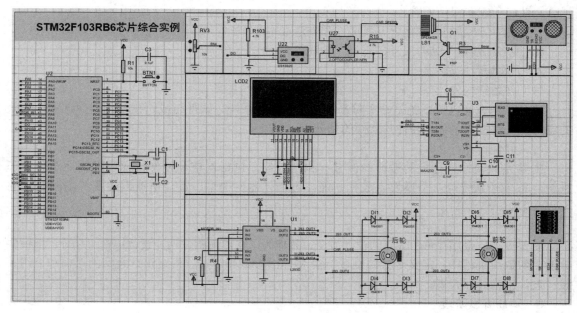

图 13.1 小车系统整体硬件电路

小车系统以 STM32F103R6 为主控芯片，主要由如下部分构成：①STM32F103R6 主芯片模块；②电位器调速模块；③车内温度测量模块；④小车轮速测量模块；⑤车轮驱动模块；⑥超声波测距模块；⑦蜂鸣器发声模块；⑧OLED 液晶屏显示模块；⑨串行通信模块。

小车系统的实现功能：通过电位器调速模块控制小车的前进速度，当通过超声波测距模块测量到距离信息小于一定数值时，小车停止运动，蜂鸣器会发出声音；在此过程中，小车轮速测量模块通过 PID 控制保持小车在一定速度前进，同时通过 OLED 液晶屏显示模块显示车内的温度数据、障碍物距离信息和小车轮速数据。

13.2.2 硬件设计说明

1. STM32F103R6 主芯片模块

STM32F103R6 主芯片电路如图 13.2 所示。

STM32F103R6 主芯片电路为芯片正常运行提供了基本电路，其中包括电源、时钟电路和复位电路，同时引出相应的接口与小车系统的其他各模块电路进行通信。

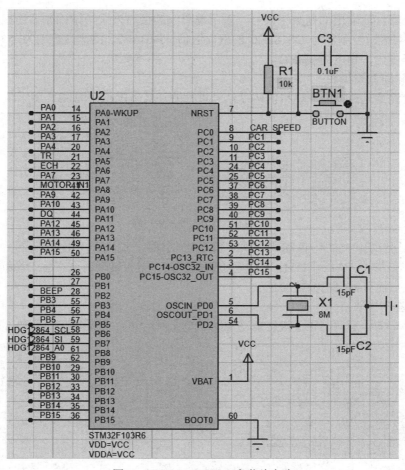

图 13.2　STM32F103R6 主芯片电路

2．电位器调速模块

电位器调速模块主要通过调节滑动变阻器来改变电压，此信号连接在 STM32F103R6 芯片的 ADC 接口，从而可以根据采集到电压的大小控制轮速。具体电路如图 13.3 所示，滑动变阻器的输出连接 STM32F103R6 芯片的 PA4 引脚。

3．车内温度测量模块

车内温度测量主要通过温度传感器芯片 DS18B20 来实现，具体电路如图 13.4 所示。

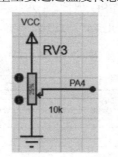

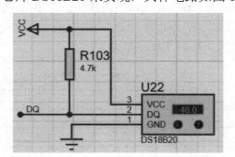

图 13.3　电位器调速电路　　　　图 13.4　车内温度测量电路

DS18B20 芯片的 DQ 引脚连接 STM32F103R6 芯片的 PA11 引脚。其中，DS18B20 是常用的

数字温度传感器，其输出的是数字信号，采用单总线的接口方式与微控制器连接时仅需要一条I/O 口线即可实现微控制器与 DS18B20 的双向通信。DS18B20 的测量范围为−55～+125℃；在−10～+85℃范围内，精度为±0.5℃。

4．小车轮速测量模块

小车轮速测量是通过获取电机的码盘信号进行的，具体电路如图 13.5 所示。

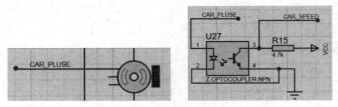

图 13.5　小车轮速测量电路

小车轮子驱动电机的码盘输出 CAR_PLUSE 引脚通过一个光电隔离芯片（U27）输出CAR_SPEED 引脚与 PA12（TIM1_ETR）引脚相连接，电机转动时会产生一系列脉冲，通过对脉冲进行计数从而获得电机的转动速度。

5．车轮驱动模块

通过对小车前、后两组轮子进行驱动控制小车向前运动，具体电路如图 13.6 所示。

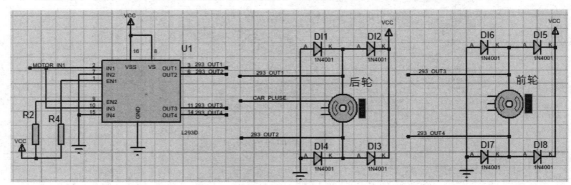

图 13.6　车轮驱动电路

为了便于在 Proteus 中仿真演示，图中"前轮"表示小车前面两个轮子，"后轮"表示小车后面两个轮子，此小车只具有前进和后退功能，并且前轮和后轮同时被控制转动。车轮的驱动电路采用 L293D 驱动芯片实现，它是一款双桥驱动芯片，可同时驱动两路直流电机或一路步进电机，输出电流可达 600mA，峰值输出电流可达 1.2A，内部自带 ESD 保护。L293D 芯片的 293_OUT1和 293_OUT2 引脚驱动后轮电机转动，293_OUT3 和 293_OUT4 引脚驱动前轮电机转动。

有关 L293D 芯片驱动功能表见表 13.1。

表 13.1　L293D 芯片驱动表

IN1	IN2	ENA	电机状态
×	×	0	停止
1	0	1	顺时针
0	1	1	逆时针
0	0	0	停止
1	1	0	停止

本设计中，L293D 芯片的 IN1 和 IN3 引脚（MOTOR_IN1）连接 STM32F103R6 芯片的 PA8 引脚（可使用 PWM 输出功能），IN2 和 IN4 引脚连接地，L293N 的 EN1 和 EN2 引脚接高电平，所以根据表 13.1 可以看出小车的前轮和后轮只能进行顺时针转动，并通过在 IN1 和 IN3 引脚上产生的 PWM 信号控制其转动速度。

6. 超声波测距模块

超声波属于一种声波类型，频率一般在 20kHz 以上，其特点是方向性好且穿透力强，因此可以作为声波射线实现定向传播。超声波测距的原理是，通过超声波发射器发射出一个超声波脉冲，目前常采用 40kHz，当前方没有障碍物时，超声波会一直发射出去而不会发生反射，所以在超声波发射器旁边的超声波接收器不可能接收到反射回来的超声波信号；但当前方有障碍物时，超声波发射器发射出的超声波信号在碰到障碍物以后会发生反射，此时在超声波发射器旁边的超声波接收器会接收到反射回来的超声波信号，此时由于接收信号会触发到与控制芯片的连接引脚，从而使控制芯片知道前方有障碍物，并且控制芯片在发送超声波信号时开始定时，当接收到有反射信号返回时，会停止计数，从而获得这一段时间值，并通过这段时间值计算出障碍物的距离，具体计算公式为

$$D=C \times T/2$$

式中，D 为计算出的障碍物和超声波发射器之间的距离；C 为声音的传播速度；T 为从发出超声波信号到检测到超声波信号返回的时间间隔。

Proteus 仿真环境提供了超声波传感器模块，具体超声波测距电路如图 13.7 所示。其中，TR 连接 STM32F103R6 芯片的 PA5 引脚，ECH 连接 STM32F103R6 芯片的 PA6 引脚（TIM3_CH1 捕获口）。

7. 蜂鸣器发声模块

蜂鸣器电路主要是控制蜂鸣器发出声音，如图 13.8 所示。

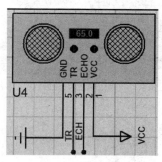

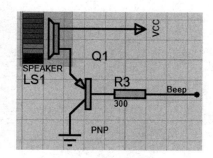

图 13.7　超声波测距电路　　　　图 13.8　蜂鸣器电路

蜂鸣器电路输入引脚 Beep 连接 STM32F103R6 芯片的 PB2 引脚，通过控制 PB2 引脚输出高电平，蜂鸣器发出声音。

8. OLED 液晶屏显示模块

OLED 液晶屏采用 HDG12864F-1，该液晶屏是 Hantronix 的产品，是一种点阵式液晶屏，液晶屏控制器采用爱普生 SED1565 系列芯片，数据采用串行通信方式，其中液晶屏 SI 引脚为接收数据引脚；SCL 引脚为串行通信时钟线；A0 引脚确定接收到的是数据还是控制指令。

图 13.9 中，OLED 液晶屏的 SI 引脚连接 STM32F103R6 芯片的 PB7 引脚，SCI 引脚连接 STM32F103R6 芯片的 PB6 引脚，A0 引脚连接 STM32F103R6 芯片的 PB8 引脚。

HDG12864F-1 液晶屏显示电路如图 13.9 所示。

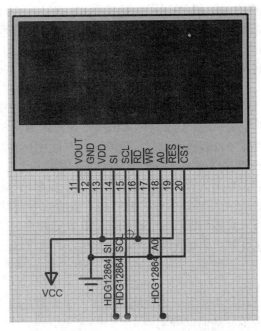

图 13.9　HDG12864F-1 液晶屏显示电路

9. 串行通信模块

串行通信电路如图 13.10 所示。

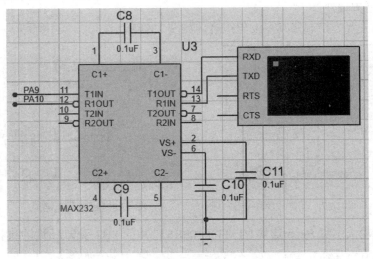

图 13.10　串行通信电路

STM32F103R6 芯片的串口 1（UART1）的 PA9（TXD）和 PA10（RXD）引脚连接到串行虚拟终端上，用于调试信息输出及数据输出。

13.2.3　软件设计说明

对应硬件设计模块功能，软件系统整体架构如图 13.11 所示。

若采用裸机实现此系统，整个软件可规划为主程序和中断处理程序两部分：①在主程序中，主要运行对时间间隔要求不高的程序, 可以包括电位器调速程序、超声波测距程序、蜂鸣器发声程序、车内温度测量程序、OLED 液晶屏显示程序; ②在中断处理程序中, 主要采用定时器更新中断, 从而可满足在一定控制周期内实现根据实际小车轮速对小车轮速的驱动控制。

整个程序流程如图 13.12 所示。根据硬件连接关系, TIM1 定时器可用于小车轮速脉冲计数, TIM3 定时器可用于对超声波发射器返回脉冲宽度的捕获, 因此在整体软件架构中, 定时中断可以用 TIM2 定时器来实现。同时在实现定时中断的时间长度方面, 可根据轮速的控制周期进行设定。

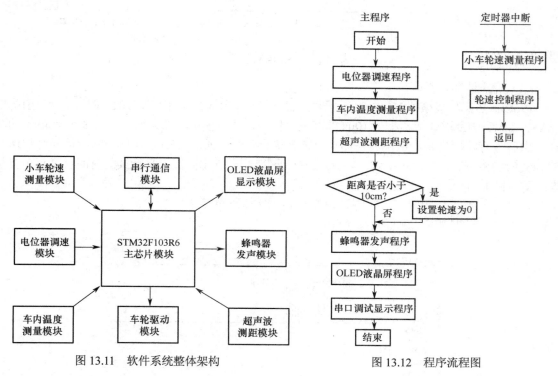

图 13.11　软件系统整体架构

图 13.12　程序流程图

1. 各部分程序实现思路

（1）电位器调速程序

通过调节滑动变阻器的数值, 从而改变电位器输入到 STM32F103R6 芯片 PA4（ADC12_IN4）引脚的电压值, 利用 ADC 中断或 DMA 方式对 ADC 通道 4 上的输入电压数据进行采集, 会获取到一个 12 位数据, 并作为小车轮速的设定值 Ws。

（2）车内温度测量程序

通过读取连接温度传感器 DS18B20 输出引脚的 STM32F103R6 芯片 PA11 引脚上的数据, 从而获得当前的车内温度。

具体实现思路是: 通过 PA11 引脚模拟产生温度传感器 DS18B20 的写信号和读信号, 从而配置和获取温度传感器数据。具体的配置命令及读数据的时序可以参考 DS18B20 芯片的手册。例如, 温度转换指令 0x44（44H）, 启动 DS18B20 启动转换温度; 读暂存器指令 0xBE（BEH）, 读取暂存器中的九字节数据等。DS18B20 控制时序有初始化时序、写 0 时序、写 1 时序和读操作时序, 如图 13.13 所示。

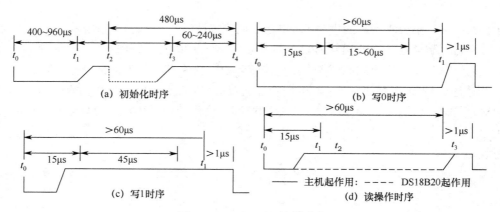

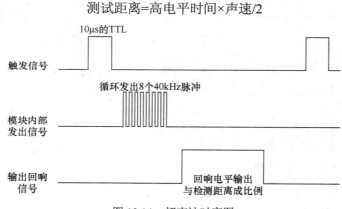

图 13.13　DS18B20 控制时序

（3）超声波测距程序

Proteus 仿真环境模拟 HCSR04 超声波传感器模块，通过 STM32F103R6 芯片的 PA5 引脚向模块的 TR 引脚发送脉宽不小于 10μs 的高电平信号，此时模块内部会循环发出 8 个 40kHz 的脉冲；当前方有障碍物时，模块的 ECH 引脚会接收到一个如图 13.14 那样的回响信号并传送给 STM32F103R6 芯片的 PA6 引脚（TIM3_CH1 捕获口）。其中，高电平持续的时间就是超声波从发射到返回的时间。

测试距离=高电平时间×声速/2

图 13.14　超声波时序图

编写超声波测距程序的思路：PA5 引脚设置为输出，生成高电平信号开始进行测距；同时利用捕获模式对回响信号的脉冲宽度进行测量，从而可计算出障碍物距离。注意：在一定的延迟时间内，若检测不到回响信号，则认为前方没有障碍物，跳出超声波测距程序。

（4）蜂鸣器发声程序

编写程序实现对蜂鸣器的控制。通过控制连接蜂鸣器 Beep 引脚的 STM32F103R6 芯片 PB2 引脚为高电平，蜂鸣器发出声音；反之，蜂鸣器没有声音。

（5）小车轮速测量程序

小车轮速测量原理是根据在一定时间内电机码盘产生的脉冲个数，计算出小车轮子转动的速度。根据硬件连接图，通过 STM32F103R6 芯片的 PA12（TIM1_ETR）引脚实现对码盘脉冲个数的计数。可以采用两种思路进行编程：利用 PA12（TIM1_ETR）引脚的外部计数功能实现对外部脉冲的计数；利用 PA12 引脚的外部中断功能，通过在中断处理程序中做累加计数操作，从而实现对外部脉冲的计数。然后根据小车轮子的参数可计算出实际车轮转动的速度和距离，用以作为闭环控制方法中的测量速度 Wm 和测量距离 Dm。

（6）小车轮速驱动控制程序

根据小车轮速设定速度 Ws 和测量速度 Wm，实现对小车轮速的闭环控制，从而使小车按照设定速度转动。

① 闭环控制方法

本设计采用 PID 控制算法来对小车车轮转动的速度进行控制，PID 控制器的核心步骤就是：先测量被控量，然后将被控量与人们对它的设定值进行比较，最后通过调整比例参数、微分参数和积分参数对被控量进行修正。PID 控制算法用图表示如图 13.15 所示。

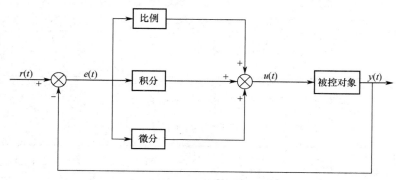

图 13.15　PID 控制算法

本实例为小车前、后轮设计的 PID 控制算法主要由控制器和被控对象组成，被控对象是小车车轮，被控量是车轮转速，通过码盘测量被控量的值。由于微控制器是数字系统，同时为了减少计算复杂度和中间过程的存储空间，采用增量式 PID 控制算法，只需要记住相邻前两次的输入偏差，就可以得到当前控制量的增量，因此只需要保存上一个控制量的值，通过计算控制量增量便可得到当前控制量的值，计算过程为

$$\Delta u_k = u_k - u_{k-1} = K_p \left(e_k - e_{k-1} + \frac{T}{T_i} e_k + T_d \frac{e_k - 2e_{k-1} + e_{k-2}}{T} \right)$$

$$= K_p(e_k - e_{k-1}) + \frac{K_p T}{T_i} e_k + \frac{K_p T_d}{T}(e_k - 2e_{k-1} + e_{k-2})$$

$$= K_p(e_k - e_{k-1}) + K_i e_k + K_d(e_k - 2e_{k-1} + e_{k-2})$$

式中，T 是采样的时间间隔，可用本书前面提到的 TIM2 定时更新中断实现，PID 控制器的输出 $u(t)$ 是由微控制器输出的 PWM 信号。K_p、K_i 和 K_d 分别是 PID 控制器的比例、积分和微分参数，这 3 个参数的调整十分关键。有关对 PID 控制参数调节的经验如下：

- 比例调节的输出与偏差成比例关系，可以直接快速进行调节；
- 积分调节的输出是偏差的积分，可以消除比例调节产生的稳态误差；
- 微分调节的输出是偏差的变化率，可以超前调节，提前防止过调。

② PWM 信号输出

根据硬件电路连接关系，STM32F103 芯片的 PA8 引脚（可使用 PWM 输出功能）连接 L293D 芯片的 IN1 和 IN3 引脚（MOTOR_IN1），通过编写程序在 PA8 引脚产生和 PID 控制器输出 $u(t)$ 相对应的 PWM 脉宽波形，从而实现对小车车轮的闭环控制。

（7）OLED 液晶屏程序

OLED 液晶屏 HDG12864F-1 的 SI 引脚连接 STM32F103R6 芯片的 PB7 引脚，SCL 引脚连

接 STM32F103R6 芯片的 PB6 引脚，A0 引脚连接 STM32F103R6 芯片的 PB8 引脚。当 A0="H" 时，表示是显示的点阵数据，当 A0="L" 时，表示是液晶屏的控制数据；$\overline{WR}$ 为写有效线；$\overline{RD}$ 为读有效线；$\overline{RES}$ ="L" 时，初始化液晶屏；$\overline{CS1}$ 引脚为选通信号，当为"L" 时选通此液晶屏。微控制器通过向液晶屏的 SI 引脚（并配合一定的 SCL 时钟）依次发送串行 D7～D0 8 位数据，实现对液晶屏数据和控制指令的传送。传送数据就是直接向液晶屏传送显示的数据，而控制指令主要实现对液晶屏的开关、刷新、显示位置控制等。

液晶屏接收数据的时钟如图 13.16 所示。

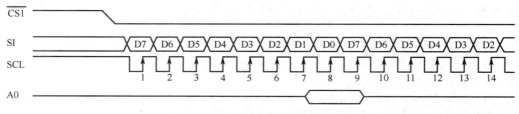

图 13.16　液晶屏接收数据的时钟图

例如，控制液晶屏显示开或者关的控制指令如下：

A0	$\dfrac{E}{\overline{RD}}$	$\dfrac{R/\overline{W}}{\overline{WR}}$	D7	D6	D5	D4	D3	D2	D1	D0	Setting
0	1	0	1	0	1	0	1	1	1	1	显示 ON
										0	显示 OFF

其他有关的控制指令操作，可参见液晶屏 HDG12864F-1 相关资料。

具体编写程序思路是：针对 STM32F103R6 芯片的 PB7（连接 SI 引脚）、PB6 引脚（连接 SCL 引脚）和 PB8 引脚（连接 A0 引脚），控制这些引脚产生驱动芯片 SED1565 的读/写脉冲波形，实现对控制指令和显示数据的写入。

（8）串口调试显示程序

直接调用串口通信程序实现显示整个系统运行过程中的调试信息及数据信息。

（9）整体决策程序

此部分程序主要是实现各模块程序之间的状态切换，可以根据状态机的思路实现如下功能：通过电位器调速模块控制小车的前进速度，当通过超声波测距模块测量到距离信息小于一定数值时，小车停止运动，蜂鸣器发出声音；在此过程中，小车轮速测量模块通过 PID 控制保持小车以一定速度前进，同时通过 OLED 模块显示车内的温度数据、障碍物距离信息和小车轮速数据。

3．嵌入式操作系统实现方案

前面说明程序的实现过程主要是基于裸机程序方案进行实现的。本实例也可以在嵌入式操作系统下进行实现，只需要根据各子程序的内容设计出合适的任务数和内容。

最简单的思路就是将每个子程序都设计成一个任务，例如针对本实例就可以设计出 9 个任务，依次设置好相应的优先级，启动运行这 9 个任务即可。

（1）任务划分的目标

① 首要目标是满足"实时性"指标：即使在最坏的情况下，系统中所有对实时性有要求的功能都能够正常实现。

② 任务数目合理：对于同一个应用系统，合理地合并一些任务，使任务数目适当少一些还是比较有利的。

③ 简化软件系统：一个任务要实现其功能，除需要操作系统的调度功能支持外，还需要操作系统的其他服务功能支持，合理划分任务，可以减少对操作系统的服务要求，简化软件系统。

④ 降低资源需求：合理划分任务，减少或简化任务之间的同步和通信需求，就可以减少相应数据结构的内存规模，从而降低对系统资源的需求。

（2）任务的优先级安排原则

① 频繁性：对于周期性任务，执行越频繁，则周期越短，允许耽误的时间也越短，故应该安排的优先级也越高，以保障及时得到执行。

② 中断关联性：与中断服务程序有关联的任务应该安排尽可能高的优先级，以便及时处理异步事件，提高系统的实时性。如果优先级安排得比较低，CPU 有可能被优先级比较高的任务长期占用，以至于在第二次中断发生时第一次中断还没有处理，产生信号丢失现象。

③ 关键性：任务越关键，安排的优先级越高，以保障其执行机会。

④ 快捷性：在前面各项条件相近时，越快捷（耗时短）的任务安排的优先级越高，以使其他就绪任务的延时缩短。

⑤ 紧迫性：因为紧迫任务对响应时间有严格要求，在所有紧迫任务中，按响应时间要求排序，越紧迫的任务安排的优先级越高。紧迫任务通常与中断服务程序关联。

⑥ 传递性：信息传递的上游任务的优先级高于下游任务的优先级，如信号采集任务的优先级高于数据处理任务的优先级。

习　题　13

1. 描述一个嵌入式项目开发流程。

2. 根据个人思路描述本书中小车系统的实现方案和过程。

3. 根据个人思路对本书中小车系统的任务进行划分，设计基于嵌入式操作系统的软件框架。

参 考 文 献

[1] 毕盛，张齐. 嵌入式系统原理及设计[M]. 广州：华南理工大学出版社，2018.

[2] 陈志旺. STM32 嵌入式微控制器快速上手[M]. 2 版. 北京：电子工业出版社，2014.

[3] 廖义奎. Cortex-M3 之 STM32 嵌入式系统设计[M]. 北京：中国电力出版社，2012.

[4] 刘黎明，王建波，赵纲领. 嵌入式系统基础与实践[M]. 北京：电子工业出版社，2020.

[5] 张齐，朱宁西，毕盛. 单片机原理与嵌入式系统设计[M]. 北京：电子工业出版社，2011.

[6] 吉姆·考林. 何小庆，张爱华，付元斌，译. 嵌入式实时操作系统[M]. 北京：清华大学出版社，2021.

[7] 马忠梅. 单片机的 C 语言应用程序设计[M]. 4 版. 北京：北京航空航天大学出版社，2007.